U0921496

生物质能源树种培育

SHENGWUZHI NENGYUAN SHUZHONG PEIYU

◎ 李宝银 周俊新/著

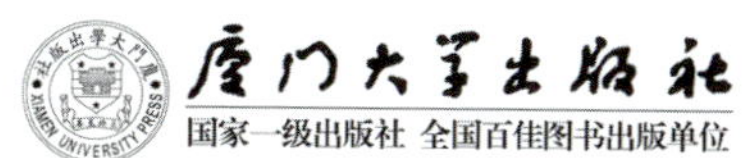

前 言

人类所需能量的绝大部分直接或间接来自生物质能，煤炭、石油、天然气等化石燃料，也是由古代埋在地下的生物质（动植物），经过漫长的地质年代形成的。生物质能主要来源于太阳能，各种植物通过光合作用，可以把太阳能转变成化学能，从而在植物体内贮存下来。这种形式的能源，即属于生物质能。生物质能，是可再生的能源。利用现代技术，可以将生物质快速转化为液体、气体燃料，如燃料乙醇、生物柴油等，也可通过压缩成型，作为清洁、便于运输的固体燃料。发展生物质能，可以缓解能源危机，减少因燃料的使用造成的日益严重的环境污染，降低现代化生活、生产给环境造成的压力。生物质能的原料主要来源于农林业。相对于农业而言，林业在发展生物质能方面更具有优势，且不“与粮争地，与口争粮”。发展生物质能源树种，对转变林业职能，缓解能源危机，促进林农增收，维护生态平衡等，都具有重要意义，国家林业局在《林业科学和技术“十一五”发展规划》中，将“林业生物质能源培育与开发利用”列为重点推广的十大类技术之一。

本书从林业生物质能源的分类着手，深入探讨了生物质能源树种的调查技术、良种选育、良种繁育技术和栽培技术，生物质能源树种评价、区划，以及生物质能源树种的培育与开发利用等。本书共分十章。第一章介绍了生物质能和林业生物质能的概念、分类，并分析了林业生物质能的发展前景；第二章介绍了生物质能源树种的概念和分类，并重点介绍了福建省较有发展前景的几种油料能源树种和木质能源树种的生物学、生态学特性，资源分布情况，开发利用价值等；第三章系统介绍生物质能源树种调查技术，其中包括油料能源树种调查技术和木质能源树种调查技术；第四章以福建省5个主要生物质能源树种为例，介绍了生物质能源树种的发展潜力、树种区划技术，并划分发展区域；第五章以乌桕的种质资源收集、基因库营建为例，介绍了生物质能源树种种质资源收集、保存，以及种源选择技术；第六章介绍了生物质能源树种良种选育技术，包括优良单株选择及遗传测定技术、遗传测定林营建技术，以及杂交育种、诱变育种等育种手段；第七章讲述能源树种良种繁育基地建设的目的、意义和技术措施，重点介绍了采穗圃、种子园营建的技术措施；第八章介绍了几个主要的油料能源树种的种实采收技术、播种育苗技术、无性繁殖技术，以及苗期管理技术等;第九章以最适宜福建省规模化发展的能源树种乌桕为例,介绍了油料能源林的栽培及管理技术,其中包括造林技术、土壤管理技术、树形管理技术、花粉管理技术、水肥管理技术、病虫害防治、种实采收技术、种实加工技术等内容。

生物质能源树种的良种选育及培育技术的研究和生物质能源树种的开发利用问题,受到各级政府的高度重视,生物质能源树种的规模化发展势在必行。本书总结了笔者5年多的生物质能源树种研究成果,图文并茂,具有较强的系统性,对生物质能源树种的资源调查、良种选育、良种基地建设,以及生物质能源树种培育与开发利用等工作的开展,具有一定的指导作用。福建林业职业技术学院何国生、黄云鹏、陈建勇、黄华明等同志参与了其中部分课题研究工作,为本书的完成奠定了基础,在此谨表感谢!

目　录

第一章

林业生物质能

第一节　生物质能源

一、生物质能的概念

生物质(biomass),是指通过光合作用形成的各种有机体,包括所有的动植物和微生物,以及由这些有生命物质派生、排泄和代谢的许多有机质。生物质能(biomass energy),是指太阳能以化学能形式贮存在生物质中的一种能量形式,即以生物质为载体的能量。生物质能蕴藏在植物、动物和微生物等可以生长的有机物中,由太阳能转化而来。生物质能的原始能量来源于太阳,所以从广义上讲,生物质能是太阳能的一种表现形式。

生物质是太阳能最主要的吸收器和储存器。通过光合作用而形成的生物质,能够把太阳能固定下来,储存于有机物中。这些能量是人类发展所需能源的源泉和基础。生物质能可转化为常规的固态、液态和气态燃料,取之不尽、用之不竭,是一种可再生能源,同时也是唯一一种可再生的碳源。有关专家估计,地球每年经光合作用产生的生物质约为1 730亿吨,其蕴含的能量相当于全世界每年能源消耗总量的10～20倍,但目前的利用率不到3%。这些未被人类利用的生物质,除一部分在食物链中循环外,绝大部分通过自然腐烂、分解,将能量和碳素释放出来,回到自然界中,完成了自然界的碳循环。事实上,生物质能源是人类利用最早、最多、最直接的能源,世界上至今仍有15亿以上的人口以生物质作为主要生活能源。目前,生物质能的利用依然以生物质燃烧为主。生物质燃烧是传统的利用方式,不仅热效率低下,而且劳动强度大,污染严重。通过生物质能转换技术可以高效地利用生物质能源,生产各种清洁燃料,替代煤炭、石油和天然气等燃料,也可生产电力,从而减少人类生产、生活对矿物能源的依赖,减轻能源消费给环境造成的污染。目前,很多国家都在积极研究和开发利用生物质能。地球上的生物质能资源极为丰富,而且是一种无害的可再生能源,最有可能成为21世纪主要的新能源之一。有专家认为,生物质能源将成为未来可持续能源的重要组成部分,到2050年,利用农、林、工业残余物以及种植和利用能源作物等生物质能源有可能以相当于或低于化石燃料的价格,提供60%的电力和40%的燃料。

二、生物质能的特点

可再生性 生物质属可再生资源。植物、微生物通过光合作用，形成生物质，将太阳能以化学能形式固定下来。随着植物体的生长或微生物的作用，生物质增加，其所蕴含、积累的能量也增多。因此，生物质能具有可再生性，与风能、水流电、太阳能等同属可再生能源，资源丰富，可永续利用。

低污染性 生物质的硫、氮含量低，燃烧过程中生成的硫、氮化合物较少；生物质作为燃料时，由于它在生长时需要的二氧化碳相当于它排放的二氧化碳的量，因而对大气的二氧化碳净排放量近似于零，可有效地减轻温室效应。

广泛分布性 地球上，陆地、海洋都分布着大量的生物质，生物质能分布广泛。

资源丰富性 生物质能是世界第四大能源，仅次于煤炭、石油和天然气。根据生物学家估算，地球陆地每年生产 1 000 亿～1 250 亿吨生物质，海洋每年生产 500 亿吨生物质。生物质能源的年生产量远远超过全世界能源年总需求量，相当于目前世界每年总能耗的 10 倍。我国可开发为能源的生物质资源到 2010 年可达 3 亿吨。随着农林业的发展，特别是炭薪林、油料能源林的推广，生物质资源还将越来越多。

三、生物质能的分类

有机物中除矿物燃料以外，所有来源于动植物的能源物质均属于生物质能，通常包括木材、森林废弃物、农业废弃物、水生植物、油料植物、城市和工业有机废弃物、动物粪便等。依据来源的不同，可以将适于能源利用的生物质分为林业资源、农业资源、生活污水和工业有机废水、城市固体废物和畜禽粪便等五大类。

林业资源 林业生物质能是指森林生长和林业生产过程提供的生物质，包括油料能源林、薪炭林；在森林抚育和间伐作业中的零散木材、残留的树枝、树叶和木屑等；木材采运和加工过程中的枝丫、锯末、木屑、梢头、板皮和截头等；林业副产品的废弃物，如果壳和果核等。据报道，森林能源在我国农村能源中仍然占有重要地位，全国农村每年消费森林能源约 2 亿吨标煤，占农村能源总消费量的 30%以上，而在丘陵、山区、林区，农村生活用能的 50%以上靠森林能源。世界原木料的生产量为 $32.75\times10^{8}\ m^{3}$，其中 $15.26\times10^{8}\ m^{3}$ 为工业用途。现在和将来每年在生产中也将产生相同程度的废料量。世界上的木质废弃物的产生、可再生资源化的状况不是很清楚。但是，与《气候变化框架组织条约》相关联的，针对由于木材的经久耐用造成的碳元素储量变化，有的缔约国已经采取行动公布其数据，从而有可能逐渐了解相应木质废料现状。为了减轻地球变暖，制止大气中的二氧化碳浓度上升，政府间气候变化委员会提出了促进对木材等生物质能源的利用达到总资源的 30%的倡议。在欧美，用木质类生物质进行发电和热能利用等也得到了大力推进。近年来，薪炭林、油料能源林也得到了较大发展，许多能源树种，特别是油料能源树种，如麻风树，已被较大规模推广。许多国家都在研究、发掘适宜当地发展的能源树种。

农业资源 农业生物质能是指农业作物（包括能源作物）；农业生产过程中的废弃物，

如农作物收获时残留在农田内的农作物秸秆(玉米秸、高粱秸、麦秸、稻草、豆秸和棉秆等);农业加工业的废弃物,如农业生产过程中剩余的稻壳等。农业废弃物产生的方式和数量,随产生的地点的不同而不同。据报道,对应收获量的残余物产生比率,大米为140%、小麦为130%、玉米为100%、根茎作物为40%。世界上产生的农业废弃物总共约为30亿吨,米的残余物最多,约为8.36亿吨。此外,根茎作物残余物为2.72亿吨,麦残余物为7.54亿吨,玉米残余物为5.91亿吨。

生活污水和工业有机废水　生活污水主要由城镇居民生活、商业和服务业的各种排水组成,如冷却水、洗浴排水、洗衣排水、厨房排水、粪便污水等。工业有机废水主要是酒精、酿酒、制糖、食品、制药、造纸及屠宰等行业生产过程中排出的废水等,其中都富含有机物。相对而言,工业有机废水可利用的可能性较大。生活有机废水,由于分散的缘故,难以真正加以利用。

城市固体废物　城市固体废物主要是由城镇居民生活垃圾,商业、服务业垃圾和少量建筑业垃圾等固体废物构成。其组成成分比较复杂,受当地居民的平均生活水平、能源消费结构、城镇建设、自然条件、传统习惯以及季节变化等因素影响。

畜禽粪便　畜禽粪便是畜禽排泄物的总称,它是其他形态生物质(主要是粮食、农作物秸秆和牧草等)的转化形式,包括畜禽排出的粪便、尿及其与垫草的混合物。传统上,常以畜禽粪便通过沼气池发酵,产生可燃气体。

为满足社会发展对能源的需求,实现资源的永续利用,维持和促进资源、环境、社会经济的协调发展,能源短缺和环境恶化成为世界各国所共同面临的重大课题。生物质能开发的关键,是低廉而规模化的生物质提供,因而能源植物的研究与开发已成为世界重大热门课题之一,受到世界各国政府与科学家的关注。从各类生物质的资源总量、发展前景看,林业资源、农业资源更具可再生性,发展潜力巨大。能源植物泛指各种用以提供能源的植物,通常包括草本能源植物、木本能源植物、油料植物、制取碳氢化合物植物和水生植物等几类。面对化石能源的枯竭与危机以及环境污染问题,“能源农场”和“能源林场”将兴盛起来。在我国,与农业生物质能相比较,林业生物质能更具发展优势。

四、生物质能的国内外发展概况

全世界每年通过光合作用生成的生物质能约为1 750亿吨,其中仅1%用作能源,但它已为全球提供了14%的能源。生物质能利用主要包括生物质能发电和生物燃料。生物质能发电方面,主要是直接燃烧发电和利用先进的小型燃气轮机联合循环发电。生物燃料是指通过生物资源生产的石油替代能源,包括生物乙醇、生物柴油、ETBE(乙基叔丁基醚)、生物气体、生物甲醇与生物二甲醚。

(一)世界生物质能发展概况

目前,国外的生物质能技术和装置多已实现了规模化产业经营。美国、瑞典和奥地利生物质转化为高品位能源利用方面已具有相当可观的规模,分别占该国一次能源消耗量的4%、16%和10%。

1. 欧美大力发展生物质发电技术

据报道，自 1990 年以来，生物质发电在欧美许多国家开始大发展。2002 年，约翰内斯堡可持续发展世界峰会以后，全球加快推进了生物质能的开发利用。截至 2004 年，世界生物质发电装机已达 3 900 万千瓦，年发电量约 2 000 亿千瓦时，可替代 7 000 万吨标准煤，是风电、光电、地热等可再生能源发电量的总和。

美国生物质发电技术处于世界领先地位，广泛应用于工业生产用电。据美国能源信息署(EI)的统计数字，生物质能发电的总装机容量已超过 10 000 兆瓦，单机容量达 10～25 兆瓦，占美国可再生能源发电装机的 40%以上。预计到 2010 年，美国将新增约 1 100 万千瓦的生物质发电装机。根据美国政府制定的生物质能发展规划，生物质发电将达到 13 000 MW 装机容量，届时有 400 万英亩的能源农作物和生物质剩余物用作气化发电的原料。丹麦在 1988 年就建成了第一座秸秆生物质发电厂。目前，丹麦已建成 15 家大型生物质直燃发电厂，年消耗农林废弃物约 150 万吨，提供丹麦全国 5%的电力供应。同时，丹麦还有 100 多台用于供热的生物质锅炉。近十几年来，丹麦新建的热电联产项目都是以生物质为燃料，还将过去许多燃煤供热厂改成了燃烧生物质的热电联产项目。

欧美其他国家也大力发展生物质发电。如，芬兰生物质发电量占本国发电量的 11%；德国拥有 140 多个区域热电联产的生物质电厂，同时有近 80 个此类电厂在规划设计或建设阶段；奥地利成功地推行了建立燃烧木材剩余物的区域供电站的计划，生物质能在总能耗中的比例由原来大约 2%～3%激增到约 25%；印度研究用流化床气化农业剩余物如稻壳、甘蔗渣等，建立流化床系统，气体用于柴油发电机发电，可产生 5 000 兆瓦的电力。

目前，能源效率更高的 BIGCC 技术(生物质整体气化联合循环发电系统)正处于工业示范阶段。预计 2010 年前，生物质发电技术将趋于成熟和完善。2010 年以后，逐步具备市场竞争力，进入商业应用。

有关资料显示，到 2020 年，西方工业国家 15%的电力将来自生物质发电，而目前生物质发电只占整个电力生产的 1%。届时，西方将有 1 亿个家庭使用的电力来自生物质发电，生物质发电产业还将为社会提供 40 万个就业机会。

2. 生物燃料可望成为世界重要的燃料来源

油气价格的不断走高，促使世界各国对生物燃料开发研究。处于世界领先地位的美国已经开发出利用纤维素废料生产乙醇的技术，建立了 1 兆瓦的稻壳发电示范工程，年产乙醇 2 500 吨。预计到 2012 年，纤维乙醇至少要占到美国乙醇总产量的 3%，到 2022 年增至 44%。到 2022 年美国汽油燃料的替代性燃料(比如乙醇)掺混量达到 360 亿加仑，是目前水平的五倍。欧盟各国化石能源较为紧缺，生物质能利用比例较高。欧洲各国对生物柴油都实行了零税率，生物柴油的大型生产厂主要集中在欧洲。法国和意大利是生物柴油使用最广的欧洲国家。德国利用原料气化方法生成完全无焦油的燃气，经 FT(费托)催化合成生物柴油。芬兰和瑞士通过并联直接燃烧和气化发电来生产热能(CHP)，以提供区域性电力和采暖。欧盟委员会在其发布的《欧盟能源发展战略绿皮书》中指出，2015 年生物质能将由目前占总能源消费量的 2%左右提高到 15%，其中大部分来自生物制沼气、农林废气物及能源作物的利用；到 2020 年生物质燃料将替代 20%的化石燃料。

其他许多国家也制定了相应的生物质能利用开发计划。比如，巴西的乙醇能源计划。自1975年以来，巴西开展了世界上最大规模的燃料乙醇开发计划。巴西还研究开发了乙醇和汽油混用的汽车发动机，目前巴西销售的新车一半以上是这种“灵活燃料”汽车。巴西政府计划在未来7年内，甘蔗产量将从目前的4.27亿吨增加到6.27亿吨，新建89家乙醇燃料生产厂。到2013年，乙醇燃料的年产量将扩大到350亿升，其中约100亿升将用于出口。印尼、马来西亚用丰富的棕榈油生产生物柴油，预计2020年将达30 000 MW。生物质燃料技术在2020年也将成熟，部分技术可以向商业化推广。2020－2050年，生物质将逐渐成为主要能源之一。

(二)我国生物质能发展概况

1. 我国在生物质发电领域取得了重大进展

我国拥有丰富的生物质能资源，每年我国理论有生物质能资源50亿吨左右，其中农作物残留物占一半多。据初步估算，在我国，仅农作物秸秆技术可开发量就有6亿吨，其中除部分用于农村炊事取暖等生活用能、满足养殖业、秸秆还田和造纸需要之外，我国每年废弃的农作物秸秆约有1亿吨，折合标准煤5 000万吨。照此计算，预计到2020年，全国每年秸秆废弃量将达2亿吨以上，折合标准煤1亿吨，相当于煤炭大省河南一年的产煤量。

近年来，我国在生物质发电领域取得了重大进展。国家电网公司、五大发电集团等大型国有、民营以及外资企业纷纷投资参与我国生物质发电产业的建设运营。截至2009年底，国家和各省发改委已核准项目100多个，总装机规模320万千瓦。全国已建成投产的生物质直燃发电项目超过15个，在建项目30多个。

其中，山东单县生物质发电工程1×2.5千瓦机组于2006年底正式投产，开创了国内生物质直燃发电的先河。该项目设计年发电能力1.6亿千瓦时，2007年发电量达到了2.29亿千瓦时，按2.5万千瓦装机容量计算，全年利用小时数高达9 160小时，达到了世界先进水平。江苏、广东、河南、浙江、甘肃等多个省市的生物质发电项目也都有不同程度的发展。

预计2010年，我国的沼气发电容量为80万千瓦，2020年达到150万千瓦；2010年垃圾焚烧发电装机将达到50万千瓦，2020年焚烧发电的垃圾处理量达到总量的30%，垃圾焚烧发电总装机将达到200万千瓦以上。

2. 我国生物燃料产业还处于起步阶段

我国以燃料乙醇为代表的生物质液体燃料产业于上世纪90年代开始起步。

十多年来，我国利用成熟的乙醇生产技术和大规模的乙醇生产能力，以定点生产、定向流通、封闭运行的原则，分别在河南、安徽、吉林和黑龙江建设了以陈化粮为原料的四家燃料乙醇生产厂，年产能达102万吨，目前全国已有9个省开展车用乙醇汽油销售。截至2006年12月底，全国4个生产企业共生产销售燃料乙醇243万吨，2006年全国共销售乙醇汽油1 300万吨，占全国汽油消费量的23.3%，我国已经成为全球第三大燃料乙醇生产国，仅次于巴西和美国。

随着陈化粮食逐步消耗殆尽和玉米价格节节攀升，考虑到玉米乙醇的发展对国家的粮食安全的威胁，国家2006年起停止新批玉米燃料乙醇企业，并大力鼓励发展非粮食作物为原料开发燃料乙醇。

2006年10月，中粮集团投资的国内第一个用木薯生产，年产20万吨燃料乙醇项目在广西开工。广东以木薯作原料的燃料乙醇生产线也于2007年开工。新疆三台酒业(集团)公司开工建设的利用农作物秸秆制取燃料乙醇的工程，年产乙醇10万吨，总投资2.8亿元。新疆南部莎车县与浙江浩淇生物质可再生能源科技有限公司共同投资12.6亿元，开发甜高粱秸秆制取燃料乙醇项目，计划年产乙醇30万吨。

为了能在更大规模、更大范围内替代石油资源，在发展传统乙醇产业的同时，我国目前正在积极支持纤维乙醇的开发和产业化工作。国内第一条3 000吨/年的纤维乙醇产业化中试线将在天冠集团建成。中粮集团黑龙江500吨/年纤维素乙醇试验装置也投料试车成功，这是世界上首次将连续汽爆技术用于纤维素制乙醇的装置。

在积极推进燃料乙醇开发的同时，国家还努力倡导生物柴油的研发。目前全国有20多家企业正在进行生物柴油生产，生产能力约为30万吨。近年来，在双低油菜与杂种优势利用的结合上达到国际领先水平，在油菜、油葵等主要作物上已开发出高含油量种子，含油量高达51.6%。还开发了麻风树果实、黄连木籽、乌桕籽，以及利用季节性闲地种植油菜等生产生物柴油技术，初步具备了产业化发展的条件。

但是，我国在生物燃料产业发展还存在着一些问题。一是自主研发能力弱。除沼气技术较为成熟外，其余技术仍处于产业化发展初期，特别是缺乏具有自主知识产权的核心技术。例如，以甜高粱、木薯、甘蔗等原料生产燃料乙醇技术还需在优良品种选育、适应性种植、发酵菌种培育、关键工艺和配套设备优化、废渣废水回收利用等方面作进一步研究等。二是成本较高。除巴西以甘蔗为原料生产的燃料乙醇成本可以与汽油相竞争外，其他国家生物燃料的成本都比较高，我国以甜高粱、木薯等为原料生产的燃料乙醇每吨成本约为4 000元，而目前等效热值的汽油成本仅为3 300元左右。三是投入严重不足。国家及地方政府财政投入严重不足，部分领域研发能力弱，技术水平较低，制约了技术创新和产业化发展。

在石油枯竭时代，我国完全有条件进行生物能源和生物材料规模工业化和产业化，可以在2020年形成产值达万亿元规模。国家发改委就我国生物燃料产业发展作出三个阶段的统筹安排:"十一五"实现技术产业化，"十二五"实现产业规模化，2015年以后大发展。预计到2010年生物燃料年替代石油200万吨。到2020年，我国将建成年产1亿吨的"生物质油田"，可替代石油5 599万吨，减排二氧化碳1.6亿吨。

3. 生物质成型燃料技术获得突破

在由农业部能源环保技术开发中心、中国农村能源行业协会和瑞典国家技术研究所共同主办的2009年生物质成型燃料设备与应用技术国际研讨会上，据农业部有关负责人介绍，我国生物质固体成型燃料技术和设备已取得突破，有效地解决了功率大、生产效率低、成型部件磨损严重和寿命短等问题，并实现了商业化，达到了国际先进水平。截至去年底，我国农村地区已累计推广生物质成型燃料示范点102处，成型燃料的年产量约20万吨。

生物质压缩成型燃料技术提高了秸秆运输和贮存能力，燃烧特性明显得到改善，可为农村居民提供炊事、取暖用能，具有原料来源广泛、价格低、操作简单等特点，特别是可解决我国北方地区农村冬季采暖问题，是生物质能开发利用技术的主要发展方向之一。根据我国出台的《农业生物质能产业发展规划(2007－2015)》，到2010年，结合解决农村基本能源需要和改变农村用能方式，全国将建成500个左右秸秆固化成型燃料应用示范点，秸秆固化成型燃料年利用量达到100万吨左右，到2015年，秸秆固化成型燃料年利用量达到2 000万吨左右。下一步，农业部将围绕《可再生能源法》和《可再生能源中期发展规划》的实施，研究推进生物质固体成型燃料技术的政策措施，争取财政专项的支持，开展生物质固体成型燃料技术推广补贴试点，并对农民购买专用炉具进行补助，加大对生物质固体成型燃料产业的投入力度。近期还将正式发布实施多项生物质固体成型燃料及成型设备农业行业标准。

从总体上看，我国生物质能源领域的研究与发展均较其他发达国家落后，但近年来，在许多领域已经有了重大突破，部分成果已经应用于生产。在国家的高度重视和有力的政策、充足的资金支持下，群策群力，我国的生物质能源发展必将得到快速发展。

第二节　林业生物质能

一、林业生物质能的概念及分类

林业生物质，是指森林中各类植物通过光合作用生成的生物质资源。林业生物质能源，指由森林生物质资源通过物理、化学、生物化学和热化学等技术转化产生的可再生能源，包括燃料乙醇、生物柴油等液体燃料、固体成型燃料、生物质气化物燃料以及燃烧发电。

(一)从来源分类

从理论上讲，森林中一切植物体均为林业生物质，均可作为林业生物质能生产的原料，但实际上，由于森林中的木材、经济林生产的水果、食用油料等，具有更高的社会、经济价值，生态林起着重要的维持生态平衡的功能，都不可能完全作为林业生物质能生产原料。因此，从来源上看，作为林业生物质能用途的生物质，可以分为以下几类：

1. 林木

包括薪炭林、衰败的经济林、专门营建的能源林以及用材林抚育间伐作业时采伐的尚未成材的被压木、病腐木等。间伐的林木总量虽然大，但分布分散，树种杂，给收集和加工带来很大不便；衰败经济林量少而分散，意义不大；薪炭林、专门营建的能源林，应是林木中重点发展的对象。

(1)薪炭林　是指以生产薪炭材和提供燃料为主要目的的林木(乔木林和灌木林)。薪炭林是一种见效快的再生能源，没有固定的树种，几乎所有树木均可作燃料。通常选择耐干旱瘠薄、适应性广、萌芽力强、生长快、再生能力强、耐樵采、燃值高的树种，进行营造和培育经营,一般以硬材阔叶为主,大多实行矮林作业。据报道,全世界每年作为薪炭材消耗的木材约占木材消耗总量的46.9%,其中以发展中国家所占比重较大,尤其是拉丁美洲部分发展中国家约有85%的木材作为薪炭材生产。在中国,薪炭林的面积和蓄积量约占有林地面积的3.4%和木材蓄积量的0.9%。营造薪炭林是解决当今世界农村能源的重要途径之一,也是发展木质能源的主要途径。

(2)能源林　能源林是指以生物质能源为主要目的的林木,主要分木质能源林和油料能源林两大类。木质能源林以木质利用为主,通过工业规模化的利用技术,获得固体、液体、气体燃料或实现热电联产。传统的薪炭林属于木质能源林。新营建的木质能源林,应选择速生丰产薪炭树种。作为速生丰产薪炭树种,一般要求具有适应性强、萌芽力强、生长快、产量高、燃烧热值高、效益好等优点。油料能源林以利用林木所含的油脂为主,通过工业化学利用方式获得液体或气体燃料油。据《中国油脂植物》记载,我国有108科、397属、814种油脂植物,我国油脂植物种类之多在世界上是屈指可数的。我国有富油大科6科,富油中、小科14科以上。美国科学院推荐的适于世界不同气候带栽培的60多种优良能源树种中,其中近一半原产我国,或我国已有引种。从这些丰富的油脂植物中可以筛选出大批有发展前途的燃料油植物。据报道,我国油料树种种子含油量在15%以上的约1 000种,其中含油量在20%以上的约300种;常见的油料树种有600多种,其中种仁含油量超过50%的油料树种有数十种。

2. 林业"三剩物"

林业"三剩物"是指林间剩余物、造材剩余物和木材加工剩余物。

(1)林间剩余物　包括林木间伐、卫生伐产生的小径材,枝丫材;森林采伐后林地上的剩余物,如灌木丛、未成材小树、枝丫材、枯枝落叶以及草本植物。森林采伐剩余物不宜过度利用,除不易腐烂降解的粗枝,影响造林作业的灌木丛、小树、芦苇丛可以清理外,其他剩余物最好保留在林地上,以保证较多的元素返还土壤,防止地力严重衰退。

(2)造材剩余物　包括造材过程中剥离的树皮,不能作为木料利用的小木段、木片、锯屑等剩余物。如果集中造材,收集方便,这部分剩余物可以利用,如果分散造材,特别是伐区造材,难以收集利用。

(3)木材加工剩余物

指木材加工过程中形成的碎木片、板皮、木屑等剩余物,这些剩余物传统上被焚烧、丢弃,既浪费资源,又影响环境,应充分利用起来。

除此之外,木材蒸馏过程中获得的林副产品,经济林的废弃物,如果实、果壳、果核以及木制品废弃物等,也是林业剩余物,可以加以利用。

(二)从利用途径分类

根据利用的对象区分,可以将林业生物质能源利用分为木质能源利用和油脂能源利用两大类:

1. 木质能源利用

包括木质直接燃料使用,木质碳化、压缩固化成型制备固体清洁能源,燃烧发电,以及木纤维降解气化、液化制备液体、气体燃料。据报道,木质能源占全球初级能源消耗量的

7%。大多数木质燃料的使用是在发展中国家(占76%),发展中国家的总人口占全世界的77%,而亚洲的木质能源消耗大约占44%。在发展中国家,木质能源的消费占总初级能源的15%,发达国家木质能源消耗占总能源消耗的2%。发达国家所生产的30%的木材用作能源(欧洲为33%,北美为29%),而发展中国家的比例高达80%。非洲、亚洲和拉丁美洲,木质能源分别占全部能源消耗的89%、81%和66%。全世界砍伐的木材,约60%用作能源。林业木质能源的储备量是巨大的。林业生产过程中废弃的“三剩”,可以通过固体成型制备清洁、便储运的燃料,也可通过生物质气化制备液体燃料、生物质热电联产等途径,加以充分利用。在利用林业“三剩”的同时,可以通过发展薪炭林,大量提供木质能源。

2. 油脂能源利用

一些树种器官、组织内富含有类似石油成分的乳汁、油脂等,可通过改性作为燃料油的替代物。柴油分子是由15个左右的碳链组成的。研究发现植物油分子一般由14～18个碳链组成,与柴油分子中碳数相近,可以通过化学催化、生物催化等技术,制备脂肪酸甲酯或脂肪酸乙酯等,即生物柴油,作为燃油替代物。

柴油作为一种重要的石油炼制产品,在各国燃料结构中占有较高的份额,已成为重要的动力燃料。随着世界范围内车辆柴油化趋势的加快,未来柴油的需求量会愈来愈大,而石油资源的日益枯竭和人们环保意识的提高,大大促进了世界各国加快柴油替代燃料的开发步伐,尤其是进入了20世纪90年代,生物柴油以其优越的环保性能受到了各国的重视,投入大量的人力物力研发安全可再生的新能源。生物柴油是清洁的可再生能源,是优质的石油柴油代替用品。近10年来,植物油脂转化为生物燃料油作为内燃机燃料油引起了各国的关注。各国纷纷根据本国国情,选择合适的植物油来积极地发展和生产生物柴油,如美国选用豆油、德国及一些欧洲国家选用菜油、马来西亚利用丰富的棕榈油成功地制取生物柴油并开始规模应用。我国国情是人多地少,特别是人均耕地少,所以,生物柴油生产应注意避免以粮油为原料,应避免占用耕地。生物柴油是典型“绿色能源”,大力发展生物柴油对经济可持续发展,推进能源替代,减轻环境压力,控制城市大气污染具有重要的战略意义。

二、发展林业生物质能源的意义

2008年3月15日,我国《可再生能源发展“十一五”规划》已经公布,国家生物质能源的大政方针“不与民争粮、不与粮争地、不破坏环境、不顾此失彼、处理好生物质能利用与生物质其他用途的关系”,已经非常明确地对生物质能源、生物质能源产业化、生物质能源发展的环境及其他关系制定了原则而又具体的要求。生物质的发展只有在考虑生态环境保护的前提下,充分挖掘荒地及不适宜粮食种植的土地资源的生产潜力,才能持续地生产出生物质能,并有助于缓解“三农”、能源和环境问题。

我国林业的生物质能源资源与农业相比仍属丰富。首先,林地面积大、潜力大,960万平方公里国土中近672万平方公里的领土是山区。目前,672万平方公里的山区中森林覆盖的山地占26.6%,其余为荒山或者石头山,荒山将是林业生物质能源的后备林地。

全国的农田面积才占国土面积的12.8%，即12 339.22万公顷，而全国森林面积17 490.92万公顷，是耕地面积的1.42倍。其次，森林植物的生长量要比农作物秸秆的生长量大。全国林分平均每公顷蓄积量为84.73 m^3，我国林木年均生长量为每公顷3.55 m^3，取平均轮伐期为24年，每年生长量和蓄积量合计每公顷7.1 m^3。我国林木每年每公顷的资源量要远高于农作物。木质材料的密度和燃烧值都高于秸秆。一般木质材料的密度是秸秆密度的2～3倍，单位体积的燃烧值是秸秆燃烧值的1倍以上。即使都压缩成密质燃料块以后，木质压缩颗粒的燃烧值也是秸秆压缩木粒燃烧值的1.3倍。木材是四大基础材料（钢材、塑料、石材、木材）中唯一可以再生的资源，又是生物资源中燃烧值最高的材料，而且没有秸秆等农业剩余物的季节性问题，适合工业化生产。

我国生物柴油的研究与开发虽起步较晚，但发展速度很快，一部分科研成果已达到国际先进水平。研究内容涉及油脂植物的分布、选择、培育、遗传改良及其加工工艺和设备。目前各方面的研究都取得了阶段性成果，这无疑将有助于我国生物柴油的进一步研究与开发。中国“十五”计划发展纲要就提出了发展各种石油替代品，将发展生物液体燃料确定为国家产业发展方向。我国生物液体燃料目前主要以燃料乙醇和生物柴油为主。理论上讲，我国生物液体燃料的发展潜力巨大。近年来，我国相继建成了许多年产量过万吨的生物柴油厂。四川古杉油脂化学公司成功开发出生物柴油，该公司以植物油下脚料为原料生产生物柴油，产品的使用性能与0号柴油相当，燃烧后废物排放较普通柴油下降70%，经检定，主要性能指标达到德国DIN 51606标准。福建省龙岩市卓越新能源公司也建成生物柴油装置，实现了生物柴油生产产业化，产品经上海内燃机研究所试验测定，其技术性能指标优于0号矿物柴油。生物柴油项目2002年被福建省列为重点技术创新项目。

预计2010年，我国生物柴油需求量将达2 000万吨。我国是一个石油净进口国，石油储量有限，因此，提高油品质量对中国来说就更有现实意义。生物柴油具有可再生、清洁和安全三大优势，目前已被许多国家看好。目前汽车柴油化已成为汽车工业的一个发展方向，到2010年，世界柴油需求量将从38%增加到45%，而柴油的供应量严重不足。这都为生物柴油提供了广阔的发展空间。我国树种资源丰富，人均耕地少，应发展油料能源树种制造生物柴油的绿色可再生能源。该技术对我国农业结构调整、能源安全和生态环境综合治理有十分重大的战略意义。从总体上来说，我国林业生物质能源产业起步，但势头很好。据报道，麻风树油料能源林基地，西南地区已发展了50万亩，计划2010年发展到1 000万亩。福建省能源树种研究与开发目前还处于起步阶段，对乡土能源树种的种质资源、遗传改良、快繁技术、良种基地建设方面的研究比较少，且未成体系，难以在林业种苗生产中得以推广应用，转化为生产力。能源树种的发展是国家一个新的发展战略。响应国家的号召，大力发展能源树种，对加快造林绿化速度，提高森林质量，充分利用非林地资源，改善生态环境，提高林地生产力，提升林业产能，增加林农收入，增强林业功能，在新的一轮发展中进一步提升林业在国民经济发展中的地位，具有积极的重要作用。充分挖掘福建省能源树种资源，可以为不久的未来生物能源大规模开发利用创造条件。

第二章

生物质能源树种

第一节　生物质能源树种的概念

一、生物质能源树种的概念及分类

(一)生物质能源树种的概念

生物质能源树种，是指能够通过个体生长发育，为人类提供适合于能源利用的生物质的一类树种。根据报道，已发现许多树种适宜当作能源树种开发利用。

(二)生物质能源树种分类

何国生等(2005)报道了生物质能源树种分类，根据树种特点和利用方向，将生物质能源树种分为4大类，其分别为：

1. 速生丰产薪碳树种

这类树种一般具有适应性强，萌芽力强，生长量和生物量大的特点，如北方杨柳科杨属树种的开发。南方桃金娘科桉属，豆科金合欢属相思类，银合欢属等一些速生树种的栽培利用，在林业部门已经有着非常好的例子，取得相当大的效果，发展潜力非常大。随着科学的发展，将这些速生树种的木材，枝叶等生物质直接成型或裂解转化为乙醇，将为生物质能源的利用开辟了一个新的发展方向。

2. 植物体内富含类似石油成分的能源树种

这类树种一般体内都含有丰富乳汁，可以提取并改性，当作燃油替代物。这类树种主要集中在大戟科、桑科、夹竹桃科、山榄科、萝藦科等5个科的植物中。

3. 体内或种子内富含高淀粉、高糖和纤维等碳水化合物的能源树种

这类树种一般体内或种子内斗含有较多的多糖、淀粉和纤维等碳水化合物，可以通过化学分解货生物发酵技术，制备乙醇燃料，作为燃油替代物。这类树种主要集中在豆科、壳斗科、大戟科、棕榈科等科。此外，许多树种的种子内，既含有大量的油脂，也含有丰富淀粉，可综合利用。

4. 富含油脂的能源树种

这类树种一般体内或种子内都含有丰富的油脂，可以通过化学裂解、酯化，或者生物酶催化，成为脂肪酸甲酯或脂肪酸乙酯等生物柴油。这类树种主要集中在樟科、大戟科、

山茶科、豆科等科的树种中，罗汉松科的竹柏，是裸子植物中种粒最大、油脂含量最高的树种之一。松科树种体内富含的松油（松香）既是化工原料，也是燃料。

薪炭林树种是以木质能源利用为主，其所构建的林分属于木质能源林；富含油脂的能源树种、富含石油类似成分乳汁的树种、富含淀粉和多糖的树种，是以油料能源利用为主，其所构建的林分，则属于油料能源林。事实上，许多时候木质能源林、油料能源林是不能严格区分的。如黑松林、马尾松林可以作为木质利用用途，其树体内富含的松脂，又可作为液体燃料的生产原料，从某种意义上说，也可归属于油料能源林。而油料能源林，其生产的枝叶、木材等生物质，同样可以作为木质利用。所以，划分木质能源林、油料能源林，应以最主要的用途为划分依据。

在生物质能中，我国林木生物质能源占有十分重要的地位。加快发展林木生物质能源是有效补充我国能源，改善和保护生态环境的战略举措，对维护我国能源安全，改善能源结构将发挥重要的作用。我国林业生物质能源产业发展的主要方向，一是开发生物柴油，二是木质燃料发电和生物质固体燃料制造。我国南方山区可供开发生物柴油的木本油料资源丰富，现有油桐、乌桕等人工林约 200 万公顷，已有 1 000 多年栽培历史。尚有小桐子等优良野生树种，可供建设原料林基地。至于开发木质能源发电和固体燃料，主要是通过培育速生能源林和利用森林抚育间伐与木材加工等剩余物。

据林业部门初步规划，力争到 2020 年，全国培育专用的能源林 1 300 万公顷，提供年产近 600 万吨生物柴油的原料和总装机容量 1 200 万千万瓦发电的年耗木质燃料。两项产能量约可占国家生物质能源发展目标的 30％，前景十分可观。

二、福建省生物质能源树种资源

福建地处泛北极植物区的边缘地带，是泛北极植物区向古热带植物区的过渡地带。植物种类较为丰富，以亚热带区系成分为主，区系成分较复杂。全省植物种类有 4 500 种以上。据近年陆续进行的调查统计显示，全省木本植物共有 1 943 种（含变种 153 种），分属 142 科、543 属，约占全国木本植物种的 39％，科的 81％，属的 55％。木本植物中，裸子植物有 9 科、31 属、61 种和 2 变种。以我国特有的马尾松为主，海拔 1 000 米以上出现黄山松。杉木广布全省，还有柳杉、福建柏、油杉等，是构成常绿针叶林的主要成分。被子植物以壳斗科和樟科种类最多，其中许多种类是省内森林植被的建群种、优势种或主要树种。金缕梅科、山茶科、茜草科、木兰科、蝶形花科、苏木科、含羞草科、桑科、大戟科、紫金牛科、山矾科、五加科、蔷薇科、桃金娘科、芸香科、野牡丹科、杜英科、安息香科、山龙眼科、夹竹桃科、石楠科等与森林植被的组成关系较为密切。壳斗科在福建有 6 属、60 种；樟科有 12 属、66 种、9 变种和 1 变型；木兰科有 9 属、35 种；金缕梅科有 11 属、20 种、6 变种；桑科有 8 属、40 种；蝶形花科、苏木科和含羞草科也有一定的种类。

福建省的树种资源中，有许多可以作为优良的生物质能源树种进行开发利用。常见的可作为生物质能源树种用途的树种见表 2-1。

表 2-1 福建省主要生物质能源树种种类

科名	属名	种名	学名	特性及用途
大戟科	乌桕属	乌桕	*Sapium sebiferum*	体内含乳汁,种子含油,主要利用部位为果实
		山乌桕	*Sapium discolor* (*Champ. ex Benth.*) *Muell.*-*Arg.*	体内含乳汁,种子含油,利用部位为果实
	大戟属	一品红	*Euphorbia pulcherrima Willd*	体内含丰富乳汁,全株利用
	油桐属	三年桐	*V. fordii*(*Hemsl.*)*Airy*-*Shaw*	种子含油高,传统木本油料植物
		千年桐	*V. montana Lour.*	种子含油高,传统木本油料植物
	秋枫属	重阳木	*Bischofia polycarpa*	生长量大,可作为木质能源,种子含油较高
		秋枫	*Bischofia javanica*	生长量大,可作为木质能源利用
	麻风树属	麻风树	*Jatropha curcas L.*	种子含油率50%左右,著名油料能源树种
	木薯属	木薯	*Manihot esculenta crantz* (*M. utilissima Pohl*)	地下部位含淀粉高,可用于乙醇燃料生产
	蓖麻属	蓖麻	*Ricinus communis*	种子含油率高,可作为生物柴油生产原料
漆树科	黄连木属	黄连木	*P. chinensis Bunge*	木材价值高;种子含油率高,著名油料树种,可作为生物柴油生产原料
	漆树属	漆树	*Toxicodendron vernicifluum* (*Stokes*) *F. A. Barkl*	种子含油率高,可作为生物柴油生产原料
		野漆树	*Toxicodendron succedaneum* (*Linn.*)*O. Kuntze*	种子含油率高,可作为生物柴油生产原料
	盐肤木属	盐肤木	*Rhus chinensis Mill*	种子含油,可作为生物柴油生产原料,也是优良绿化树种
大风子科	山桐子属	山桐子	*Ldesia polycarpa*	种子含油率高,优良油料能源树种
无患子科	无患子属	无患子	*S. mukorossi Gaertn.*	果实高含油,优良油料能源树种和绿化树种
	栾树属	黄山栾树	*Koelrenteria Paniculata*	种子含油率37%左右,生长快,木质、油料两用
夹竹桃科	夹竹桃属	夹竹桃	*Nerium indicum Mill*	种子含油58%左右,树体内有乳汁,可转化生物柴油
松科	松属	马尾松	*Pinus massoniana Lamb*	树体内松油,耐燃,油料、木质两用,木质利用为主
		湿地松	*Pinus elliottii*	树体内松油,耐燃,油料、木质两用,木质利用为主
		黑松	*Pinus thunbergii Parl.*	树体内松油,耐燃,油料、木质两用,木质利用为主

续表

科名	属名	种名	学名	特性及用途
豆科	皂荚属	皂荚	*Gleditsia sinensis Lam*	生长快,木质能源利用
	任豆属	任豆	*Zenia insignis Chun*	生长快,木质能源利用
含羞草科	金合欢属	台湾相思	*Acacia confusa Merr*	萌芽力强,耐燃,木质能源利用
		马占相思	*Acacia mangium*	生长快,耐燃,木质能源利用
		金合欢	*Acacia farnesiana* (*Linn*) *Willd*	生长快、萌芽力强,木质能源利用
		黑荆树	*Acacia mearnsii*	树体含乳胶,生长快,木质、油料能源两用
	银合欢属	银合欢	*L. leucocephala*(*Lam.*)*de Wit*	生长快、萌芽力强,木质能源利用
桃金娘科	桉属	窿缘桉	*Eucalyptus exserta F. V.* (*Mull.*)	含桉油,生长快,主要木质能源利用
		柠檬桉	*Eucalyptus citriodoraoil*	生长快,含桉油,主要木质能源利用
		赤桉	*Eucalyptus camaldulensis*	生长快,含桉油,主要木质能源利用
山茶科	茶属	油茶	*Camellia oleifera Abel*	传统油料树种,油为高价值食用油,油料利用
	荷树属	木荷	*Schima superba Gardn et Champ*	适应性强,耐瘠薄,资源丰富,木质能源利用
壳斗科	水青冈属	水青冈	*Fagus Linn.*	种子含油量40%～45%,木质、油料两用
	栲属	苦槠	*Castanopsis sclerophylla* (*Lindl.*)*Schott*	适应性强,资源丰富,木质能源利用
		米槠	*Castanopsis carlesii* (*Hemsl.*) *Hayata.*	适应性强,资源丰富,木质能源利用
		闽粤栲	*Castanopsis fissa* (*Champ.*) *Rehd. et wils*	生长快,生物量大,木质能源利用
		丝栗栲	*Castanopsis rargesn*	资源丰富,分布范围广
	栎属	青冈栎	*Cyclobalanopsis glauca* (*Thunb.*) *Oerst.*	传统白炭原料,耐瘠薄,木质能源利用
		乌冈栎	*Quercus phillyraeoides A.G*	传统白炭原料
		石栎	*Lithocarpus glabra*	生长快,主要木质能源利用
罗汉松科	竹柏属	竹柏	*Podocarpus nagi*	种子富含油脂、淀粉,油料能源利用
棕榈科	棕榈属	棕榈	*Trachycarpus fortunei*	种粒大,富含淀粉,燃料乙醇能源利用
	蒲葵属	蒲葵	*L. chinensis Mart.*	种粒大,富含淀粉,燃料乙醇能源利用
樟科	木姜子属	山苍子	*Litsea cubeba*	果实、种子含油,药用或燃料油用途

第二节　福建省生物质能源树种

一、油料能源树种

（一）乡土油料能源能源树种

1. 黄连木(*Pistacia chinesis Bunge*)

黄连木，漆树科黄连木属。别名：楷木、楷树、黄楝树、药树、药木、黄华、石连、黄木连、木蓼树、鸡冠木、洋杨、烂心木、黄连茶。

图 2-1　黄连木枝条

形态特征　漆树科落叶木本油料及用材树种，高达 25 m。冬芽红色。各部分都有特殊气味。其树冠开阔，叶繁茂而秀丽，入秋变鲜红色或橙红色，又是“四旁”绿化树种。叶互生，偶数羽状复叶，小叶 10～14 枚，卵状披针形，长 5～8 cm，宽约 2 cm。花单性，雌雄异株，花期 3—4 月。果实 9—10 月成熟，铜绿色为实种，红色为空粒种。

分布　黄连木原产我国，分布很广，北自河北、山东，南至广东、广西，东到台湾，西南至四川、云南，都有野生和栽培，其中以河北、河南、山西、陕西等省最多。福建三明宁化、泉州惠安、漳州龙海等地有零星分布。

图 2-2 黄连木花序

生物学特性 黄连木喜光，不耐严寒。在酸性、中性、微碱性土壤上均能生长。对二氧化硫和烟的抗性较强，据观察距二氧化硫源 300～400 m 的大树不受害；抗烟力属Ⅱ级。抗病力也强。

开发价值 黄连木种子油可用于制肥皂、润滑油、照明、治牛皮癣，也可食用，油饼可作饲料和肥料。树皮含单宁提取烤胶。果、叶亦可做黑色染料。树皮、叶可入药，根、枝、叶皮也可作农药。鲜叶可提芳香油，可制茶。木材可供建筑、家具、车辆、农具、雕刻等用。环孔材，边材宽，灰黄色，心材黄褐色，材质坚重，纹理致密，结构匀细，不易开裂，气干容重 0.713 g/m^3，能耐腐，钉着力强，可供建筑、车辆、农具、家具等用。叶含鞣质 10.8%，果实含鞣质 5.4%，可提制栲胶；树皮及叶药用；根、枝、叶、皮可制农药；鲜叶可提取芳香油；嫩叶可代茶，还可腌食。果壳含油量 3.28%，种子含油量 35%～50%，种仁含油量 56.5%，是制取生物柴油的上佳原料。日前，中国工程院院士、我国著名森林培育工程专家王涛在主题为《生态能源林建设——未来生物质柴油原料基地》的报告中提到，在未来生态能源林建设和生物质柴油产业发展中，"国家计划明年在陕西和河北建立两家生产生物质柴油的工厂，总生产力约 10 万吨。同时，目前陕西、河北、河南和安徽等地结合绿化造林任务，已规划了 1 000 万亩黄连木能源林基地，该项目已纳入国家能源林规划"。这是王涛院士报告中的一段话，这一连串的数字透露出一个信息——未来国家会对黄连木制造生物质柴油方面给予很大重视。

2. 乌桕(*Sapium sebiferum*)

大戟科(Euphorbiaceae)乌桕属落叶乔木。重要工业用木本油料树种。又名桕子、木子。乌桕属共约 120 种，主产热带及亚热带。中国有 10 种，栽培利用已有 1 400 年以上的历史。

形态特征　树冠近球形。小枝细。近菱形或菱状卵形，叶柄顶端具 2 腺体。单性，雌雄同株；雄花 3 朵形成小聚伞花序，再集生为葇荑状复花序，雌花通常 5～15 朵，生于花序的下部(见图 2-3)。蒴果近扁球形，熟时黑褐色、黑色，外被白蜡，固着于中轴上，经冬不落。

图 2-3　乌桕花枝

分布　按开花习性和果序特点，区分为葡萄桕(*S. sebiferum var. conferticarpum*)和鸡爪桕(*S. se-biferum var. laxicarpum*)两个变种。葡萄桕只具有一种花序，开一次花，雌雄同穗，下部为雌花，上部为雄花。在果梗上排列紧密成串，形似葡萄。鸡爪桕具有两种花序，开两次花，第一次开的为雄花序，当第一次花序即将凋萎时，再一次花序基部直接抽出数个两次花序，基部着生雌花，上部着生雄花，由于在这种两次花序上结果，形成多杈果序，状如鸡爪。但也有少数单株兼有葡萄桕与鸡爪桕的开花结果习性。由于乌桕栽培历史悠久，栽培地区广以及异花授粉等原因，形成了许多农家品种，如长穗葡萄桕、大粒鸡爪桕、小粒鸡爪桕、寿桃桕、铜锤桕、大粒葡萄桕、小粒葡萄桕、钩头桕等。20 世纪 70 年代，浙江省选育的 4 个优良无性系品种：分水葡萄桕 1 号，选桕 1 号、选桕 2 号和铜锤桕 11 号。具有产量高、速生、早实、子粒大、蜡质厚、出油率高等优点。

乌桕在中国黄河流域以南 18 个省(市、自治区)均有分布，栽培中心区域在长江流域及其以南各省。垂直分布在长江流域的浙江、湖南、湖北、安徽等省可达海拔 600～800

m，在云南可达 1 850 m。美国、印度、日本也有少量栽培。福建全境都有乌桕零星分布，各地常用其作为公路两侧绿化。

生物学特性 乌桕适于高温、多湿、短日照的生态条件，其中心产区年平均气温在 16～19 ℃之间，年降雨量在 1 000～1 500 mm 之间。以江、河、湖两岸的冲积土为好，其次是深厚而熟化的红壤和紫色土。乌桕对土壤酸碱度的适应性较强(pH5.5～8)，在土壤含盐量 0.3%以下的海涂地栽培，生长结果尚正常。在水旁种植，连续淹水 1 个月而无异常表现。此外，乌桕对有毒气体氟化氢有较强的抗性。

开发价值 乌桕种子外被一层蜡皮可取桕脂(皮油)，种仁可榨桕油(梓油)。前者为固体油，后者为液体油，都是重要的化工产品原料。每 100 kg 种子可榨桕脂(皮油)24～30 kg，桕油 16～19 kg。桕脂在常温下是白色无臭的蜡状固体，常用于制造肥皂、蜡纸、护肤脂、金属涂擦剂、固体酒精等，也是制造硬脂酸的优质原料。桕脂中含有 14%左右的甘油，是制取环氧树脂和硝化甘油的原料。桕油是一种干性油，所含脂肪酸成分主要为亚麻子油酸和次亚麻子油酸，是油漆、油墨的重要原料。桕脂富含特殊结构的 P—O—P 甘油三酸酯，其性质与天然可可脂近似，可用来制取类可可脂 CBE，用于制作巧克力和高级糖果、蛋糕等。桕饼可作饲料和燃料。果壳、子壳可制糠醛和活性炭。乌桕纹理致密，坚韧耐用，可作家具、农具和雕刻等用。花为良好的蜜源。乌桕耐水湿，抗风力强，能抗大气污染；树形优美，秋季红叶，是庭园绿化及堤岸造林的优良树种。

3. 竹柏(*Podocarpus nagi*)

罗汉松科常绿乔木，别名糖鸡子、罗汉柴、椰树、山杉、铁甲树等，为罗汉松科竹柏属常绿乔木，高可达 20 m，胸径可达 80 cm，树干通直。

图 2-4 竹柏侧枝

形态特征　树皮褐色，平滑，薄片状脱落；小枝树生，灰褐色。叶交叉对生，质地厚，革质，宽披针形或椭圆状披针形，无中脉，有多数并列细脉，长 8～18 cm，宽 2.2～5 cm，先端渐尖，基部窄成扁平短柄，上面深绿色，有光泽，下面有多条气孔线。雌雄异株，雄球花状，常 3～6 穗簇生叶腋，有数枚苞片，上部苞腋着生 1 或 2～3 个胚株，仅 1 枚发育成种子，苞片不变成肉质种托。种子核果状，圆球形，为肉质假种皮所包，径 1.5～1.8 cm；梗长 2.3～2.8 cm。

习性分布及开发价值　竹柏分布在长江以南各地，约位于东经 105°—120°，北纬 21°—29°。江西、浙江、福建、湖南、广西、广东等省常绿阔叶林中有见分布，一般散生于林中阴湿地或溪边。垂直分布多在海拔 800 m 以下的中下坡或沟谷两旁，往往混生于常绿阔叶林中。在我国分布区内的气温、雨量差异很大。年平均气温 18～26 ℃，极端最低气温－7 ℃，抗寒性弱，极端最低气温为－7 ℃，否则易遭受低温危害。年降水量为 1 200～1 800 mm 的地区为生态适宜区，低于 800 m 则生长不良，性喜湿润但无积水的地带。竹柏对土壤的要求较严，在沙页岩、花岗岩、变质岩等母岩发育的深厚、疏松、湿润、腐殖质层厚、微酸性的沙壤土至轻黏土均能生长，尤以沙质壤土生长迅速，干旱贫瘠荒山生长不良。竹柏属于亚热带树种，要求温暖湿润气候，不耐霜冻，深根性，耐荫性树种，幼苗需在庇荫下才能生长良好。大树常与木莲、木荷、栲树、黑壳楠等混生，少有纯林。福建南平上洋溪源庵风景区内溪谷两侧有较大面积的天然竹柏针阔混交林。竹柏树姿健美挺拔，茎干端庄直立，中层枝条平展密集，顶总枝条斜立向上，树冠呈现椭圆状卵圆形。叶片秀丽葱郁，经冬不落，春来不换，厚革质，光泽清亮，有清香，耐荫，不甚耐寒。长江沿岸及以南的地区均能正常生长。群植、孤植、列植都十分入景，亦是盆栽盆景佳材。特别适合在高楼背阴院落及采光不足的庭院中置景，是一种优良的珍稀观赏树种。材质优良，结构致密，纹理美观，加工性好，干燥后不开裂，不变形，且有光泽，材色淡黄而美观，可供建筑、造船、家具、乐器、雕刻等用途，是我国南方优良用材树种。竹柏种子含油率 35％～45％，种子油为不干性油，是工业原料油，可直接点燃，可用于转化生物柴油。

4. 三年桐（*Vernicia fordii*（*Hemsl.*）*Airy-Shaw*）

大戟科油桐属落叶乔木。

形态特征　落叶乔木，树高可达 12 m；枝、叶无毛。单叶，互生，叶卵形或宽卵形，全缘，稀 3 裂，长 10～20 cm；叶柄顶端 2 腺体扁平无柄，红色。聚伞花序顶生，雌雄同株；花萼 2～3 裂；花瓣 5；花瓣白色，有淡红色斑纹；子房 3～8 室，每室胚珠 1。果为核果，果球形或扁球形，径 4～6 cm，果皮平滑；种子 3～8，花期 3—4 月，果期 10 月。

习性分布与开发价值　三年桐是速生、早实的经济林木，有“一年是根棍，二年一把杈，三四年开花结果，十年前后当家”的谚语。产秦岭、淮河流域以南，品种多。三年桐喜光性强，年日照需在 1 000 小时以上，在阴坡峡谷生长结实不好。在年生长发育中，冬季需短暂低温才能完成休眠；花期日平均气温需稳定在 14.5 ℃以上才能正常授粉结实；果实生长发育和花芽分化期又需 25 ℃以上的高温和有充足的水分。适宜于中性至微碱性而比较深厚的熟地，土壤含适度钙质为有利。三年桐为合轴分枝植物，由 1 年生枝条顶端混合芽开花结实。单株产量与冠幅增长及年生枝抽生数量、质量有密切关系。据渠县木本油料站调查，在土层厚 30～60 cm 的紫色土地边种植条件下，4～10 年生为速生期，此

图 2-5　三年桐花序

期树高和冠幅增长迅速，每个 2 年枝可抽粗壮新枝 3～5 个，结果枝多，产量增长快，平均每平方米冠幅产量也高，显示了早期丰产特性。10～13 年生以后进入盛产期，此期主干分枝达 5～7 轮，并开心封顶不再增长，树冠仍持续增大，每个 2 年生枝抽发的新枝量减少至 2～3 个，由其中的强枝结果。这一时期，由于 1 年生新枝总量增加甚微，帮产量有所下降。20 年生以后衰老期，此期冠幅增长开始减缓，每个 2 年生枝抽发纤细新枝 1～2 个，座率低，单株产量和每平方米冠幅产量都开始减少，尤以平均每平方米冠幅产量下降最为明显。这一生长结实进程，在同样实行桐粮混作或间作条件下都基本相同，只是在不同立地条件下其单产的高低及盛产期的长短以及衰老期来临的早迟有差异。如生长在土层厚的桐树，树冠大，单产较高，盛产期可延续至 25 年生以上；生长在瘦薄的冷沙黄壤上的桐树，树冠小，单产低，盛产期仅为 14～16 年。若在荒山上造林而又不加抚育管理，播种当年高生长仅为 10～20 cm，第二年、第三年仅只几厘米，第四年、第五年仍不能分枝和结实，并逐渐死亡。种仁含油量 52%～62%，榨出的桐油为工业上用的干性油，供涂料、油漆、油墨、塑料用；木材白色，稍软，一般用材；果皮可制活性炭。20 世纪 60—70 年代福建各地广为栽培。

5. 千年桐(*Vernicia montana* Lour.)

大戟科油桐属落叶乔木。

形态特征　落叶乔木，树高可达 15 m；枝、叶无毛。单叶，互生，叶常 3～5 深裂，裂口底部有腺体；叶柄顶端 2 腺体杯状有柄。聚伞花序顶生，花雌雄异株；花萼 2～3 裂；花瓣 5；雄蕊 8～20；子房 3～5 室，每室胚珠 1。果为核果，果卵球形，果皮具 3(4)纵棱和网状皱纹。种子大。花期 4 月，果期 10 月。

习性分布与开发价值　产于华东、华南及西南等省区。为喜温暖湿润的南亚热带树种，省内野生分布在海拔 700 m 以下的丘陵山地。分布区冬暖夏热，年平均气温 18～19 ℃，

图 2-6　千年桐结果枝

图 2-7　千年桐花枝

1月平均气温7～8 ℃，7月气温28～30 ℃；多生长在酸性紫色土和山地黄壤上。重要的木本油料树种；习性分用途与油桐相似，木材质地轻软，可做用具和培养食用菌。20世纪60—70年代福建各地广为栽培。

6. 山苍籽（*Litsea cubeba*（*Lour.*）*Pers.*）

樟科木姜子属落叶小乔木，也称山鸡椒、木姜子。

形态特征 树高可达5 m，枝无毛；体内富含芳香油。叶纸质，披针形或长圆状披针形，长4～11 cm，下面粉绿色。羽状脉。伞形花序有总梗。开花时总苞不脱落；雄花发育雄蕊9～12，花药4室，全部内向。浆果球形，径4～5 mm，成熟时黑色。花期2—3月，果期8月。

习性分布及开发价值 产长江流域以南及西南各省区海拔1 300 m以下的山地，多生于荒坡地或采伐迹地，自然更新能力强。花、叶及果皮富含芳香油，可用于合成香精、医药等；果供药用，能去风止痛。种子含油率30%～40%。

7. 山桐子（*Idesia polycarpa Idesia*）

大风子科，山桐子属，又称山梧桐、水冬。高大落叶乔木。

形态特征 高10～15 m；树干通直，树皮平滑、灰白色，树冠广展，外形美观；幼枝红褐色，有皮孔和叶痕，枝条呈轮生状，树冠圆锥状塔形；叶大，卵形或卵状心形，长8～16

图2-8 山桐子结果枝

cm；宽 7～14 cm，叶厚纸质或革质，先端短渐尖，基部心形或近心形，边缘有疏锯齿，叶面深绿色，无毛，背面灰白色，有时被短柔毛，叶柄有毛；花单性，雌雄异株，或杂性，黄绿色，芳香，圆锥花序下垂，雄花无花瓣，萼片 3～5 个。雄蕊多数，花丝丝状，雌蕊退化，雌花序较雄花序为长，子房球形，基部有退化雄蕊；浆果圆球形、扁圆形，形似葡萄，红色，果肉黄色；种子多数，卵圆形，先端尖，黑色或黄褐色，成熟后宿存枝上。花期 5—6 月，果期 9—10 月。

习性分布与开发价值　产于秦岭、淮河以南各省区，日本、朝鲜亦有分布，福建邵武、建阳、三明等地曾见溪谷旁野生分布。喜温暖湿润气候和肥沃疏松、富含腐殖质且排水良好的土壤。在 pH 值 7.8～8.6，盐分含量 0.2～0.3%，土壤质地为黏性、土壤结构为粉状的滨海地区，亦能正常繁殖、生长。可作为园林观果树种，鲜艳硕大的果穗可宿存于树上长达 1～2 个月，可为亚热带北部及温带地区冬季提供亮丽的景观。山桐子为优质高产的野生木本油料树种。其果实含油量 43.6%，种子含油量 29%左右，被誉为“树上油库”。山桐子是优质速生用材树。树干通直，木质白色，质地轻软，不易变形，抗腐蚀，纹理美观，是良好的家具和建筑用材；也是良好的绿化造林树种，树形美观，树干挺直，树冠似塔，叶大浓荫，果实有艳红、橘红、橙黄等色，长期宿留垂挂枝头，甚为美观，可作行道树，是城乡绿化和水土保持的优良树种之一。叶可作为猪饲料，花也是很好的蜜源。山桐子野生性状强，适应性强，耐干旱，耐瘠薄，喜温暖气候和肥沃土壤，在微酸性、中性和微碱性沙质土壤里均能正常生长。在地势向阳、土质疏松、排水良好的地方，生长快，结果多，产量高。栽后 4～6 年开花结果，12～15 年进入平果期，一般单株产量可达 15～50 kg。20～40 年为盛果期，一般单株产量可达 150～200 kg，最高 250 kg 以上。山桐子含油率高，生长快，产量高，投资少，收益大，适应性强，有广阔的发展前景。

8. 无患子（*Sapindus*）

无患子科无患子属高大乔木，本草纲目称为木患子，四川称油患子，海南岛称苦患树，台湾又名黄目子，亦被称为油罗树、洗手果、肥皂果树。

形态特征　落叶或常绿乔木，高达 25 m。枝开展，小枝无毛，密生多数皮孔；冬芽腋生，外有鳞片 2 对，稍有细毛．通常为双数羽状复叶，互生；无托叶；有柄；小叶 8～12 枚，广披针形或椭圆形，长 6～15 cm，宽 2.5～5 cm，先端长尖，全缘，基部阔楔形或斜圆形，左右不等，革质，无毛，或下面主脉上有微毛；小叶柄极短。圆锥花序，顶生及侧生；花杂性，小形，无柄，总轴及分枝均被淡黄褐色细毛；萼 5 片，外 2 片短，内 3 片较长，圆形或卵圆形；花冠淡绿色，5 瓣，卵形至卵状披针形，有短爪；花盘杯状；雄花有 8～10 枚发达的雄蕊，着生于花盘内侧，花丝有细毛，药背部着生；雌花，子房上位，通常仅 1 室发育；两性花雄蕊小，花丝有软毛。核果球形，径约 15～20 mm，熟时黄色或棕黄色。种子球形，黑色，径约 12～15 mm。花期 6—7 月。果期 9—10 月。

习性分布及开发价值　原产我国长江流域以南各地以及中南半岛各地、印度和日本。现在，广东、福建、广西、江西、浙江等地区有栽培。喜光，稍耐阴，耐寒能力较强。对土壤要求不严，深根性，抗风力强。不耐水湿，能耐干旱。萌芽力弱，不耐修剪。生长较快，寿命长。对二氧化硫抗性较强。无患子果皮含无患子皂苷等三萜皂苷，可制造“天然无公害洗洁剂”，用于日常洗涤：餐具清洁、美容、洗头、皮肤保健。无患子树的果实，通过人工晒

图 2-9 无患子花枝

制、剥皮，而后得到的纯果皮，可以直接用来提取其有效成分——皂苷，制造天然无公害洗洁用品——无患子皂乳、无患子手工皂等。这一类天然植物洗洁用品，在日本、台湾、韩国、美国等国家和地区已经相当流行。欧洲人更是喜欢将无患子的果皮，不经加工，原原本本的包裹在棉织袋子内，泡水搓挤，使其产生泡沫，直接用于洗衣、洗头、洗身。无患子根、果作为中药材，具有清热解毒，化痰止咳的功效。无患子种仁含油量高，用来提取油脂，制造天然滑润油；最新科研透露，无患子种仁提取油脂，可用来制造生物柴油。

9. 野漆树(*Toxicodendron succedaneum* (*Linn.*)*O. Kuntze*)

漆树科落叶小乔木或灌木。

形态特征 高达 10 m；小枝粗壮，无毛；顶芽粗大。叶螺旋状互生，密集于枝端，小叶 9～15，对生，薄革质，长椭圆状披针形或广披针形，长 5～16 cm，宽 2～5.5 cm，顶端长尖，基部楔形而偏斜，全缘，两面光滑无毛。圆锥花序腋生，为叶长之半，长约 7 cm，花序梗光滑。核果扁平，斜菱状圆形，淡黄色，直径 6～8 mm，光滑无毛，果皮薄，干时有皱纹。花期 5—6 月，果期 10 月。

习性分布及开发价值 分布在华东、华南、西南等省。福建省分布广泛，闽西、闽北分布较多，多生于光照充足的山坡、林沿，多呈散生状态，在光照充足处偶见小群落集中分布。目前，我省对野漆树仅局限于野生资源的少量利用，本次调查过程中未见人工栽培林分。2007 年 11 月初补充调查结果表明，野漆树主干不明显或无独立主干，常在基部分叉成 4～5 个枝条，单个枝条果实产量(干果)0.3～1.6 kg。较喜光、不耐庇荫，适宜生长于背风向阳而又湿润的环境；在其生长发育和形成漆液的过程中，常需要较多的水分和较高

图 2-10　野漆树花枝

的热量。生长发育的最适宜条件是：年平均气温 13 ℃左右，最冷月平均气温 2.5～5 ℃，极端最低气温－10 ℃，≥10 ℃积温 4 500 ℃左右，年降雨量 750～1 200 mm，相对湿度 70%以上。疏松、肥沃、湿润、排水良好的砂质壤土最适于野漆树的生长。野漆树果实的成熟期通常在 10 月下旬，成熟后的漆籽为黄绿色，果实中的果皮为白色的蜡质，经加工可制成漆蜡；果核（俗称漆米，漆仁）为黄褐色，坚硬，骨质，富含油质，可制取漆油（漆米油）。经石油乙醚萃取测定，含油率在 28%～32%。叶和茎皮含鞣质，可提取拷胶；果皮含蜡质，可制蜡烛；种子油可制肥皂，也可作为生物柴油生产原料；根、叶和果供药用，能解毒、止血、散淤、消肿，主治跌打损伤。因此，野漆树综合开发利用的价值比较高，具有较好的发展前景。

10. 盐肤木（*Rhus chinensis Mill*）

漆树科落叶小乔木或灌木。

形态特征　高 5～6 m；枝开展，密布皮孔和残留的三角形叶痕。单数羽状复叶；小叶 7～13，叶轴和叶柄常有狭翅；小叶无柄，卵形至卵状椭圆形，长 6～12 cm，宽 4～6 cm，顶端急尖，基部圆形至楔形，边缘有粗锯齿，背面有棕褐色柔毛。圆锥花序顶生，花序梗密生棕褐色柔毛，花乳白色。核果扁圆形，红色，有细柔毛。花期 8—9 月，果期 10 月。

习性分布及开发价值　几乎遍布全国。朝鲜、日本、越南及马来西亚亦有分布。北方应用较多。福建省自然分布较多，闽北、闽西尤多，常见散生林沿。未见人工栽培及应用。喜光，喜温暖湿润气候。对土壤适应性强，在酸性、中性、石灰性及瘠薄干燥的砂砾地上都能生长，不耐水湿，能耐寒和干旱。深根性，萌蘖性强，生长快，寿命短。盐肤木入秋叶转橙红色或鲜红色，果实也是橘红色，叶、果色彩绚丽，可点缀绿地或与其他树种组成风景林，是良好的观赏树种。因全株具有毒乳汁，会引起皮肤过敏者肿痛，加上株形粗放，故宜

图 2-11　盐肤木

种植在人迹少的地方。其叶被瘿蚜为害，生成虫瘿，即五倍子，可供药用，为我国特有的经济树种。种仁含油率 20%～25%，可制作生物柴油。

(二)引进油料能源树种

1. 麻风树(*Latropha curcas L.*)

大戟科麻风树属落叶灌木或小乔木麻风树，又名小桐子、芙蓉树、膏桐、亮桐。

形态特征　灌木或小乔木，高 2～5 m；幼枝粗壮，绿色，无毛。叶互生，近圆形至卵状圆形，长宽略相等，约 8～18 cm，基部心形，不分裂或 3～5 浅裂，幼时背面脉上被柔毛。花单性，雌雄同株；聚伞花序腋生，总花梗长，无毛或稍被白色短柔毛；花瓣披针状椭圆形；雄蕊 10，二轮，内轮花丝合生；花盘腺体 5；雌花无花瓣。蒴果卵形，种子呈长圆形，种衣呈灰黑色。

习性分布及开发价值　栽培或半野生于云南、贵州、四川、广东、广西，多为药用栽培植物。种仁含油约 50%～60%，作肥皂及润滑油，并有泻下和催吐作用；油粕可作农药及肥料。

麻风树属喜光阳性植物，因其根系粗壮发达，具有较强的耐干旱的能力，又因枝、干、根近肉质，组织松软，含水分、浆汁多、有毒性而又不易燃烧和抗病虫。我国引种有 300 百多年的历史，干热河谷野生状态下的种子，一般一年一熟，枝、干具再生能力，种子发芽率在 90%以上。麻风树生长能迅速，生命力强，在部分地方可以形成连片森林群落。它不但人工造林容易，天然更新能力强，还耐火烧，可以在干旱、退化的土壤上生长。麻风树是保水固土、防沙化、改良土壤的主要选择品种。麻风树具有极强的生繁能力，枝叶浓密，林地郁闭快，落叶易腐不易燃，改良土壤能力强。麻风树 3 年可挂果投产，种仁含油 50%～

图 2-12　麻风树结果枝

80%，经改性后可适用于各种柴油发动机。麻风树有很高经济价值，是世界公认的生物能源树。其种仁是传统的肥皂及润滑油原料，并有下泻和催吐作用，油粕可作农药及肥料。近年来，用麻风树油作燃油的研究取得了较大的进展，经改性的麻风树油可适用于各种柴油发动机，并在闪点、凝固点、硫含量、一氧化碳排放量、颗粒值等关键技术上均优于国内零号柴油达到欧洲二号排放标准。为此，麻风树被称为生物柴油树。

2. 绿玉树(*Euphorbia tirucalli*)

大戟科大戟属植物，别称光棍树、绿珊瑚、青珊瑚、铁树、铁罗、龙骨树、神仙棒、龙骨树、乳葱树、白蚁树等。

形态特征　热带灌木或小乔木，可高达 2～9 m。叶细小互生，呈线形或退化为不明显的鳞片状，长约 1 cm，宽约 0.2 cm，早落以减少水分蒸发，故常呈无叶状态。枝干圆柱状绿色，分枝对生或轮生，于无叶片时以代替叶片进行光合作用。花为杯状聚伞花序生于枝顶或节上有短总花梗，总包陀螺状，直径约 0.2 cm，具有 5 枚腺体，内被柔毛，花冠 5 瓣，黄白色，花无花被，雄花小数，雌花具多数总苞，苞片细小。果实为蒴果，暗黑色，披贴伏柔毛，长约 0.5 cm，成熟时 3 裂。种子呈卵形，平滑。

习性分布及开发价值　原产于非洲的地中海沿岸地区，现分布于香港、台湾澎湖列岛、海南、美国、马来西亚、印度、英国及法国等地，福建闽南一带少量引种，主要作为观赏植物栽培。花期 6—9 月，果期 7—11 月。由于原产地环境干燥，叶片较早脱落以减少水分蒸发，故常呈无叶状态，外形貌似绿色玉石故得此名。乳汁含佛波醇-12，13-不饱和二酯化合物、4-去氧佛波醇-12，13-不饱和二酯化物、蒲公英甾醇、13-莴苣甾醇、大戟醇等。由于白色乳液富含十二种烃类物质，与石油成分接近，而且不含硫可直接与其他物质混合成原油，亦可作为生产沼气的原料，其沼气产量较一般嫩枝绿草高 5～10 倍。因能耐旱，耐盐和耐风，可用作海边防风林或美化树种。

图 2-13　绿玉树

3. 光皮树（*Cornus wisoniana*）

山茱萸科梾木属树种，别名光皮梾木、斑皮抽水树。

形态特征　树皮白色带绿，斑块状剥落后形成明显斑纹。叶对生，椭圆形至卵状椭圆形，基部楔形，背面密被乳头状小突起及平贴的灰白色短柔毛。圆锥状聚伞花序顶生。花小，白色。核果球形，紫黑色。花期 5 月，果期 10—11 月，核果球形，紫黑色。

习性及开发价值　广泛分布于黄河以南地区，集中分布于长江流域至西南各地的石灰岩区，垂直分布在海拔 1 000 m 以下。喜光，耐寒，喜深厚、肥沃而湿润的土壤，在酸性土及石灰岩土生长良好。光皮树树干挺拔、清秀，树皮斑驳，枝叶繁茂，深根性，萌芽力强，抗病虫害能力强，寿命较长，超过 200 年以上。实生苗造林一般 5～7 年始果，人工林林分群体分化严重，产量高低不一，嫁接苗造林一般 2～3 年始果，结果早，产量高，树体矮化，便于经营管理。果实干粒重高于 70 克，其果实（带果皮）含油率 33%～36%，盛果期平均每株产油 15 公斤以上。光皮树的利用价值高，木材细致精密、纹理通直，纤维坚硬，容易干燥，车旋性能好，可作建筑、家具、雕刻、农具及工业制板等用。作为生物柴油基础原料油，光皮树油含油酸和亚油酸高达 77.68%（其中油酸 38.3%、亚油酸 38.85%），所生产的生物柴油理化性质优（如冷凝点和冷滤点）；同时可以利用果实作为原料直接加工（冷榨或浸提）制取原料油，加工成本低廉，得油率高。随着光皮树油制取生物柴油的相关研究的开展与深入，光皮树作为重要的生物柴油原料已经得到社会各界的广泛关注。

4. 石栗(*Aleurites moluccana*)

大戟科常绿乔木,高达 10 m。

图 2-14　石栗

形态特征　小枝有星状细毛或绒毛。叶密生小枝顶端,长 10～30 cm,3～7 裂,聚伞花序,有绒毛,花小,白色,单性,雌雄同株。果近球形,光滑。种子 1～2 颗,有槽。

习性分布及开发价值　广植于各热带地区,我国广东、广西、云南亦产。

开发价值　石栗生长快,是优良的园林绿化树种,种子含油率高,是和用于生物柴油转化;果壳热值高,可代替煤用于热电转化或其他能源用途。木材可以用于家具等制作。

二、木质能源树种

1. 乌冈栎(Quercus phillyraeoides A. Gray.)

壳斗科栎属常绿小乔木或灌木。

形态特征　小枝灰褐色,有星状短绒毛。叶倒卵形或倒卵状椭圆形,长 2.2～5.5 cm,宽 1.5～2.5 cm,顶端急尖或短渐尖,基部近圆形或楔形,边缘有细尖锯齿,齿尖有黑色腺体;两面无毛或仅两面中脉基部有

星状毛,侧脉 9～11 对,纤细,不明显;叶柄长 3～5 mm,被灰褐色星状绒毛。壳斗碗状,高约 8 mm,直径 1～1.2 cm,包围坚果 1/3～1/2,鳞片宽卵形,顶端收狭成钝尖,除钝尖外,皆被细绒毛。坚果椭圆形,长 1.3～2 cm,直径 0.8～1 cm,果脐突起。

习性分布及开发价值 省内产于上杭、仙游、德化、大田、沙县、将乐、延平、武夷山、漳浦、安溪。国内分布于陕西、浙江、江西、安徽、福建、河南、湖北、湖南、广东、广西、四川、贵州、云南等省区。生于海拔 300～1 200 m 的山坡、山顶和山谷密林中，常生于山地岩石上。木材热当量高，耐燃，所烧制的木炭俗称“乌冈白炭”，国际市场上价格不断攀升。是福建闽西、闽北传统的薪炭材树种。

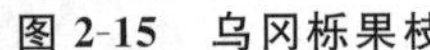

图 2-15 乌冈栎果枝

图 2-16 乌冈栎种子

2. 相思类(Acacia spp)

含羞草科金合欢属常绿乔木或灌木，是闽东、闽南荒山荒地绿化的重要树种，有菌根，能固氮，自肥能力强，生长快，生物量大，易燃耐燃，热当量高。目前主要用于培育短周期工业原料林，其中台湾相思引种历史最长，是当地传统的薪炭材树种。相思类树种深根性，抗风力强，可用作荒山绿化的先锋树种和营造防风林带、防火林带及水土保持林。枝叶茂密，常栽作防护林、薪炭林、水土保持林及行道树。可作为福建南部、东部木质能源林树种。

(1)大叶相思(*Acacia auriculiformis* A. Cunn. ex Benth，垂耳相思、耳叶相思)

形态特征 常绿乔木，在一般立地树高约 8～20 m，在热带适生的天然环境中可达 30 m，胸径 60 cm。干型有直干型和弯曲型。树皮灰褐色，初时平滑，随年龄增长而变粗糙或浅纵裂。幼苗长出 3～5 对羽状复叶后逐渐退化，叶柄变成扁平叶状，即为叶状柄，叶状柄呈镰刀形或直展，长 10～15 cm，宽 1.5～2.5 cm，具明显纵向平行脉 3～7 条，其间布满细小支脉，基部具 1 个明显腺体。穗状花序长 8～10 cm，成对生于枝条上部叶腋。花金黄色。荚果扁平，软骨质或木质，最初平直，成熟时呈不规则螺旋状扭曲；种子椭圆形或肾形，扁平，种脐大，在荚果内横生，长 4～6 mm，宽 3～4 mm，有黄色珠柄与果皮相连。花期一年两次，7—8 月为小花期，10—11 月果成熟；10—12 月盛花期，翌年 3—5 月果熟，种子 30 000～60 000 粒/kg。

本种的最明显形态特征为穗状花序，荚果成熟时呈不规则螺旋状扭曲。

(2)马占相思(*Acacia mangium* Willd，马尖相思)

形态特征 常绿乔木，树高可达 30 m，胸径可达 60 cm，主干明显、通直，无枝丫干占整个树高一半以上。在差的立地条件，高 7～10 m。树皮表面粗、厚，暗灰棕至褐色，纵裂，树干基部有时具凹槽。嫩枝青绿色、三棱形。幼苗长出 4～6 对复叶后，再长出的新叶形成宽大的叶状柄，长 10～25 cm；宽 5～7 cm，主脉 4 条明显，网脉纤细，表面无毛或披细

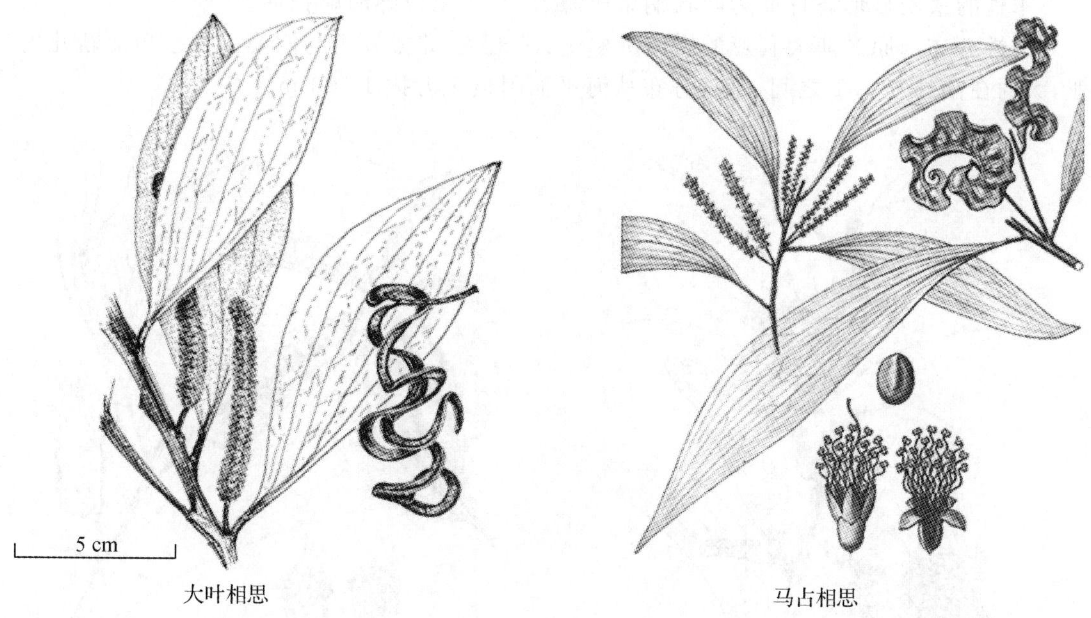

大叶相思 马占相思

图 2-17

鳞片。花灰白至黄色，花序穗状，长可达 10 cm，单生或对生于上部叶腋，花瓣 5 个，花萼长 0.6～0.8 cm，裂片钝短，花丝灰白色或被细软毛。荚果成熟时为不规则螺旋状卷曲，微木质，长 7～8 cm，宽 3～5 cm，种子椭圆至卵形，长约 5 mm，黑色，具有黄色珠柄，并以此把种子依附在荚果内。花期 10—11 月，翌年 6—7 月种成熟。种子 80 000～120 000 粒/kg。

本种的最明显形态特征为其叶状柄是目前我国引种的最宽大的一种。

习性分布 马占相思为早开花树种，在我国海南一般第 3 年开始开花，8 月始花，9—10 月为盛花期，11 月中旬开花结束，翌年 5—6 月果实成熟，从开花到种子成熟需 8～9 个月。在北回归线附近，5 年始花，从开花到种子成熟需 9～10 个月。

(3)纹荚相思(*Acacia aulacocarpa* A. Cunn ex Benth，槽纹果相思)

形态特征 常绿乔木，在原产地高达 35 m，胸径 1 m，主干通直、明显，幼树皮灰色、平滑，以后变深灰色并具凹槽。叶状柄灰绿色或暗灰色，长 7～15 cm；宽 2～5 cm，略成镰刀形，纵脉 3～5 条，叶缘呈波浪状，顶端尖小。花灰白色至黄色，穗状花序，长 2～6 cm，单生或 3 个生在短柄上。荚果长圆形，长 10 cm，宽 1～2 cm，扁平，木质，上有明显凹槽，成熟时略扭曲。种子长 5～8 mm，宽 2.5～3.5 mm，顶端具灰白色假种皮。10—11 月开花，翌年 5 月果实成熟，种子 40 000～80 000 粒/kg。

纹荚相思曾被建议分为 5 个种，它们分别是 *A. celsa*，*A. disparrima*，*A. lamprocarpa*，*A. midgleyi*，*A. peregina*，其中 *A. celsa* 是指澳大利亚昆士兰北部地区的纹荚相思，树体通直，高达 30 m，胸径达 90 cm，与热带雨林伴生；*A. disparrima* 是指昆士兰及新南威尔斯沿海地区的纹荚相思，树高不超过 12 m；*A. lamprocarpa* 是指西澳大利亚与昆士兰交界地区的纹荚相思，树高不超过 10 m，生长缓慢，但耐火；*A. midgleyi* 是指昆士兰约克角的纹荚相思。

本种的最明显形态特征为叶状柄略成镰刀形，荚果成熟时略扭曲。

习性分布 原产澳大利亚的新南威尔士、昆士兰、北方领土与西澳以及巴布亚新几内亚，大约在南纬6—31°之间，垂直分布从海平面附近至海拔1 000 m。

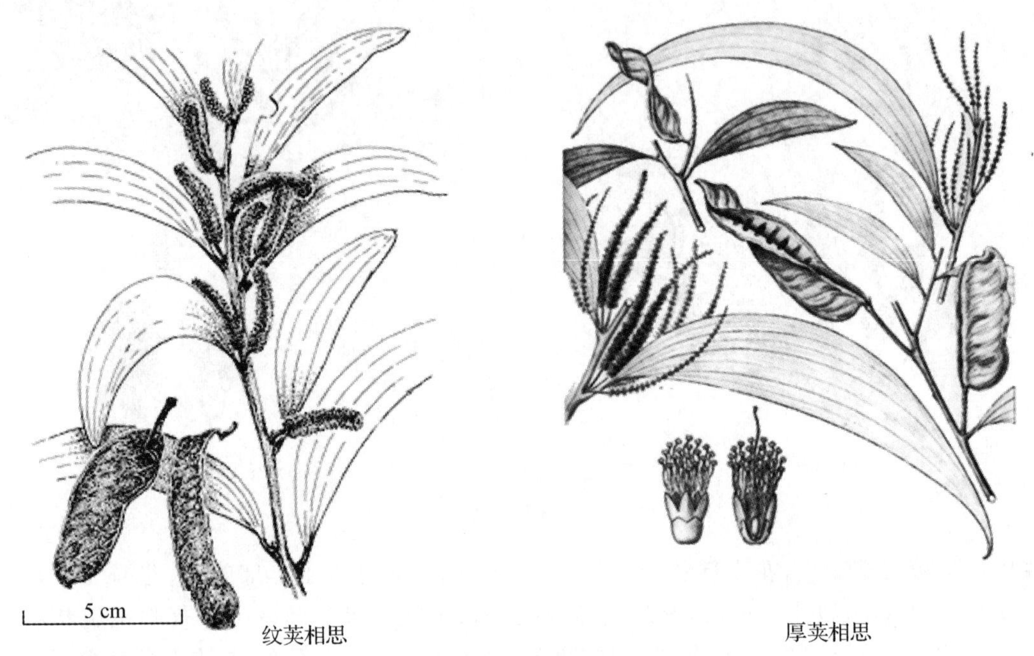

图 2-18

(4)厚荚相思(*Acacia crassicarpa* A. Cunn ex Benth，粗果相思)

形态特征 常绿乔木或大型灌木。树高约10～30 m，胸径50 cm，树皮暗灰褐色，坚硬，具直裂深沟，内树皮红色、纤维状。苗期可见到二回羽状复叶，随后退化为叶状柄，叶状柄光滑，灰绿色，弯生呈宽镰刀状，顶端渐尖，长11～22 cm，宽3～4 cm，具3～7条平行纵脉，呈黄色；叶状柄着生在棱状小枝上，枝上具鳞状附着物。花鲜黄色，组成穗状花序，长4～7 cm，宽2～6 cm。荚果成熟时棕黑色，扁平，木质，长5～8 cm，宽2～4 cm，有明显凸出偏斜条纹；种子黑褐色，长椭圆形，具灰白色珠柄，有光泽。花期10—12月开花，翌年5—7月果实成熟。种子35 000～50 000粒/kg。

本种的最明显形态特征为叶弯镰刀形，果直伸，不弯曲。

习性分布 原产于澳大利亚的昆士兰东北部、巴布亚新几内亚的西南部及印度尼西亚东南部的伊兰贾亚岛。大约在南纬8—20°之间，垂直分布多数从海平面附近至海拔200 m，少数可达700 m。分布区内最冷月平均温度15～22 ℃。最热月平均温31～34 ℃，年降雨量1 000～3 500 mm。

(5)卷荚相思(*Acacia cincinnata* F. Muell)

形态特征 常绿乔木，树高可达25 m，胸径40 cm，主干通直、明显，枝干柔性好；树冠浓密，窄尖塔形。树皮灰棕色，纵裂。叶状柄浅绿色，椭圆状披针形，长10～16 cm，宽1.5～3 cm，具三条明显纵脉，叶状柄两面紧被有稀疏银白色绒毛。花白至灰黄色，组成穗状花序，荚果螺旋状盘卷。花期 10 月，翌年 5 月种子成熟，种子 60 000～100 000 粒/kg。

本种的最明显形态特征为叶被有稀疏银白色绒毛，荚果螺旋状盘卷。

习性分布　原产昆士兰北部 16—18°的凯恩斯、麦凯及其南部 25—28°的弗雷泽岛、布里斯班等地，大约在南纬 16—28°之间。垂直分布从海平面附近至海拔 750 m。北部最热月平均温度 31—33 ℃、最冷月平均温度 10—16 ℃，年降雨量为 1 250～3 500 mm；南部最热月平均温度 29～31 ℃、最冷月平均温度 6～9 ℃，有轻霜，年降雨量 700～1 500 mm。

(6)薄荚相思(*Acacia leptocarpa* A. Cunn. ex Benth)

卷荚相思

薄荚相思

图 2-19

形态特征　常绿乔木，树高可达 15 m，胸径 40 cm。树皮暗灰色，纵裂。小枝无毛，有棱和皮孔。叶状柄长椭圆形，长 10～26 cm，宽 1～3.5 cm，无毛，近革质，具三条明显平行纵脉，两面无毛，基部有一明显腺体。花组成穗状花序，长 3.5～9.5 cm，黄至金黄色，花萼长 0.4～0.9 mm，花冠长 1.3～2 mm，荚果扁平带状，长 8～15 cm，宽 2～3.5 mm，无毛，种子间有窄缩现象，成熟时扭曲。种子长椭圆形，长 3～4 mm，黑褐色，具橙黄色假种皮。花期 10 月，翌年 5 月种子成熟。

本种的最明显形态特征为具穗状花序，花黄至金黄色，荚果狭长带状，扭曲。

习性分布　原产于澳大利亚昆士兰中部、西澳大利亚、卡奔塔利亚海湾至约克角以及巴布亚新几内亚的西部，纬度大约在南纬 8°—26°之间，海拔高多在 100 m 左右，最高可达 550 m。分布区夏季气温为 32～33 ℃，冬季气温为 13～21 ℃，年均降水量为 500～1 750 mm。是热带亚热带低地速生树种。

(7)灰木相思(*Acacia implexa* Benth)

形态特征　常绿乔木，树高可达 15 m，胸径 30 cm，树皮棕色，主干通直，小枝下垂，嫩枝灰绿，四棱或三角形，老枝有明显皮孔。枝叶无毛，叶状柄弯曲长披针形，长 11～16 cm，宽 0.6～1.6 cm，具 3～4 条明显纵脉，花白至灰黄色，组成头状花序，径约 1.5 cm，再组成复总状花序，头状花序径约 1.5 cm。荚果扁平带状，成熟时扭曲。花期 10 月，翌年 5

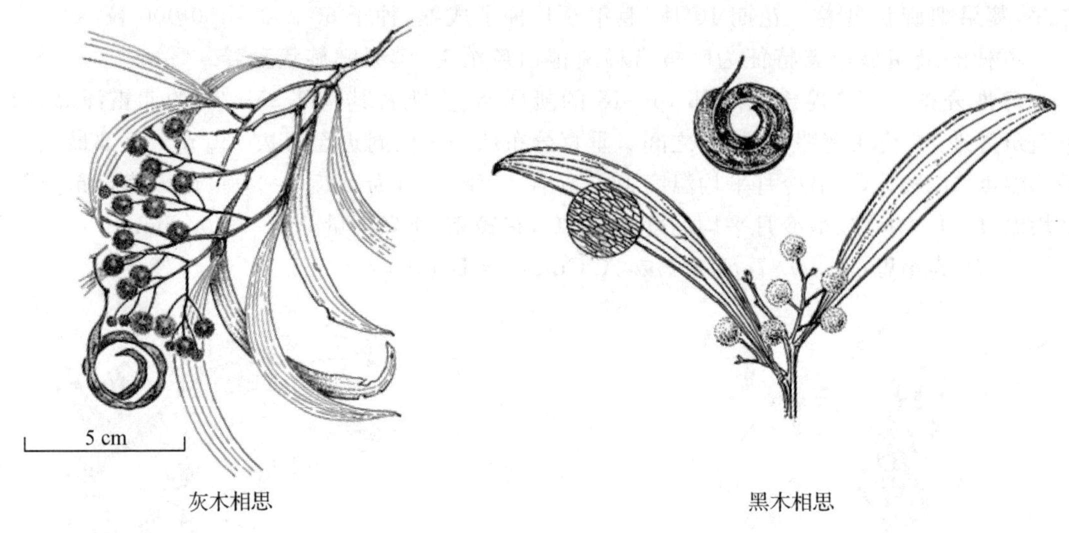

图 2-20

月种子成熟,种子约 43 100 粒/kg。

本种的最明显形态特征为枝、叶无毛,叶状柄弯曲且较狭小。

习性分布 原产于澳大利亚东部地区,约在南纬 29—35°,垂直分布从海平面附近至 1 500 m,最冷月平均温 3～10 ℃,年降雨量 750～1 500 mm,分布较普遍。在各种不同酸性土壤或裸露山顶均能生长。

(8)黑木相思 (*Acacia melanoxylon* R. Br)

形态特征 常绿乔木,树高有些仅高 10～20 m,胸径 0.5 m;在塔斯马尼亚西北及维多利亚部分地区最高可达 35 m,胸径 1～1.5 m,是相思类最高大乔木之一。黑木相思外貌酷似灰木相思,两者常容易混淆,主要区别为黑木相思小枝不下垂,与主干成锐角,嫩枝叶有灰白色短毛。叶状柄长披针形,直且较小,长 8～13 cm,宽 0.7～2 cm,具 3～4 条明显纵脉。花白至灰黄色,组成头状花序,再组成复总状花序。荚果扁平带状,成熟时弯曲成圆环状。花期 10 月,翌年 5 月种子成熟,种子 64 000 粒/kg。

本种的最明显形态特征为叶芽被有稀疏银白色绒毛,叶状柄直且较小。

习性分布 分布从澳大利亚东部昆士兰经南澳往南伸延至塔斯马尼亚,约在南纬 16—43°,以暖温带为主。垂直分布从海平面附近直至 1 500 m。当地最冷月平均气温 1～10℃,一年可有 40 天重霜。年降雨量 750～1 500 m。

(9)夹竹桃叶相思(*Acacia neriifolia* A. Cunn. ex Benth)

形态特征 常绿乔木,树高可达 20 m,胸径 30 cm,树皮灰色,小枝下垂,嫩枝灰绿,枝叶无毛。叶状柄长条状披针形,长 11～16 cm,宽 1～1.6 cm,仅具 1 条明显纵脉,花白至灰黄色,组成头状花序,再组成复总状花序,头状花序径约 1.5 cm。荚果扁平带状,种子间有窄缩现象,成熟时不扭曲。花期 10 月,翌年 5 月种子成熟,种子约 28 000 粒/kg。

本种的最明显形态特征为叶状柄直且较小,仅具 1 条明显纵脉,荚果扁平不扭曲。

习性分布 分布于澳大利亚昆士兰,约南纬 27°24,垂直分布从海平面附近至海拔 1 000 m。本种耐寒、速生,能适应在石灰岩发育的土壤生长。

(10)相思树(又称台湾相思、相思柳)*Acacia confusa* Merr.

形态特征　常绿乔木,树高可达 15 m,树冠卵圆形。幼苗具羽状复叶,长大后小叶退化,仅存 1 单叶状的叶柄,狭披针形,稍弯曲呈镰刀状,全缘,革质;长 6～11 cm,宽 1～2 cm,具平行脉 3～7。头状花序 1～3 腋生;花黄色。

习性分布　原产我国台湾及南洋群岛,现福建、台湾、广东、海南及广西等省区均有栽培。极喜光,不耐荫,喜暖热气候,耐瘠薄土壤,耐干旱又耐短期积水,宜酸性土。

夹竹桃叶相思　　　　重阳木

图 2-21

3. 重阳木(Bischofia polycarpa (Levl.) Airy-Shaw)

大戟科重阳木属落叶乔木,树高可达 15 m。

形态特征　3 出复叶,互生,小叶片圆卵形或椭圆状卵形,长 5～9 cm,叶缘具细锯齿。花雌雄异株;总状花序,腋生,萼片 5;无花瓣;无花盘;雄蕊 5,与萼片对生;子房 3 室,每室胚珠 2。浆果球形。果径 5～7 mm,熟时红褐色。

习性分布与开发价值　产秦岭、淮河流域以南至广东、广西北部地区。树形高大,树冠开展,常栽为行道树;木材材红褐色,耐水湿,可作建筑、家具等用材。生长快,生物量大,果实含油 20%以上,是木质和种子油脂皆可利用的能源树种。

4. 铁刀木 (Cassia siamea Lam)

苏木科决明属常绿乔木,树高达 10～20 m。

形态特征　嫩枝有棱条,疏被短柔毛。偶数羽状复叶,长 20～30 cm,叶轴与叶柄无腺体。小叶 6～10 对,对生,长圆形或长圆状椭圆形,长 3～6.5 cm,先端圆钝,常微凹,有短尖头,下面灰白色。总状花序生于枝条上部叶腋,排成伞房花序状。花瓣黄色,宽倒卵形。雄蕊 10,其中 7 枚发育,3 枚退化。荚果扁平,长 15～30 cm,宽 1～1.5 cm。条形,扁长;种子多达 20 粒。

习性分布及开发价值　西双版纳全州都有分布,德宏、临沧一些傣族聚居的山寨也普遍栽培。具有生长快、萌蘖力强和木质坚硬、耐火力强等特点。树高 15 m 左右，直径 10～15 cm 时，就可以进行第 1 次采伐。留下的树桩当年即萌发新枝。3 年后，树高可到 8～10 m，又可进行第 2 次采伐。年年采伐，年年发新枝。是云南省傣族地区传统的薪炭材。西双版纳气候炎热，植物生长得特别快。养路工人前面剪矮的路肩草，不到 7 天就长高 3 分，增加了劳作的分量。在千里公路线上，几乎有 70%的行道树均是铁刀木，这种树种成活快，一两个雨季后便长成枝繁叶茂的护路长堤，每隔两三年必须砍伐更新一次。只要根部在泥土里，哪怕树干被砍倒，来年照样能抽枝发芽，并且越砍长势越快。这种树，在傣家村寨旁也种植着许多，它不仅是路边的风景，而且还是傣家人生活的燃料来源，只要每户人家种上 20 多株，一年的燃料就有了保障；所以人们称它是一种能源林木。树心抛到水里不飘浮，放置湿地几年不腐朽，用作横梁和支柱白蚁等虫不蛀，傣族人民称为“百年桩”。可制作高级家具、提琴，亦可用作行道树，叶、果可供药用。闽南有试种，可小区域作为能源林推广。

5. 任豆树(Zenia insignis Chun，翅荚木)

苏木科翅荚木属落叶大乔木，高 20～30 m，胸径可达 1 m。福建部分地区引种，生长表现好。

形态特征 树皮灰白带褐色；树冠伞形，枝条开展。奇数羽状复叶，互生，长 25～45 cm；托叶大，早落；小叶 19～21，互生，长圆状披针形，长 5～9 cm，宽 2～3 cm，先端急尖或渐尖，基部圆形，下面密生白色平贴短柔毛；小叶柄长约 2～3 mm。花排列成疏松的顶生聚伞状圆锥花序；花梗和总花梗有黄棕色柔毛；花红色，近辐射对称，长约 14 mm；萼片 5，几相等；花瓣比萼片稍长，最上面的 1 枚花瓣略宽于其他花瓣；雄蕊 5，其中 4 枚能育，花丝疏生柔毛；子房边缘疏生柔毛，具子房柄，有 3～8 枚胚珠。荚果褐色，不开裂，长圆形或长圆状椭圆形，长可达 15 cm，宽约 3 cm，在近轴的一侧有宽约 5～9 mm 的翅，荚内有种子 3～8，果皮膜质；种子扁圆形，平滑而有光泽，棕黑色。

铁刀木

任豆

图 2-22

习性分布及开发价值 分布在湖南、广东(乐昌)、广西、云南(屏边)、贵州(册亨、兴义)。海拔 120～800 m。分布区年平均气温 17～23 ℃,极端最低温 -4.9 ℃,年降水量约1 500 mm。土壤为棕色石灰岩土,pH 值 6.0～7.5,在酸性红壤和赤红壤上也能生长。任豆木能耐一定水湿,高 15 cm 的幼苗被洪水淹没一昼夜,仍未死亡;也能耐一定的干旱,在石灰岩石山中、下部的坡积土,碎石坡以至石缝中,根系能向四方伸长,以适应干旱的生境。任豆木大多零星间杂于北热带石灰岩季节性雨林中,亚热带石灰岩常绿落叶阔叶混交林也有。为强阳性树种,根系发达,侧根多,1 年生苗的根可深入土中达 60 cm,侧根根幅约可达 51 cm。生长迅速,在广西西部平果的阔叶混交林中,16 年生的树高 18.4 m,胸径 19.9 cm。种植在广西桂林雁山的 17 年生植株,树高 17 m,最大的胸径达 43 cm。花期 4—5 月,果期 10 月。

任豆木为速生树种,木材材质轻而细致,易加工,适作家具和建筑用材,并可作为紫胶虫寄主,值得保护和发展。萌芽力强,当森林遭破坏后,能成为大片灌丛的优势成分,若不砍伐,可以发展成林。因此,任豆木可开发利用为木质能源林树种。

6. 桉类(Eucalyptus spp)

桃金娘科桉属常绿乔木,稀灌木。

形态特征 叶革质,幼态叶与成长叶形态不同,幼态叶多为对生,有短柄或无柄或兼有腺毛;成熟叶互生,具柄,具边脉。花数朵排成伞形花序,腋生或多枝集成顶生或腋生圆锥花序;萼筒钟形,倒圆锥形或半球形,先端平截;花瓣与萼片合生成一帽状体,开花时帽状体脱落;雄蕊多数,分离;子房与萼筒合生,3～6 室,胚珠多数。蒴果。种子微小,多数。约 600 种,原产澳大利亚;我国引种近 100 种。不少种类为优良速生用材树种。

(1)柠檬桉(*Eucalyptus citriodora* Hook. f)

形态特征 常绿乔木,树高可达 40 m;干形通直,树皮光滑,灰白色至淡红灰色,片状脱落。幼态叶片披针形,有腺毛,叶柄盾状着生;成熟叶狭披针形,长 10～20 cm,稍弯曲,两面有黑腺点。圆锥花序,帽状体圆锥形,长约 1.5 cm,先端有 1 小尖突。蒴果壶形,长约 1.2 cm,果瓣藏于萼筒内。

柠檬桉

图 2-23

习性分布与用途 广东、海南、广西及福建南部栽培较多,多栽作行道树,生长良好。喜湿热和肥沃土壤,耐轻霜。木材红褐色,纹理较直,供建筑、造船、家具等用;枝叶可提桉油。

(2)赤桉(*Eucalyptus camaldulensis* Dehnd)

形态特征 常绿乔木,树高可达 50 m,树皮平滑,呈条片状脱落,基部宿存。成熟叶狭披针形至披针形,长 6～30 cm,两面有黑腺点。伞形花序有花 5～8 朵,花序梗圆柱形,纤细,帽状体近顶端急剧收缩呈长喙状,较萼筒长 1～2 倍。蒴果近球形,果盘明显突起,果瓣 4。花期 12 月至翌年 8 月。

习性分布及开发价值 我国华南及西南广为栽培。能耐高温干旱及－9 ℃的低温，适应能力较其他桉树强，生长快。木材桃红色，材质坚重、耐腐；可供枕木、桩柱、造船、家具等用。

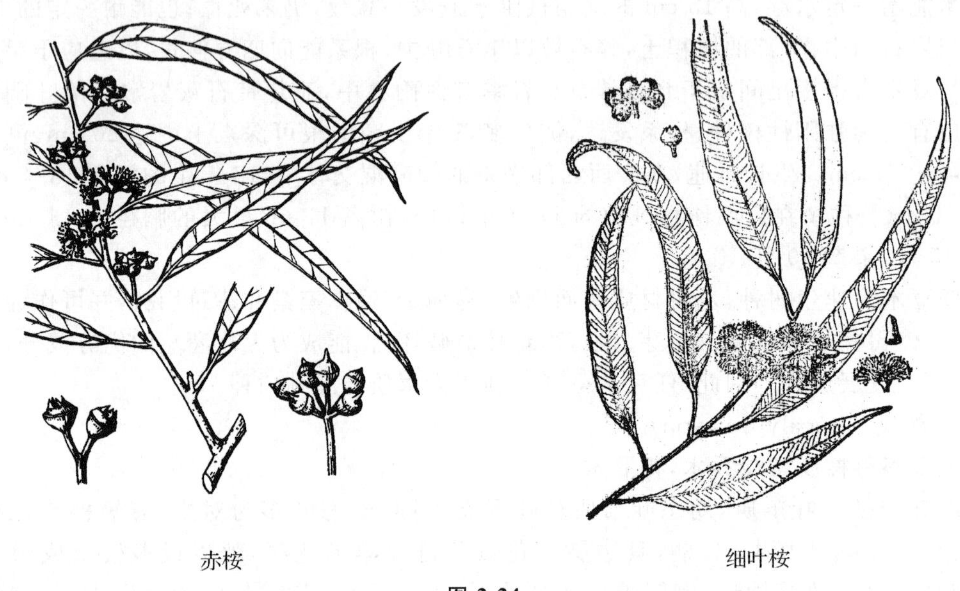

赤桉　　细叶桉

图 2-24

(3)细叶桉(*Eucalyptus tereticornis* Smith)

形态特征 常绿乔木，树高可达 25 m；树皮平滑，灰白色，呈长薄片状剥落，干基部宿存，枝纤细，下垂。幼态叶卵形至阔披针形，长 6～16 cm；成熟叶条状狭披针形，长 10～25 cm，稍弯曲，两面有细腺点。伞形花序有 5～8(12)朵，花序梗圆柱形，粗壮；萼筒半球形，帽状体圆锥形，渐尖，长于萼筒 2～4 倍。蒴果近球形，径 6～8 mm，果瓣 4，突出于果盘外。

习性分布开发价值 长江以南多数省区引种栽培，但耐寒力较赤桉差。用途同赤桉。

(4)大叶桉(*Eucalyptus robusta* Smith)

形态特征 常绿乔木，树高可达 30 m；树皮条状纵裂，嫩枝有棱。成熟叶卵状披针形，厚革质，长 8～18 cm，两面有腺点。伞形花序粗大，具花 5～10 朵，花序轴压扁状；帽状体圆锥形，顶端喙状，短于萼筒或与萼筒等长。蒴果长 1～1.5 cm，果瓣 3～4，先端黏合。花期 4—9 月，果期 6—12 月。

习性分布及开发价值 长江以南多数省区引种栽培，木材红色，纹理扭曲，可作矿柱、桥梁用材。叶供药用。

(5)窿缘桉(*Eucalyptus exserta* F. Muell，粗皮细叶桉)

形态特征 常绿乔木，树高可达 20 m；树皮浅纵裂；嫩枝纤细，下垂。幼态叶狭窄披针形，有短柄；成熟叶狭披针形，长 8～20 cm，稍弯曲。伞形花序有花 3～8 朵，帽状体圆锥形，先端渐尖，长为萼筒的 2 倍。蒴果近球形，果盘阔，明显突起，果瓣 4(3～5)，突出。花期 5—9 月，果期 10—12 月。

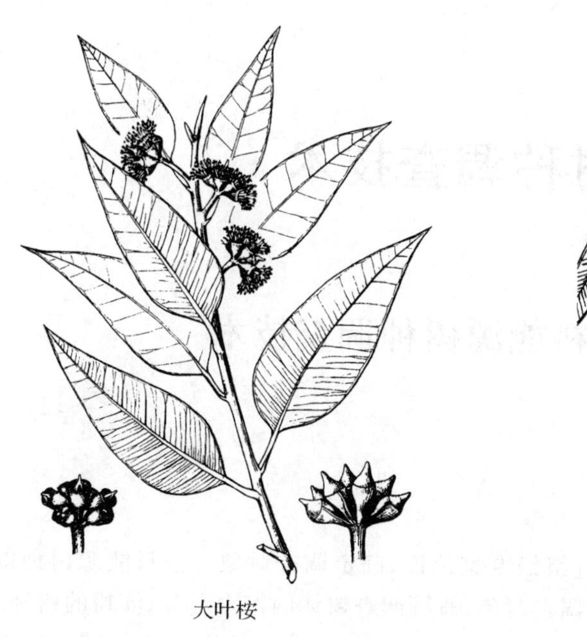

大叶桉

窿缘桉

图 2-25

习性分布及开发价值　长江以南各地栽培，雷州半岛有较大面积造林。木材坚硬耐腐，供建筑、家具等用。

本属近年在华南地区大量引种尾巨桉、巨尾桉等杂种桉树，生长非常迅速，福建漳州、泉州、福州、三明永安等地已大面积种植推广。桉属树种生长快，生物量大，体内含有桉油等易燃物质，燃烧热值高，其在木材利用的同时，将产生大量的林间剩余物，是木质能源的优良原料。

第三章

能源树种调查技术

第一节　油料能源树种调查技术

一、确定调查对象

收集各地的植物志、研究材料，通过组织专家论证，确定调查对象。油料能源树种以种子含油率高，种实产量高的树种为主要调查对象，兼顾调查树体内富含乳汁、淀粉的树种。

以福建省为例。经过福建省林业厅组织的专家的详细论证，最终确定，以黄连木、乌桕、竹柏、山苍子、三年桐、千年桐等 6 个乡土油料能源树种和近几年引进的麻风树树种为主要调查对象。

根据各地提供的能源树种摸底资料、图面资料，制定了调查的技术路线和调查的具体内容，对现有人工林和天然林进行调查，并统计林分面积。

二、调查内容

(一)乡土优良油料能源树种调查

调查内容包括树种种类、适生范围、生长状况、立地条件、结实状况、种子含油率等，人工林调查应补充调查其繁殖方法、育苗造林技术、抚育管理措施，以总结育苗造林、管理技术。

(二)引进油料能源树种调查

调查内容包括引进树种原产地、引种时间、驯化方法、栽植立地条件、适应性、抗性、生长量、结实状况、繁殖方法、育苗技术和栽培管理技术等，以总结引进树种的引种技术、育苗技术、造林模式和配套管理措施。

三、资源调查技术

(一)摸底调查及基本资料收集

通过电话了解、走访询问等方式，调查收集各行政区域内油料能源树种人工林、天然林的树种种类、分布地点、面积、起源等资料。收集当地自然条件资料，包括地理环境条件（地形、地势、经纬度、海拔高度等），各种气象因子（年及月均气温、地温、降水及极值温度、日照时数、蒸发量及无霜期）等；收集当地社会及历史条件资料，包括该地区与发展林业有关的社会历史情况，历史各时期的油料能源树种栽培资料，森林资源调查资料，引种驯化研究报告等。

（二）外业调查

按照统一的要求和方法进行外业调查。调查项目包括生态因子（地貌、植被调查、土壤调查、气候条件等）、胸径、树高、冠幅，以及单株种子产量、单位面积种子产量等经济性状调查。

1. 生态因子调查

包括林分所在位置的地形地貌、植被、土壤、气象等因子调查。

地形地貌调查包括海拔高度、大地形（分为山地、丘陵、平原）、小地形（山脊、沟谷、小洼地、房前屋后等）、坡度、坡向、坡位。调查内容根据实际需要适当增减。植被调查采用目测调查或小样方调查，调查和记载植物群落名称、盖度、植物种类、平均高度、生长发育状况等。调查标准木（标准木）所处的土壤状况。挖取土壤剖面，实测腐殖质厚度，收集土壤标本，通过实验室测定分析，了解土壤物理性质和化学性质及其对树木影响。从各地气象部门获取气象资料，以县为单位调查记录年均温、活动积温、极值温度、无霜期、年降雨量、雨型、积温和灾害性天气等。

2. 目的树种调查

人工林面积大于 500 m^2 的林分，采用标准地法调查，宽度小于 20 m 或面积小于 500 m^2 的林分，采用标准行调查法；散生或四旁绿化的林木，采用标准株调查法进行调查。天然林采用线路调查法，林分面积 6.67 km^2 以上，目的树种分布较均匀的林分采用标准地调查法进行调查。

（三）外业调查方法

1. 线路调查

①线路的选定：根据访问和查阅现有资料，按照调查区域的地形地貌、树种分布范围，选定有代表性的线路进行线路调查。山地线路的设置，一般从山脚到山顶，按海拔 100 m 划分成段，作带状标准地调查（带宽 10 m）。调查线路编号记载，并描绘于 1∶10 000 地形图上。

②调查步骤：分树种测定生长量，目测描述形态、结实情况，调查土壤、采集树木标本和描绘分布范围。

③以线路调查各树种的株数和所占比例，计算出树种组成和目的树种每公顷株数；对调查线路上目的树种植株每木检尺，并编号，填写每木检尺记录表，求算出调查线路目的树种平均胸径，以最接近平均胸径的 3～5 株树木作为该调查线路的标准木。并选择 3～5 株标准木，调查其年龄、树冠投影面积、标准枝种实产量、结果枝数，计算目的树种单位面积种实产量。

④树种分布不均匀的林分,进行随机调查。

2. 标准地调查

在踏查和线路调查中,如发现成片有价值的能源树种人工林分或天然林分,选择有代表性地段设置标准地。标准地面积为 400 m^2,长方形或正方形均可。详细记载立地因子,对标准地内目的树种每木检尺,实测各项生长指标,形质指标目测记载。调查项目包括:林分起源、树种组成、郁闭度、林分平均胸径、树高、年龄、结实状况、冠幅大小、天然更新状况,能源树种生长情况(单位面积种实产量、健康状况等)。单位面积种实产量根据标准木的平均表现和单位面积目的树种株数测算。

用测高仪测定标准木的树高,3～5 株标准木树高平均值就是标准地的平均树高,以冠幅与胸径的比值计算冠径比。

人工林分调查时,还应详细询问、调查记录育苗、造林、抚育措施。

3. 标准行法

面积小,成狭窄带状造林,或是四旁绿化的能源树种,除要求调查最大株外,还可采用标准行法进行调查,调查株数要求不少于 10 株。调查内容参见线路调查法。

4. 标准株法

散生木可随机或机械抽取若干植株,调查各项测树因子,以所调查植株的平均值作为该林分中目的树种平均表现,进而选择标准木。其他调查内容参见线路调查法。

引进能源树种麻风树调查方法参见人工林调查,并增加适应性、引种效果评定等项目。

适应性调查主要调查麻风树在引种地区的耐寒、耐旱、抗风、抗涝、抗病虫害、耐盐碱的能力。根据福建省情况和麻风树的树种特性,只调查冻害等级。冻害等级的评定:1 级为顶梢挺拔或有轻度萎蔫,能恢复正常生长,无冻害或基本无冻害。2 级为主梢顶部冻枯不足 1/3。3 级为主干顶部冻枯 1/3～1/2。4 级为主干顶部或地上部分冻枯,还能萌芽。5 级为不能再萌芽,全株冻死。登记不同冻害等级的株数和百分率,并记述观察地点的地理环境,越冬期的低温,霜、雪、结冰的情况和持续天数,寒流次数,开始日期及持续期,引进树木的年龄和生长因子等。对引进树种的引种效果评定,主要考虑目的性状(利用部位)表现和树种适应性。对引进树种各方面的性状表现,根据性状的重要性,进行综合评价。引种成功的标准为在引种地不需特殊保护就能越冬度夏,正常生长发育;能以原来的繁殖方式进行繁殖;无严重的病虫害,无环境污染;没有降低原有的经济价值,或达到了引进的预期目的,在引种地可以取得一定的经济效益。

(四)面积调绘

调绘野生能源树种集中成片林分的面积,用 1∶10 000 的地形图,参照森林资源清查林业基本图,对坡勾绘,或 GPS 定位。散生木、四旁绿化树不勾绘、统计面积。

(五)样本采集及实验室测定

采集各标准木果实,按林分混合装袋并编号带回。果实样品经脱粒、净种、自然干燥后,进行种子千粒重、种子含油率、种子含水率测定。种子含水率测定采用烘干法,大粒种子 80 ℃下烘 2 h 后，再在 115 ℃下烘 12 h；小粒种子在 80 ℃下烘 2 h 后，再在 115 ℃下烘 7 h。种子含油率采用残渣法，在 y-z 型脂肪抽提器内，以 95％乙醇为溶剂，循环浸提；或者用核磁共振油脂含量测定仪直接测定。千粒重大粒种子采用百粒法，小粒种子采用千粒法。

(六)内业整理

1. 调查资料的检查和分析

内业开展前，首先对外业资料进行检查分析，检查分析的内容包括：

图面检查：能源树种林分、群落是否按规定进行了标记，标准木、优良单株是否在图上标注了位置，各种表格编号、图上标记和标本编号是否对应等。

调查表格是否齐全，项目填写是否符合要求，计算是否准确。

文字资料有无错、漏。

图、表、文字资料是否一致。

在检查分析过程中，发现错误应及时予以纠正；室内不能解决的，补充调查核实。

2. 面积求算

使用外业调查的底图求面积。根据外业调查实际勾绘确定的优良能源林分布范围，用求积仪或方格法求算面积，要求三次重复求算，用最接近的两次数值平均数作为林分面积。在环境条件许可情况下，大面积的林分（20 hm^2 以上）外业时直接用 GPS 测定面积。

3. 数据统计、分析

统计各地油料能源树种种类、数量、分布特点、分析其经济性状表现。

4. 绘制树种分布图

四、主要经济性状调查技术

油料能源树种，如果利用部位是果实，则主要调查其结实能力、种粒大小、种子含油率（或果实含油率）；如果利用对象为树体内的乳汁，则主要调查其树体内乳汁等有效成分含量。目前，开发利用以种子高油脂含量的树种为主，因此，调查的树种，也以这类树种为主。

1. 单位面积种实产量

麻风树树体较矮，果实采收较为方便，可以全株采集，称重，测定树冠东西、南北宽度，用方格纸绘制其树冠投影面积，进而计算单位面积果实产量。

单位面积果实产量$=W/m$，其中，W——单株果实产量，m——树冠投影面积。

如果调查的树木树体较高，可采用 5 枝标准枝法。调查标准木树冠上的结果枝数，从树冠上部、中部、下部选择 5 个标准枝（中部 1 个，上部和下部各 2 个），采集标准枝上的种实称重，以此估算单位面积种实产量。

单位面积果实产量$=[(\sum W_i)/5]\times N/m$，其中，$W_i$ 为标准枝果实重量，i 为 1～5；N——全株结果枝数；m——树冠投影面积。

2. 果实含水率、种子含水率、脱籽率

从采集的果实中每株随机取样，一般抽取样品 5 份。将样品脱粒、烘干、称重，计算果实含水率、种子含水率、单位面积种子产量。

果实含水率％＝100×(样品果壳干重＋样品种子干重)/样品鲜重

种子含水率％＝100×样品种子干重/样品种子鲜重

脱籽率％＝100×样品种子鲜重/样品鲜重

3. 单位面积种子产量

单位面积种子产量是指每平方米营养面积的干种子的产量，计算公式为：

单位面积种子产量＝单位面积果实产量×脱籽率×种子含水率

4. 单序果数

乌桕、山桐子等树种，其果序大小直接影响单位面积种子产量，因此，单序果数应作为一个重要的经济性状。以标准枝上的每果穗的果实数量平均值，作为该植株的单序果数值。

5. 千粒重

从除去杂质的种子样品中，不加挑选地数出 8 组试样，大粒种子每组 100 粒(百粒法)，中、小粒种子每组 1 000 粒(千粒法)，按组分别称重(准确至 0.1 g)。以 5 组重量的平均值，作为该样品的千粒重数据。百粒法所称重量应乘以 10。

6. 种子含油率

种子含油率测定常采用残渣法。浸提溶剂常采用石油醚、乙醚、四氯化碳、三氯甲烷等有机溶剂。乌桕皮油内含有高熔点的甘油三酸酯(PPP)，其在石油醚、乙醚、四氯化碳、三氯甲烷等传统油脂溶剂中溶解度不高，溶剂宜选用 95％乙醇。将参试样品置于 y-z 型脂肪抽提器内，用有机溶剂循环浸提脱脂，再将脱脂后的样品重新烘干至恒重，减轻的重量为样品中油脂总含量。

具体做法是：从种子各样本中随机抽取 10 g 作为种子含油率测定试样，每份样品抽取 5 份，在组织研磨机上研磨粉碎后备用。将滤纸一端用棉线扎紧后制成滤纸袋，编号后加一小团脱脂棉，在 100 ℃下烘干 40 min 后称重(W_0)；将处理后的各油脂含量测定试样装入烘干的滤纸袋，塞上脱脂棉，放在表面皿上，在 80 ℃烘箱内烘 2 h 后称重，记录重量(W_1)；将滤纸袋放入提取器内，用乙醇浸提过液，第二天继续在提取器内回流 4 h，取出滤纸袋放于表面皿上，盖上纱布，让乙醇挥发 2 h 后，置于 80 ℃烘箱内烘 2 h，然后称重，记录称重结果(W_2)。

种子含油率计算公式：总含油率％＝$[(W_1-W_2)/(W_1-W_0)]\times 100$

7. 种子淀粉含量

淀粉含量是种子质量好坏、饱满与否的一个重要指标，是种子萌芽出土前生命活动所需要的营养、能量的主要来源。许多植物种子富含淀粉，其可通过发酵、热解等技术手段转化为燃料乙醇。淀粉含量测定采用蒽酮硫酸法，在酸性条件下加热使样品中淀粉水解成葡萄糖，然后在浓硫酸的作用下，使单糖脱水生成糠醛类化合物，利用蒽酮试剂与糠醛化合物的显色反应，通过分光光度计，在 620 nm 波长下，进行比色测定。

将淀粉含量测定烘干样品置于 15 mL 刻度试管中，加入 6～7 mL 80％乙醇，在 80 ℃水浴中提取 30 min，取出离心(3 000 rpm)5 min，收集上清液。重复提取两次(各 10 min)

同样离心，收集3次上清液合并于烧杯，置于85 ℃恒温水浴，使乙醇蒸发至2～3 mL，转移至50 mL容量瓶，加蒸馏水3 mL，搅拌均匀，放入沸水浴中糊化15 min；冷却后加入2 mL冷的9.2 mol/L高氯酸，不时搅拌，提取15 min后加蒸馏水至10 mL，混匀，离心10 min，上清液倾入50 mL容量瓶；加入2 mL 4.6 mol/L高氯酸，搅拌提取15 min后加水至10 mL，混匀后离心10 min，收集上清于容量瓶。然后用水洗沉淀1～2次，离心，合并离心液于50 mL容量瓶，用蒸馏水定容待测；取待测提取液1.0 mL于试管中，再加蒽酮试剂5 mL，快速摇匀，然后在沸水浴中煮10 min，取出冷却，在620 nm波长下，用空白调零测定光密度，从标准曲线查出淀粉含量。

淀粉含量计算公式：淀粉含量(%)$=100\times C\times V_t/V_1\times 1000\times W\times 0.9$

其中，C为从标准曲线查得的淀粉量，V_t为样品提取液总体积，V_1为显色时取样品液量，W为样品重。

第二节　木质能源树种调查技术

木质能源树种外业调查方法参见油料能源树种调查技术部分的内容。木质能源树种经济性状为生物量、萌芽能力等。生物量大小是最主要的经济性状指标。

木质能源树种生物量调查：根据标准地调查或标准行调查结果，选择1～2株平均木。

1. 将平均木截取圆盘带回，进行树干解析，圆盘必须及时标明东西南北方向，并标号，从伐根部位1.3 m处起往上依次标号为0号、1号等。

2. 生长缓慢或年龄小、树高小于10 m的，1.3 m以上每隔1 m截取一个圆盘，否则按2 m截取。

3. 树叶和小枝条一起称重，直径大于2 cm的枝条归并入最后一段(不是树梢部位)，各段称重，采集样本，并做好记录。

4. 回住所后及时测定年轮宽度，并填写树干解析有关表格。

5. 圆盘带回实验室测定含水率，并以此估算植株地上部位干生物量。

6. 伐根不做调查。根据平均木的地上部分干生物量求算标准地的干生物量，以标准地的干生物量，进一步估算单位面积干生物量、林分总干生物量。以林分总干生物量、林分年龄、林地面积等数据，可以估算单位面积年均生物量。引进的树种，还需要调查其适应性。

7. 解析木资料分析

通过对解析木获得的数据进行统计分析，研究其与环境因子、栽培措施之间的相关性，了解其生长过程，并为各树种栽培技术的总结和推广应用范围的区划提供理论依据。

第四章

福建生物质能源树种调查与区划

2007—2008年，福建林业职业技术学院在福建省范围内开展了生物质能源树种调查。调查分两个阶段进行。第一个阶段为摸底调查阶段，由福建林业职业技术学院组织人员编写了生物质能源树种调查培训教材，与林业厅造林处一起组织了2期由各地林业技术骨干培训班，由经过培训的技术人员在当地开展摸底调查并报给福建林业职业技术学院。福建林业职业技术学院在统计、分析摸底调查资料的基础上，开展了生物质能源树种专项调查。调查方法参见第三章内容。

第一节　福建省生物质能源树种调查的目的和意义

一、了解各树种生态学特性，为各地生物质能源树种选择提供理论依据

福建省地处中亚热带和南亚热带结合部，气候温暖湿润，季风气候显著。在全国的气候区域划分上，分属于华中区的浙闽副区（闽北、闽中）及华南区的闽粤沿海副区（闽南及闽东沿海），全年受西风带及副热带环境交互影响，沿海和内陆各地气候差异显著，是我国森林植被类型比较复杂，森林植被资源非常丰富的省份。全省现已经查明的木本植物共有1 943种（其中变种153种），分属于142科543属，约占全国木本植物种的39%、科的81%、属的55%。林业一直是福建省，特别是闽北、闽西的支柱产业，在区域经济建设中起着重要作用。多年来，福建省林业部门在挖掘乡土树种资源的同时，积极开展引种工作。发展能源树种，其根本应是立足本地，充分挖掘本地乡土树种资源。通过开展全省的能源树种调查，可以了解各树种的分布范围、资源状况，分析、掌握各树种的生物学、生态学特性，对其利用价值及发展前景做出综合评价，选择各地区适宜发展的能源树种，为能源林的规模化发展奠定基础。

二、摸清本底，为福建省林业生物质能源发展规划提供理论依据

林业生物质能源的发展，必须是统筹的，有规划地进行。林业生物质能源与其他可再生能源一样，在商业化发展过程中面临一些问题，这些问题制约或阻碍了林业生物质能利用技术的发展、推广和应用。福建省林业生物质能源发展存在的主要问题有：林业生物质能源开发利用程度低，规模小，科技含量低；资源分散，生物质能输送成本高；林业生物质

能源认知度低，缺乏专门针对扶持能源林发展的政策；能源林的发展和加工企业的发展互成制约因素，没有加工企业的收购和加工，林农和林业生产部门发展能源林的积极性难以提高，而没有足够的原料供应，加工企业难以得到发展；没有林业生物质能源发展的总体规划，各地发展林业生物质能源的原料生产和加工缺乏政策指引，等等。因此，能源树种的选择，各地区用于林业生物质能源生产的土地面积和土地类型以及发展的规模等，都需要有一个全面的具有可操作性的总体规划和合理布局。本次调查，就是为了摸清福建省可用于林业生物质能源发展的树种资源、土地资源、社会资源状况，以及能源树种的研究进展、生物柴油加工企业发展状况，为福建省的林业生物质能源发展的总体布局和规划提供理论依据。

三、总结栽培经验，掌握各能源树种栽培技术

能源林培育作为林业发展的一个新的方向，栽培技术是影响各树种和林地的生产潜能的充分发挥、能源林的经济效益，以及规模化、产业化生产的关键因素之一。各树种作为能源用途的栽培技术，目前在我省尚未见有比较系统的研究。因此，有必要通过总结各种栽培经验，并对树种生长特性、不同栽培管理措施下的表现进行全面的调查、分析与研究，掌握其栽培技术，为福建省能源林的发展提供必要的技术保障，为能源树种区划提供理论依据。

四、促进能源林发展，调整森林资源结构

20 世纪 50 年代初期，福建省拥有森林面积 335.5 万 hm^2，立木蓄积量 46 755.1 万 m^3。人工林少，天然阔叶林和针阔混交林约占森林资源总量的 80%以上，是福建省 50 年代初期森林资源的主要特点。随着国民经济建设对木材需求的不断增加和天然林的不断采伐利用，福建省森林资源结构发生了巨大变化，天然林资源急剧减少，人工林面积迅速扩大。但人工用材林造林面积 90%以上是杉木、马尾松，从而使森林资源的树种结构发生相应的变化。根据历次森林资源统计和 6 次森林资源清查资料可看出，森林面积呈逐次增大，但乡土阔叶林面积呈递减趋势，福建省森林资源中乡土阔叶林不断减少，这种树种资源结构逆转与福建省亚热带生态气候阔叶树种繁多的特点极不协调，生物多样性与木材产量、短期经济效益之间构成了矛盾的对立。这种状况已经引起了福建省林业厅领导的高度重视，近年来逐步加强了对亚热带乡土树种的开发和利用，并在闽南、闽中、闽东、闽西等地区引进桉树、相思等速生树种，对丰富本地造林树种结构起到了一定作用。本次调查以福建省乡土或引种历史悠久的阔叶能源树种为主要对象，挖掘优良的能源树种资源。生物质能源树种调查，将为福建省的优良乡土生物质能源树种的种质资源保存、生产上的树种选择、良种供应、种苗工厂化生产、规模化造林提供理论依据和坚实的物质基础，促进能源林的发展，提高乡土阔叶林的比重，调整森林资源结构。

五、促进能源林发展，实现林地可持续经营

1987 年世界环境与发展委员会在《我们共同的未来》报告中，正式提出“持续发展”的

概念。其定义“既满足当代人的需要，又不对后代满足其需要的能力构成危害的发展”。持续发展包含一个根本的信念：现在和未来，人类能够关注世界人民发展的需要和环境质量。最终，持续发展集中在全人类在任何时候都持续生存的目标上。森林是陆地最大的生态系统，森林在全球环境保护方面有着特殊的地位，发挥着不可替代的作用。森林的保持和持续发展已被列入国际议事日程。1992 年的联合国环发大会对森林给予了从未有过的重视，通过了有关森林经营、保护和持续发展的原则声明，并在声明中明确指出：“应该持续地经营森林资源和林地，以满足当代人和子孙后代在社会、经济、生态、文化和精神诸方面的需要。”实现林业的持续发展，必须对森林进行持续经营，而森林持续经营的前提应该是林地的可持续利用。如果我们的森林培育不改变目前针叶化严重、树种单一的造林树种结构而普遍引起的地力衰退、生产力下降，就无法实现森林的持续经营。因而从总体上讲，森林的持续经营应该是这样的经营：“确保任何资源的利用在生物学上都是可持续的，并且不影响未来的生物多样性，或把同样的土地用于发展其他森林资源。”（沙琢，1993）。森林持续发展关系到森林生产力、森林可再生能力、物种及生态多样性 3 个因素。这 3 个因素均与林地的养护（地力保持）有着十分密切的因果关系。如果森林的经营不利于林地营养库养分损失和补充的平衡，造成地力一代不如一代的下降趋势，则提高森林生产力、再生能力将是一句空话，它将使日益贫瘠的林地物种基因流失及生态单一。阔叶能源林的重要意义在于，它在提供油脂、缓解能源危机的同时，还可在涵养水源、保持水土、生物自肥、肥培林地、自行更新、发展生物多样性以及保护环境、维持自然生态系统平衡等方面发挥巨大的作用。其凋落物量多，分解速率快，多形成中性腐殖质，改土和肥培土壤的作用大，可使土壤疏松、湿润，增强林地涵蓄水源、保持水土的功能，使地力得以保持，实现持续利用。因此，通过调查，选择乡土能源树种，大力发展能源林，将促进当前造林树种单一局面的转变，优化树种结构，促进林地养分的良性循环，逐步实现林业可持续发展。

六、促进能源树种开发利用，保护生物多样性

国家林业局表示，林业生物质资源是发展生物质能源重要的物质基础，是提高中国生物质能源科技竞争力的重要战略资源。在世界各国纷纷抢占生物质能源制高点的背景下，林业生物质资源既是现代生命科学和生物技术持续创新的根本保障，同时也是加速中国生物产业跨越发展的重要基石，还是中国循环经济发展的核心要素。通过全省能源树种调查，了解能源树种特性和资源状况，是进一步收集保存优良乡土油料能源树种基因资源、良种选育、良种基地建设，促进乡土阔叶油料能源树种的开发与利用的基础工作。能源林的发展，将促进造林树种的多元化发展，丰富树种结构，提高森林生态系统的复杂性和多样性，提高林地的综合效能。

第二节　福建省自然与社会条件

一、福建省各地气候概况

福建省处于北纬 23°31′～28°18′之间，靠近北回归线，属于典型的亚热带气候。全世界亚热带气候的共同特点是气温较高，气候干燥。而福建背山面海，山清水秀，森林茂密，横亘西北的武夷山脉，像屏障般挡住北方寒冷空气入侵，海洋的暖湿气流可以源源不断输向陆地，这就使得福建大部地区冬无严寒，夏少酷暑，雨量充沛，形成暖热湿润的亚热带海洋性季风气候。其主要特征：一是季风环流强盛，季风气候显著。气候的回暖和转凉，四季的开始和结束，都随季风环流活动而转移。二是冬短夏长，热量资源丰富。全省无霜期在 250～336 天之间，多数地区接近或超过 300 天，与两广和台湾相近，具备优越的气候条件。三是冬暖，南北温差大；夏凉，南北温差小。四是雨、干季分明，水分资源充沛。五是地形复杂致使气候多样。六是灾害天气频繁。水、旱、风、寒历年可见，气候偏离常态是经常的。水灾主要是梅雨型洪涝和台风型洪涝。风灾主要有三种类型，即台风、大风、冷空气活动造成的沿海大风和局地强对流天气下的大风；旱有春旱、夏旱和秋冬旱之别；寒有倒春寒、五月寒、秋寒和隆冬寒四种。福建气候的主要特点主要表现在三个方面：

表 4-1　福建省各地(市)水热条件一览表

地区(市)	年降水量(mm)	年均温(℃)	年积温(℃)	年有效积温(℃)	历史最高温(℃)	历史最低温(℃)	霜期(天)
福州	1 700～1 980	16.0～20.0	6 152.0～8 913.0	4 837.0～7 658.0	41.6	−4.0	15～39
莆田	980～2 045	15.0～21.4	6 096.0～11 026.0	4 700.0～7 476.0	40.5	−4.0	3～20
泉州	1 000～1 353	16.0～21.0	5 373.0～8 800.0	3 982.0～6 800.0	38.4	−7.0	0～28
漳州	1 000～2 253.5	20.6～21.5	6 354.0～7 865.7	4 265.7～7 302.2	39.2	−2.2	15～50
厦门	1 000～1 651	20.8～21.8	6 455.0～8 658.0	4 316.0～6 953.0	40.4	−1.5	0～18
龙岩	1 000～2 452.2	13.8～20.1	4 750～9 550	4 200.0～8 500.0	39.2	−11.0	14～85
三明	1 400～3 000	14.6～19.5	5 500.0～7 550.0	4 500.0～5 880.0	42.0	−10.0	57～126
宁德	1 573.4～2 400	13.6～19.8	4 727.3～7 250	3 900.0～6 500.0	43.2	−10.8	35～80
南平	1 600～1 800	16.7～17.6	4 235.0～6 852.7	4 000.0～5 958.0	41.4	−8.1	68～131

注：以上数据根据各地上报资料统计。

(一)气温高，光热丰富

大部分地区年平均气温为 19.5～21.0 ℃(仅西北部的山区低于 18 ℃)，最热月平均气温达 26～29 ℃，最冷月也有 9～13 ℃。

(二)干、湿季甚为分明

3—9 月降水量占全年的 80%,为湿季;10—2 月仅占全年的 20%,为干季,福建雨季一般从 5 月初开始,到 6 月底结束。1 个多月的总雨量占全年雨量的三分之一左右。

(三)季风气候显著

3—6 月为春季,7—9 月为夏季,10—11 月为秋季,12—2 月为冬季。春季暖和湿润多雨,夏季炎热,多热带气旋(以下通称为台风)影响,秋冬季干燥少雨,沿海风大。

福建境内,以福州—福清—永春—漳平—上杭一线为界,可分为中亚热带和南亚热带。福建山地,地形复杂,形成了多种多样的地方性气候,而且气候的垂直变化也比较显著。一些较高的山地(如黄岗山等),除山麓基带属于中亚热带外,随着高度上升,就会出现北亚热带、暖温带,甚至中温带气候,降水量也随着高度不同发生变化。复杂多样的气候,形成不同的生态环境,为各种生物的生息繁衍,为发展丰富多样的农、林、副业生产提供了有利条件。各地气候条件见表 4-1。

二、福建省各地主要土壤类型

福建位于华南褶皱系东部。在漫长的地质历史时期中,形成多种类型的沉积构造,多旋回的构造运动,多期次的岩浆活动,多期的变质作用,构成复杂的构造,它们主要呈北东向延伸。其构造单元划分为:闽西北隆起带、闽西南拗陷带、闽东火山断坳带三个一级构造单元。另外是若干个隆起、拗陷和断陷二级构造单元。在二级构造单元内,又可依据其所形成的主要褶皱,划分为一系列复式背斜和复式向斜。根据全国和全省第二次土壤普查的分类系统,福建土壤划分为:铁铝、初育、半水成、盐碱、人为 5 个土纲,赤红壤、红壤、黄壤、石质土、紫色土、石灰(岩)土、新积土、风沙土、潮土、山地草甸土、滨海盐土、酸性硫酸盐土、水稻土等 13 个土类,26 个亚类。福建地跨中、南亚热带,两个地带的代表性土壤系红壤和赤红壤,其分界线大致是:东北自福清县的海口,经该县的宏路,莆田县的常太,仙游县的榜头,永春县的五里街,安溪县的官桥,华安县的仙都、城关,南靖县的和溪,西南迄平和县的九峰与广东相接。红壤与赤红壤之间,并没有一条截然明显的界线,而是以过渡的形式存在。界线基本从戴云山脉东南麓展布。由于山麓分布着许多自西向东或自西北向东南敞开的河谷或断裂谷地,有利于东南季风的湿热气流顺河谷直入,因而赤红壤也相应沿河谷深入,与红壤形成锯齿状交错分布。同时,福建是一个多山的省份,丘陵山地的海拔大多在 250～1 000 m 之间。各地地形地貌及主要土壤类型统计见表 4-2。

三、福建省可利用于发展能源林的土地资源状况

(一)福建省土地资源特点

福建省土地资源呈现以下特点:

1. 绝对量少，人均占有量低。全省土地总面积12.14万平方公里，占全国土地总面积的1.29%；人均土地面积3.38 hm^2，不到全国人均土地面积的一半，是最少的省份之一。

2. 宜林地多，宜耕地少。全省山地丘陵约占土地总面积的90%，地形坡度较大，灌溉条件差，不利于开垦为耕地而适宜林木生长。全省宜林地约占土地总面积的74%，宜耕地占全省土地总面积的21%。

3. 耕地中高产田少，中低产田多。根据农业部门的调查，全省高、中、低产田占现有耕地的比例分别为17%、38%和45%，中低产田合计占全省耕地的83%。

4. 沿海港湾众多、滩涂广阔，开发利用潜力大。福建海域宽阔，海岸线长，沿海港湾有125个，港湾内侧大多分布着浅海滩涂，主要分布在三都澳、兴化湾、罗源湾等18个港湾，据适宜性评价，可围垦滩涂资源约有4.27万 hm^2。

5. 土地资源空间分布的地域差异显著。闽东南地区（福州、厦门、漳州、泉州、莆田五市）土地总面积约占全省的34%，而耕地面积占全省的47.06%；闽西北地区土地总面积约占全省的66%，而林地面积占全省的76.1%。

表4-2　福建省各地地形地貌及山地主要土壤类型

地区(市)	地形地貌	土壤类型
福州	地貌类型多种多样，而以山地、丘陵为主，占土地总面积的72.68%，其中山地占32.41%，丘陵占40.27%。	红壤为主，黄壤、黄棕壤、粗骨性红壤、紫色土等。
莆田	属福建东南沿海低山丘陵区。地势由西北向东南呈梯状倾斜。西部和北部以山地为主，低山、峡谷、盆地相错杂其间；中部和东部为冲积平原和海积平原；东南部沿海为半岛和丘陵台地，地势低平，港湾环抱。	红壤为主、砖红性红壤、粗骨性红壤
泉州	依山面海，境内山峦起伏，丘陵、河谷、盆地错落其间。泉州海岸线曲折蜿蜒，总长约421公里。	红壤、砖红壤为主，
漳州	漳州西北多山，东南临海，地势从西北向东南倾斜。地形多样，有山地、丘陵，又有平原。西北部横亘着博平岭山脉，海拔700至1 000米。	红壤、黄红壤、砖红性红壤
厦门	由厦门本岛、鼓浪屿岛、九龙江北岸沿海地区及附近小岛 、海域组成。	红壤、沙壤土
龙岩	全市地势东高西低、北高南低。境内的武夷山脉南段、玳瑁山、博平岭等山岭沿东北—西南走向，大体呈平行分布。地貌类型按形态来分，可划分为中山、低山、丘陵、平地4类。	红壤为主，黄红壤次之。
三明	属闽西北山地丘陵带，地势自西北向东倾斜，位于武夷山脉与戴云山脉之间的汇水区，以山地和丘陵为主，地形地貌复杂。	红壤为主，黄壤、黄红壤。
宁德	地貌支离，类型多样，以山地丘陵为主。中山面积占41%，低山占16.7%，丘陵占42.3%。	红壤、黄红壤、黄壤
南平	地形地貌以河谷盆地和丘陵低山为主，丘陵山地2.11万 km^2。	以红壤为主

注：以上资料根据地方志及各地上报材料整理。

(二)福建省可利用于发展能源林的土地资源状况

福建陆域面积 1 200 万 hm^2，自 2003 年在全省范围内开展集体林权制度改革，“山定权、树定根、人定心”的林改政策有效调动了广大农民造林的积极性，林地资源得到比较充分的利用，非规划林地造林面积也在不断增加。目前，全省有林地面积达到 1.15 亿亩。能源林的发展用地宜充分利用宜林荒山荒地、抛荒地、生态公益林地、非规划林业用地。福建省各地市可利用于发展能源林的林地资源见表 4-3。

表 4-3　各地市可利用土地资源统计表　　单位：hm^2

地市	无立木林地			宜林地			非规划林业用地
	采伐迹地	火烧迹地	其他	宜林荒山荒地	宜林沙荒地	其他	
福州	7 441.2	14 736.9	1 720.9	33 953.1	1 160.3	11 149.5	5 723.5
莆田	3 476.0	3 566.6	1 808.0	8 020.0	1 015.0	2 708.0	6 055.0
泉州	2 512.3	1 412.5	2 310.6	2 411.6	541.0	2 844.2	6 039.0
漳州	6 148.6	5 494.0	22 592.4	13 705.0	144.8	4 164.6	4 023.0
厦门	0	833.0	1 268.2	1 031.0	663.0	1 178.6	4 028.0
龙岩	14 227.9	7 959.9	14 785.3	8 990.9	7.3	1 323.3	1 993.7
三明	21 286.9	6 673.6	17 925.2	13 983.8	37.3	3 704.0	1 307.0
宁德	7 246.7	14 420.3	4 256.1	26 440.5	58.0	2 409.0	14 746.4
南平	44 894.4	5 863.6	7 992.8	13 962.0	19.6	2 395.2	1 535.5
合计	446 325.6						

注：根据各地上报资料统计，统计时间 2008 年 10 月。

四、福建省发展能源林潜在的人力资源状况

福建省农村人口 2 581 万人，占总人口的 73.76%，农村人均收入达到 4 080 元/年。九地(市)农村人口分布及农村人口所占比重，农村劳动力，人均年收入等情况见表 4-4。

表 4-4　福建九地(市)农村人口及经济收入一览表

地市	农村总人口(万人)	农村人口比重	农村劳动力(万人)	农村人均收入(元)	主要经济来源
福州	422.8	75.0%	148.5	4 500	农林、务工
莆田	261.1	91.7%	112.6	4 180	务工
泉州	552	88.0%	226.3	4 957	农林、务工
漳州	366.8	84.5%	150.4	4 568	农林、务工
厦门	68.2	56.4%	27.9	6 853	农业、务工

续表

地市	农村总人口（万人）	农村人口比重	农村劳动力（万人）	农村人均收入（元）	主要经济来源
龙岩	226.7	81.6%	92.9	3 427	农林、务工
三明	199.7	77.3%	81.8	4 033	农林、务工
宁德	262.8	84.4%	107.7	3 517	农林、务工
南平	221.5	75.0%	90.8	4 097	农林、务工
合计	2 581.6		1 038.9		

注：表中数据根据各地上报资料统计，统计时间 2008 年 10 月。

第三节　福建省生物质能源树种资源状况

根据各地提供的摸底调查资料和专项调查资料统计，福建省各地均有乡土油料能源树种分布，大多处于野生或半野生状态，即使是人工栽培，也并非作为油料能源用途；除桉类、相思类树种外，乡土木质能源树种同样大多处于野生或半野生状态。

一、油料能源树种资源状况

1. 乡土油料能源树种

根据摸底调查结果，将黄连木、乌桕、竹柏、山苍籽、三年桐、千年桐作为重点调查对象。福建省各地区主要乡土油料能源树种的分布或栽培情况见表 4-5。

表 4-5　福建省各地区乡土油料能源树种分布

地区	油料能源树种种类
福州	乌桕（零星分布）千年桐（四旁、零星）
厦门	乌桕（零星）
泉州	黄连木（零星大树）、竹柏（零星小群落）、千年桐（零星）
漳州	黄连木（零星大树）、竹柏（零星小群落）
莆田	乌桕（零星分布）
南平	乌桕（道路两旁绿化）、竹柏（小群落分布、园林栽培）、山苍籽（野生分布多，少量栽培）、三年桐（野生分布）、千年桐（四旁绿化，少量人工栽培）
三明	黄连木（零星大树及 20 亩试验林）、乌桕（道路两旁）、竹柏（零星分布、园林绿化）、山苍籽（野生分布广泛，少量栽培）、三年桐（野生分布，少量早年栽培保存）、千年桐（道路两旁绿化、偶见野生）
龙岩	乌桕（零星，四旁树）、山苍籽（广泛分布）、三年桐（零星）、千年桐（零星）
宁德	乌桕（零星）、三年桐（零星）、千年桐（零星）

(1)黄连木

黄连木原产我国,分布很广,北自河北、山东,南至广东、广西,东到台湾,西南至四川、云南,都有野生和栽培,其中以河北、河南、山西、陕西等省最多。福建三明宁化、泉州惠安、漳州龙海等地有零星大树分布。其中龙海东泗乡太村自来厝边黄连木古树名木 1 株,树龄 600 年,胸径 127 cm,树高 15 m,冠幅 6.5 m×5.3 m,据了解,大年可产新鲜种实 100 kg 以上,龙海海澄、石码有三株黄连木古树名木,年龄都超过 100 年,平均胸径 60.2 cm。黄连木种子产量高,但自然更新能力差,少量作为园林苗木栽培,近年始有作为油料能源树种用途的育苗、栽培试验。黄连木在闽南一带(漳州、泉州)生长良好,但在三明市郊林场开展的黄连木种源试验中,2006 年 3 月所营造的 1.3 hm^2 面积的试验林生长表现差。2007 年 6 月份调查的数据表明,林地上苗木的存活率只有 34%,苗木最高 1.6 m,新萌生的侧枝很少,生长量低,生长不良。因此,闽西、闽北如要发展黄连木,应先试验后推广,同时,可考虑在全国各地收集种源,开展种源试验,筛选最适宜的优良种源。

图 4-1　漳州龙海海澄黄连木

(2)乌桕

福建全境都有乌桕零星分布,各地常用其作为公路两侧绿化。乌桕是本次调查的油料能源树种中我省分布最广泛的一个树种。福建栽培乌桕已有千年以上的历史,栽培的主要品种有小粒鸡爪桕、大颗鸡爪桕(过冬青)和大颗葡萄桕等 3 种。全省各地基本上都有分布,多零星种植,成片造林不多。其中以南平、三明两个地区分布和栽培最多,闽南、闽东偶见零星分布。

南平市常见于公路、村居绿化种植,野生常生长在开阔地、溪流堤岸边。南平邵武、光

图 4-2　乌桕结实母树

图 4-3　乌桕 1 年生幼苗

泽农村公路两旁 20 世纪在 70—80 年代种植了大量的乌桕作为乡村公路两旁绿化树，现依然保存着较多的乌桕结实大树。据实地调查和走访调查、电话调查，邵武乡村道路旁有 28～35 年生的乌桕大树 5 600 多株。光泽乡村公路两旁有乌桕行道树 2 000 多株，仅国有止马林场附近公路上就有 218 株，平均胸径达 23.7 cm，平均木树高 10.3 m。南平浦城、建阳、建瓯、武夷山的国道，乡村公路两旁，房前屋后种植乌桕多，大部分为鸡爪桕农家品种，部分为葡萄桕，桕籽的皮脂厚，含油率高。

三明市野生乌桕分布较多，溪流、河道、池塘堤岸边以及房前屋后常见，低海拔林沿开阔地偶见。清流县有 300 多年的乌桕营林历史和嫁接创高产的经验。清流乌桕具有籽果洁白,出油率高达43%以上等特点。该县1950年至1984年共为国家提供乌桕籽2 795 t,居全省第二位,被定为福建省乌桕生产基地县,1991年产乌拍籽3 920 t。三明市各地乡村也有栽植乌桕作为道路行道树的历史,在道路两旁依然保留较多的胸径30 cm以上的乌桕大树。

宁德地区乌桕种植历史悠长,如福鼎市白琳、店下、硖门、秦屿、点头、桐城等乡镇,曾经大量种植乌桕,其主要产区为白琳沿州村一带。据福鼎统计年鉴产量最高年份为1955年和1957年,分别为323.5 t、336.9 t。当时乌桕籽主要用于肥皂、蜡纸、蜡烛、油漆、油墨等相关行业。进入70年代后,由于化学工业的迅速发展,原用乌桕籽作原料生产的产品被其他化工材料所代替,乌桕籽的需求量逐年减少,价格低迷,农民便疏于管理,乌桕生产处于自生自灭的状态。加上白琳秀阳村一带农民受利益驱动,大量砍伐乌桕树做段木培植白木耳,乌桕林惨遭毁灭性破坏,至今福鼎市乌桕林已为罕见,偶见孤立木零星分布。

乌桕树冠整齐、叶形秀丽,入秋叶色红艳、可爱,不亚于丹枫,可达到"绿茵护夏、红叶迎秋"的观赏效果。幼龄树若进行疏枝修剪定型,树型似团团云朵,甚是美观。时至冬日白色的乌桕籽挂满枝头,经久不凋,古人曾有"偶看桕树梢头白,疑是江梅小着花"的诗句。因其良好的园林观赏效果,近年来颇受上海、浙江等地园林部门的青睐,在此带动下,福建省各地培育乌桕园林绿化苗木的热情有所提高,苗木市场上、圃地里乌桕的苗木数量急剧增加,目前达年产50万株苗木规模。乌桕育苗容易,播种后出苗快速整齐,苗期生长快,1年生苗木可高达70～100 cm,地径1.0～2.5 cm(见图4-3)。乌桕实生苗4～5年开花结实,嫁接苗2～3年结实。

(3)竹柏

竹柏分布在长江以南各地,约位于东经105°－120°,北纬21°－29°。江西、浙江、福建、湖南、广西、广东等省常绿阔叶林中有见分布,一般散生于林中阴湿地或溪边。垂直分布多在海拔800 m以下的中下坡或沟谷两旁,往往混生于常绿阔叶林中。福建常绿阔叶林中有见分布,一般散生于林中阴湿地或溪边。垂直分布多在海拔800 m以下的中下坡或沟谷两旁,往往混生于常绿阔叶林中。竹柏属于亚热带树种,要求温暖湿润气候,不耐霜冻,深根性,耐荫性树种,幼苗需在庇荫下才能生长良好。大树常与木莲、木荷、栲树、山杜英、猴欢喜、黑壳楠等混生,少有纯林。福建南平上洋溪源庵风景区内溪谷两侧、石佛山风景区、延平区炉下有天然竹柏针阔混交林,竹柏分布面积约有100 hm^2,其中以溪源庵分布最多,面积85 hm^2以上,且比较集中。溪源庵风景区内竹柏最大的胸径达63.8 cm,树高达16 m,冠幅6.6 m×6.8 m,2002年为结实大年,当年新鲜种实产量为360 kg。南平建阳、邵武等地也有竹柏小群落分布。根据2007年7月专项调查小组调查获得的资料,邵武高峰镇瀑布林位置有3.1 hm^2面积的竹柏天然分布,2004年邵武林业局对该天然林分进行改造,将混生的其他树种伐除,并对竹柏留优去劣,建立采种母树林(图4-4)。该林分位于溪谷两旁的陡峭山坡上,土层极薄极贫瘠,许多地段岩石裸露。林内竹柏平均胸径7.2 cm,平均木树高4.6 m,平均冠幅2.6 cm×2.1 cm,据邵武林业局高峰林业工作站带路的同志介绍,该采种母树林大年可年采竹柏种子1 500 kg以上。由于林地条件差,该林分内的林木长势较差,同时,竹柏为雌雄异株,林分内雄株占有了近50%的比重,种子总产量难以提高。

图 4-4　邵武高峰瀑布林竹柏母树林

图 4-5　竹柏 2 年生苗

此外，南平各县市均有园林用途的竹柏栽培，福建省建阳市绿源苗木基地（建阳回窑村）经 8 年时间，共培育 100 万株的竹柏 2～9 年生的竹柏苗木，生长良好。

三明市、漳州永春等地有竹柏小群落野生分布及人工栽培，20 年前漳州地区花农曾经引进台湾竹柏种源，耐寒性较本地种源差。

竹柏结实大小年产量差异非常大，根据观察，丰年后第二年一般不结实或极少量结实，这主要是竹柏种子产量高，营养消耗大，树体内营养不足造成的。阳光充足的地段，母树营养生长不良，但结实量极大。据 2006 年 12 月南平溪源庵调查，在阳光充足的坡地上，胸径 4 cm，树高仅 3 m 的一株母树，种子产量高达 42 kg，但在荫蔽的林下，竹柏座果率低，结实量明显降低，大小年现象不如光照充足地段明显。

在野生状态下，竹柏的果实和种子的大小与结实母树的结实数量成负相关。鲜种千粒重一般 450～520g，发芽率 80%～90%。在阳光强烈的阳坡叶片、幼茎易被灼伤，根茎也发生日灼而枯死，年光照在 500～800 h 即可，在林冠下天然更新良好。在阴坡比在阳坡无庇荫处的生长要快 5～6 倍。生长速度慢，在适生地区，30 年生的胸径 20 cm，高 13 m。幼苗生长极缓慢，5 年生以后加快。实生繁殖 10 年开花结果，15 年达到盛果期。同一植株，种子大小与结实量成反比，单株结实量越大，种子越小。在阳光充足土壤肥沃山地，结实量大，盛果期单株最高产量可达 350 kg。同一天然林分内，竹柏雌株的结实能力差异很大，水肥、光照都是重要的影响因素。

表 4-6　竹柏天然林雌雄株比例

<table>
<tr><th>调查林分</th><th>坡位</th><th>雄株株数(株)</th><th>雌株株数(株)</th><th>雌雄比例</th><th>调查时间</th></tr>
<tr><td>延平溪源庵</td><td>下坡</td><td>15</td><td>11</td><td rowspan="2">37∶63</td><td>2006.11</td></tr>
<tr><td>延平溪源庵</td><td>下坡</td><td>18</td><td>8</td><td>2006.11</td></tr>
<tr><td>延平溪源庵</td><td>中坡</td><td>10</td><td>9</td><td rowspan="2">39∶61</td><td>2006.11</td></tr>
<tr><td>延平溪源庵</td><td>中坡</td><td>12</td><td>5</td><td>2006.11</td></tr>
<tr><td>延平溪源庵</td><td>上坡</td><td>14</td><td>11</td><td rowspan="2">49∶51</td><td>2006.11</td></tr>
<tr><td>延平溪源庵</td><td>上坡</td><td>9</td><td>11</td><td>2006.11</td></tr>
<tr><td>邵武瀑布林</td><td>下坡</td><td>24</td><td>18</td><td>43∶57</td><td>2007.7</td></tr>
<tr><td>邵武瀑布林</td><td>中坡</td><td>18</td><td>16</td><td>47∶53</td><td>2007.7</td></tr>
<tr><td>邵武瀑布林</td><td>上坡</td><td>13</td><td>12</td><td>48∶52</td><td>2007.7</td></tr>
</table>

注：调查样地面积 400 m^2。

由于对生境条件的特殊要求，竹柏大多呈割裂的小群落状态，自繁能力强。但因为该树种总量有限，全省种子年产量约 10 000 kg。竹柏扦插、嫁接成活率较高，可以通过无性繁殖解决种苗不足问题。竹柏雌雄异株，天然林中雌雄株比例见表 4-6 。

竹柏天然林中雌雄株的比例受坡位的影响比较明显，上坡雌株所占比例较中、下坡高。雌雄株的比例将直接影响单位面积种子产量。

(4)山苍子

山苍籽属阳性树种，在福建南平、三明、龙岩、宁德等地海拔 1 300 m 以下均见分布，多生于荒坡地或采伐迹地，是福建省常见的野生香料、油料植物，山上随处可见，其再生能力和自然更新能力强。第一年砍伐后，第二年又可在根部长出新枝，第三年开始结籽，第四年盛产，六年以上树龄每株可采籽 30 公斤以上，是山区农民额外收入来源之一。山苍籽天然林分中雌雄比为 1∶0.59～0.75；通过人工辅助培育措施的山苍籽林分其雌雄比为 1∶0.18；其平均单株产籽量比无人工辅助培育措施的植株增加了近一倍。山苍籽人工播种出芽率低，人工育苗困难。20 世纪 80—90 年代曾有些地方发展人工山苍籽林，以采摘果实提取山苍籽油等为目的。如福州马尾区小池 70 年代种植山苍籽 20 hm^2，1987 年产山苍籽干果 14 t。前些年由于市场疲软，山苍籽价格跌至低谷，每公斤仅为 0.5～0.6 元，农民不重视它，大部分失管，被其他乔木自然取代，或被农民砍作柴火。近年来，随着农村经济发展，柴火用量减少，植被得到恢复，山上山苍籽树增多，树大，产籽量多，但很少能够竞争得过当地其他优势树种。邵武龙湖采育场 1993 年天然林皆伐后经 1 次人促的自然更新林分 2007 年 7 月调查资料显示，山苍籽 2 115 株/hm^2，与米槠、栲树、酸枣等一起构成林分的优势树种，平均胸径为 3.5 cm，平均树高 5 m；1985 年皆伐后人促更新的次生天然林内，至 2007 年 7 月调查时，主林层为米槠、栲树、拟赤杨等，林内基本上没有了山苍籽树种存在，只有林隙、林沿处偶见。顺昌县高阳乡通过在垦荒地上清除其他杂灌，保留山苍籽树种，培育了 100 多亩的山苍籽纯林，长势很好，已经达到盛果期，果实满枝。由此可见，在没有进一步的人为干预下，采伐迹地上自然生长的山苍籽最终将被其他生长快的乔木树种所替代，如果加大人为干预力度，在光照充足的山地上，有望形成山苍籽纯林。

图 4-6　山苍子结果枝

福建山苍籽资源丰富，闽西北山地常见，主要产地分布为清流、大田、尤溪、沙县、建瓯、建阳，其中年产超过 1 000 吨的有清流、沙县、建瓯、建阳等。但目前人工林极少，目前仅有 41 hm^2左右。近年山苍籽果实收购价格上涨，林农及企业栽培管理的积极性略见提高。将乐南口乡自 2005 年开始探索山苍籽基地化种植的路子，全乡共有山苍籽种植示范基地 4 片，总面积 38 hm^2，分布于井垅、温坊、里坊、上仰等村。2006 年将乐县山苍籽产业化项目被省发改委列入重点建设项目。为做大做强南口乡山苍籽种植项目，乡党委、政府按照"政府牵头、企业实施、实验示范"的运作模式，政府出台相关的扶持政策，由森鑫源林业有限公司负责投资种植山苍籽，科利达香料香精有限公司负责收购和加工成柠檬醛、紫罗兰酮，形成产、供、销一条龙体系。长汀县有 3.33 hm^2的山苍籽人工林。全省山苍籽人工林统计见表 4-7。

表 4-7　山苍籽人工林面积及调查因子统计表

地点	面积(hm^2)	地径(cm)	树高(m)	冠幅(m)	产量(kg/hm^2)
将乐南口基地	38	5.2	3.0	2.6×2.8	1500
长汀	3.33	4.8	3.6	2.4×2.2	1100
合计	41.33				

据不完全统计，全省果实产量最高时达到 8 000 吨/年，仅南平市 1 年的果实产量就有 3 200 吨左右，其中建阳、建瓯、延平分别为 1 200 吨、780 吨、516 吨；三明地区、龙岩地区、宁德地区也是山苍籽的重要产区。通过良种选育、工厂化育苗，及综合开发利用等技术的研究，可较快实现山苍籽树种能源林的规模化发展。

(5)三年桐和千年桐

福建人工栽培三年桐、千年桐始于清代，全省除沿海的平潭、东山、晋江等县外，其余各地均有栽培。主要品种：三年桐(又称油桐)，有一盏灯、罂蒴桐、座桐、少花吊桐、对年桐、少花丛生球桐、多花单生球桐、桃形桐、福建串桐等；千年桐(又称花桐)，有大皱桐、尖皱桐、圆皱桐、长皱桐等。1976 年，从湖南引进葡萄桐；1979 年又引进浙江选育的浙林 1 号(丛生扁球桐)、浙林 3 号(桃形桐)、浙林 5 号(五爪桐)和川米 10 号(小米桐)、铜米(贵州铜仁米桐)等三年桐优良品种类型。这些引进的优良品系，目前几无保存。三年桐是亚热带偏温性植物，千年桐是亚热带偏热性植物。南亚热带气候区是喜热性而不耐寒的千年桐适生境地，中亚热带气候区适合于三年桐的生长发育，因而构成了油桐不同种在省内的自然分布区，即闽东沿海为千年桐集中分布区域，闽西北为三年桐的集中分布区域。由于气候的垂直差异，油桐不同种的分布亦往往超越集中区域，闽西北山区除有三年桐外，在低海拔的丘陵平缓地带也兼有千年桐分布，而闽东南沿海除有大量千年桐分布外，也有相当数量的三年桐的品种分布，且长势好，也具有一定的经济效益。

闽西北中低山三年桐人工植被林(油桐中带)，地处鹫峰山以西，直至闽浙赣边境的武夷山脉北段，与仙霞岭、杉岭相连，包括南平、三明两市的全部县市(除延平市郊及尤溪的部分乡外)。该范围内山岭起伏，连绵不绝，低山、丘陵、沟谷、盆地犬齿交错，溪流纵横。属中亚热带气候，温暖湿润、风小，湿度大，年均温度 17 ℃～19.2 ℃，最冷月均温 5 ℃～9 ℃，绝对最低温度－8 ℃(浦城)，大于 10 ℃，积温 5 150 ℃～6 150 ℃，年降雨量 1 550～

1 900 mm。土壤为花岗岩、片麻岩、砂岩发育的红壤、黄土壤，以及部分紫色土。三年桐人工林多分布在海拔 500 m 以下的低山丘陵地，土壤质地较黏重，土层较深厚，肥力中等。

闽东南、闽南沿海丘陵地千年桐人工植被林（油桐南带）。闽东南属南亚热带向中亚热带过渡地带，气候温热，年均温度 19.5 ～21 ℃，最冷月均温 10 ～12.5 ℃，大于 10 ℃积温 6 500 ～7 400 ℃，年降水量 1 050～1 700 mm。土壤为砖红壤性红壤，低丘顶部多为红壤或粗骨性红壤。闽南沿海海洋性气候较为明显，温暖、热量高，年均温 20.8 ～21.3 ℃，最冷月均温 12.5 ～13.1 ℃，大于 10 ℃积温 7 400 ～7 700 ℃，年降水量 1 050～1 700 mm。土壤为玄武岩母质发育的砖红壤性红壤，于海拔 1 000 m 以下的中低山、丘陵地呈棕红色、暗红色，质地多黏土。其次也有由花岗岩发育的砖红壤性红壤，质地多壤黏土。

调查资料统计结果表明，目前我省资源依然比较丰富，各地均可见三年桐或千年桐分布，南平、三明、龙岩、宁德等地乡村道路两旁常见以三年桐或千年桐营建的绿化带，房前屋后、沟壑溪谷两旁、林沿空旷地上亦常见桐树生长，上杭、武平、周宁县、屏南县、龙岩新罗区、福鼎、三明梅列区等地，均可见部分荒山荒地、幼林地、疏林地上有油桐进入。但是，目前成片的油桐人工林很少，仅 467.6 hm^2，其中仙游县和上杭县分别有 23.4 hm^2、9.26 hm^2 千年桐人工林；武平县有 435 hm^2 千年桐混交林，但林分中千年桐目前所占的比例已不足 15%，树木老化，结实少，产量低，林隙处有较多自然更新的 3～5 年生千年桐苗木、幼树。龙岩长汀古城镇梁坑村 86 年营造的 2 hm^2 三年桐，平均树高 8 m，平均胸径 14 cm，正处于盛果期，每亩年产油桐籽 500 kg 以上。三年桐、千年桐种粒大，种子出芽率高，胚乳营养充足，苗木生长健壮。三年桐和千年桐果实含油率 25%～40%，种仁含油率为 58%～62%，为干性油。目前，桐籽少有人收购，三年桐、千年桐育苗少，市场上几无苗木供应。

(6)其他乡土油料能源树种

在调查过程中，发现有其他适合作为油料能源用途的树种，其资源状况及种实含油率见表 4-8。

表 4-8　其他乡土油料能源树种

树种名称	拉丁文	资源分布或栽培状况
山桐子	*Idesia polycarpa Idesia*	大戟科树种，少见栽培，南平、三明等地偶见散生于沟谷两旁，种子产量高，果实含油率 46%以上，种子含油率 26%～28%。
野漆树	*Toxicodendron succedaneum (Linn.)O. Kuntze*	漆树科树种，未见人工栽培，南平、三明、龙岩、宁德等地常见，散生于林沿或开阔地，果实油脂含量 25%左右，但野生状态下种粒空壳较多。
盐肤木	*Rhus chinensis Mill.*	漆树科树种，未见人工栽培，南平、三明、龙岩、宁德等地常见，散生于林沿或开阔地，果实油脂含量 25%～30%。

2. 引进的油料能源树种

(1)麻风树

图 4-7 华安英都 2 年生麻风树

栽培或半野生于云南、贵州、四川、广东、广西,多为药用栽培植物。种仁含油约 50%～60%,作肥皂及润滑油,并有下泻和催吐作用;油粕可作农药及肥料。麻风树林 2 年可挂果投产、5 年进入盛果期。麻风树种仁含油率 50%～80%,经改性后的麻风树油可适用于各种柴油发动机。目前,野生麻风树的干果产量为 300～800 kg/亩,平均产量约 660 kg/亩,据报道,人工栽培每亩干果产量可达 500 kg。福建省在植物园内有少量引种,近年来始有一定规模造林,主要集中在闽南一带。泉州南安英都镇坂头村村民陈玉印 2005 年调入种子,2006 年春育苗栽培,生长良好,无病虫害。2007 年 7 月实地调查,平均地径 6.9 cm,平均高 2.2 m,冠幅 2.3 m×1.8 m,平均木胸径达 3 cm(见图 4-7),有少量植株开花结果(见图 4-8);2009 年复查,已全部开花结实。华安县苗圃 2006 年 4 月种植 6 亩,至当年 8 月调查时,苗高 0.4 m,地径 0.8 cm,生长健壮,2009 年调查造林林分,已大部分开花结实。大田县林业局 2006 年引种麻风树,2006 年冬季全部受冻死亡。因此,麻风树在闽西、闽北推广应慎重。

麻风树生长迅速,生命力强,在部分地方可以形成连片森林群落,适宜在福建闽南、闽东沿海地区种植。麻风树人工造林容易,天然更新能力强,还耐火烧,生长在陡坡上的麻风树林可以成为良好的生物防火隔离带。麻风树是保水固土、防沙化、改良土壤的主要选择品种,可以在干旱、退化的土壤上生长。麻风树具有极强的生长和繁殖能力,枝叶浓密,林地郁闭快,落叶易腐不易燃,改良土壤能力强。

图 4-8 华安英都 2 年生麻风树结果枝

(2)光皮树

福建省无野生光皮树资源分布，在 20 世纪 70 年代曾经将其作为油脂树种引种，基本上能够适应各地气候条件，但目前保留的植株很少。光皮树树干挺拔、清秀，树皮斑驳，枝叶繁茂，深根性，萌芽力强，抗病虫害能力强，寿命较长，超过 200 年以上。实生苗造林一般 5～7 年始果，人工林林分群体分化严重，产量高低不一，嫁接苗造林一般 2～3 年始果，结果早，产量高，树体矮化，便于经营管理。果实千粒重高于 70 g，其果实(带果皮)含油率 33%～36%，盛果期平均每株产油 15 kg 以上。

(3)石栗

广植于各热带地区，我国广东、广西、云南亦产。

福建省闽东、闽南一带引进作为行道树，树荫浓密，树体高大，生长迅速。本次调查未见结实，据报道，单株果实产量 40～75 kg，种子含油率 30%～35%。

(4)绿玉树

福建闽南、闽东曾作为园林植物引种，数量不多，但生长表现良好，能够适应福建省南亚热带大部分地区的气候条件。

3. 主要油料能源树种经济性状表现比较

各树种标准木主要经济性状表现统计结果见表 4-9。麻风树因为引种时间很短，刚开始开花结果，初期种子产量不高，经济性状表现尚未稳定，故不参入统计、分析。

表 4-9 福建省主要油料能源树种标准木单位面积产量及种子含油率

树种名称	标准木性状平均表现				
	冠幅投影面积(m^2)	单株种子产量(kg/株)	单位面积种子产量(kg/ m^2)	种子含油率(%)	单位面积产油量(kg/m^2)
黄连木	24.3	63.8	2.6	45.3	1.3
乌桕	16.6	58.3	3.5	44.6	1.7
竹柏	12.6	32.1	2.5	40.7	1.0
三年桐	14.8	48.3	3.3	47.5	1.6
千年桐	16.4	46.7	2.8	48.3	1.5

注:产量指干果产量。有人工林的,单位面积产量按人工林平均产量;无人工林的,则按标准木产量、冠幅大小等估算。

从表 4-9 可以看出,5 个乡土油料能源树种种子含油率均较高,千年桐>三年桐>黄连木>乌桕>竹柏。千年桐、三年桐、黄连木同一树种不同植株(标准木)的种子含油率差异不大,乌桕、竹柏种子含油率变动范围较大,分别为 38.3%~49.2%和 36.2%~42.3%。单位面积种子产量,乌桕>三年桐>千年桐>黄连木>竹柏;单位面积产油量,乌桕>三年桐>千年桐>黄连木>竹柏。

在多个性状指标需同时考虑的情况下,如何进行树种经济性状表现综合评价,显然是个难题。下面,介绍一种基于改进的投影寻踪的树种主要经济性状综合评价技术。

1. 改进单纯形法投影寻踪建模步骤

基于投影寻踪的评价模型的基本思想,是把高维数据样本通过某种组合投影到低维子空间中,对投影到的构形,采用投影指标函数(目标函数),衡量投影暴露某种评价结构的可能性大小,寻找出使投影指标函数达到最优的投影值,然后根据该投影值对样本集进行相应的评价。其中,投影指标函数的构造及其优化问题,是应用投影寻踪评价方法能否成功的关键。传统的投影寻踪,因实现方法的编程复杂,计算量大,限制了其应用。因此,采用改进单纯形法,实现投影指标函数的优化,进而建立树种评价模型,以期减少计算量,提高投影寻踪的效果和可操作性。改进单纯形法投影寻踪建模步骤具体如下:

第一步:建立评价指标体系,对各评价指标的样本数据进行预处理。根据影响油料能源树种的主要经济性状(评价因子)建立树种评价指标体系。设研究树种的评价指标的数据样本集为 $x_{ij}(i=1\sim n,j=1\sim p)$,其中 n、p 分别表示样本的数目和评价指标的数目。为了消除各评价指标的量纲的影响,以保证建模不失一般性,需对 $x_{ij}(i=1\sim n,j=1\sim p)$ 进行标准化处理。标准化处理公式为:

$$y_{ij}=(x_{ij}-x_{j\min})/(x_{j\max}-x_{j\min}) \tag{1}$$

式中,$x_{j\max}$、$x_{j\min}$分别表示样本数据集中第 j 个指标的最大值和最小值;$y_{ij}(i=1\sim n,j=1\sim p)$为标准化后的数据样本值。

第二步:构造投影指标函数。投影寻踪评价方法就是把 p 维数据 $y_{ij}(i=1\sim n,j=1$

$\sim p$)综合成以 $\beta=(\beta_1,\beta_2,\cdots,\beta_p)$为投影方向的一维投影值 Z_i：

$$Z_i = \sum_{j=1}^{p} \beta_j y_{ij} \tag{2}$$

其中，$\beta_j > 0, \sum_{j=1}^{p} \beta_j^2 = 1$。然后根据 $Z_i(i = 1 \sim n)$ 的一维散布图进行分级。在综合投影值时，要求投影值 $Z_i(i = 1 \sim n)$ 的散布特征满足局部投影点尽可能密集，最好凝聚成若干个点团，而在整体上投影点团之间尽可能散开条件。为此，投影指标函数可构造为：

$$Q(\beta) = S_z D_z \tag{3}$$

式中，S_z 为投影值 $Z_i(i = 1 \sim n)$ 的标准差，D_z 为投影值 $Z_i(i = 1 \sim n)$ 的局部密度，即：

$$S_z = \sqrt{\sum_{i=1}^{n} (Z_i - \overline{Z})^2 / (n-1)} \tag{4}$$

$$D_z = \sum_{i=1}^{n} \sum_{j=1}^{n} (R - r_{ij}) U(R - r_{ij}) \tag{5}$$

式中，$\overline{Z}$ 为序列 $Z_i(i = 1 \sim n)$ 的均值；R 为求局部密度的窗口半径，它的选取既要使包含在窗口内的投影点的平均个数不太少，避免滑动平均偏差太大，又不能使它随着 n 的增大而增加太快；距离 $r_{ij} = | Z_i - Z_j |$；$U(h)$ 为单位阶跃函数。

第三步：优化投影指标函数。当给定树种评价指标样本数据时，投影指标函数 $Q(\beta)$ 只随投影方向 β 的变化而变化。不同的投影方向反映不同的数据结构特征，最佳投影方向可最大可能暴露高维样本数据的某种评价特征结构。因此，可通过求解投影指标函数最大化问题来估计最佳投影方向，即：

$$\max Q(\beta) = S_z D_z \tag{6}$$

$$s.t. \beta_j > 0, \sum_{j=1}^{p} \beta_j^2 = 1 \tag{7}$$

这是一个以 $\beta=(\beta_1,\beta_2,\cdots,\beta_p)$为变量的非线性优化问题，传统投影寻踪法计算过程复杂、编程困难。改进单纯形法(MSM)是 Nelder 和 Mead 在 Spendley 提出的单纯形法的基础上，为克服单纯形法存在精度与收敛速度间矛盾而提出的一种高效率的连续最优化方法。

第四步：评价。把由第三步求得的最佳投影方向 β 代入(2)式后即可得到森林景观的投影值 $Z_i(i=1\sim n)$。该值可反映各树种的综合特征，通过 $Z_i(i=1\sim n)$值大小的比较，即根据投影值 $Z_i(i=1\sim n)$的投影点的密集程度，将投影点凝聚成若干个点团，每一点团可划分为一个评价等级，根据这一原则对各树种进行分级；在建立评价模型的基础上，还可对树种经济性状表现进行预测。由于新方法是将改进单纯形法直接优化投影寻踪技术的投影函数，避免了投影寻踪技术的种种缺陷，为此，称此方法为改进的投影寻踪技术(MSM-PP)。

2. 指标体系的建立

为准确评价各树种的开发利用价值，课题组以单位面积种子最高产量(各标准木中最高产量)、最高种子含油率(标准木中最高含油率)、单位面积平均种子产量(各标准木平均值)、种子平均含油率(各标准木平均值)、冠高比等 5 个指标进行评价。单位面积最高种子产量和含油率数据，可以体现树木开发利用的潜力(通过良种选育，提高产量、含油率的潜力)。冠高比是指树冠投影面积与树高的比值。冠高比大小对种子采摘成本、单位面积株数、营养空间的充分利用、林分中个体间竞争关系等,均有较大影响。冠高比越大,说明树体较矮,冠幅较大,树冠各部分接受阳光较充足,对空间的利用较充分,同时,便于采摘。单位面积产油量是通过种子产量和种子含油率估算的数据,与单位面积种子产量、种子含油率之间存在因果关系,因此,不列入评价指标体系。评价指标样本数据见表 4-10。

表 4-10　乡土油料能源树种投影寻踪评价指标样本数据表

树种(样本)	标准木性状表现				
	最高种子产量(kg/m^2)	最高种子含油率(%)	平均种子产量(kg/m^2)	平均种子含油率(%)	冠高比
黄连木	7.08	48.1	2.6	44.3	1.57
乌桕	8.32	49.2	3.5	43.6	2.31
竹柏	7.48	42.3	2.5	40.7	2.74
三年桐	8.38	49.8	3.3	46.5	1.31
千年桐	8.84	50.1	2.8	47.3	1.52

3. 投影寻踪结果分析

利用改进的投影寻踪模型对树种评价指标样本集(见表 4-10)进行分级,首先对样本集各指标进行规格化处理。种子含油率指标因为为百分数,且小于 70%,因此,在标准化处理之前先进行一次反正弦转换。然后,以(6)式为目标函数、(7)式为约束条件,将标准化处理后的样本集数据代入(2)、(4)、(5)和(3)式,即可采用改进单纯形法对目标函数进行优化求解,经过计算机运算,得到最大投影指标函数值为 11.482 1,最大投影方向为 β(0.525 7,0.508 1,0.411 7,0.493 0,0.230 1),投影效果很理想。将 β 代入(2)式即可计算得到各树种的投影值 $Z_i(i=1\sim n)$(表 4-11)。树种投影值 Z_i 越大,表示该树种的综合表现越好。从表 4-11 可以看出,各树种的投影值的变化幅度很大,为 0.115 7～1.640 9,其中,投影值最高的为乌桕,次之为三年桐,再次之为千年桐,黄连木的投影值仅为 0.718 9,竹柏最低。

表 4-11　寻踪投影评价结果

	最高种子产量	最高种子含油率	平均种子产量	平均含油率	冠高比	投影值
黄连木	0.000 0	0.744 5	0.100 0	0.607 2	0.181 8	0.718 9
乌桕	1.000 0	0.885 1	1.000 0	0.515 3	0.699 3	1.640 9
竹柏	0.219 8	0.000 0	0.000 0	0.000 0	1.000 0	0.115 7
三年桐	0.714 3	0.961 7	0.800 0	0.895 4	0.000 0	1.634 7
千年桐	0.967 0	1.000 0	0.300 0	1.000 0	0.146 9	1.632 9
投影方向	0.525 7	0.508 1	0.411 7	0.493 0	0.230 1	

从投影值大小差距看,千年桐、三年桐、乌桕等 3 个树种之间差距不大,黄连木、竹柏分别与其他树种间存在很大差距。因此,可以投影值取值范围为[1.0,1.7],[0.5,1.0],

[0.1,0.5],将 5 个树种划分为 3 个等级。

使用 DPS 软件处理,采用系统聚类法,对投影值聚类分析,以 0.700 0 的相似性水平进行聚类,结果见图 4-9。

从图 4-9 可以看出,根据投影值大小,可以将 5 个乡土油料能源树种的经济性状表现分为 3 个等级,其中,千年桐、三年桐、乌桕为等级Ⅰ,黄连木为等级Ⅱ,竹柏为等级Ⅲ,与通过确定取值范围划分的等级相一致。

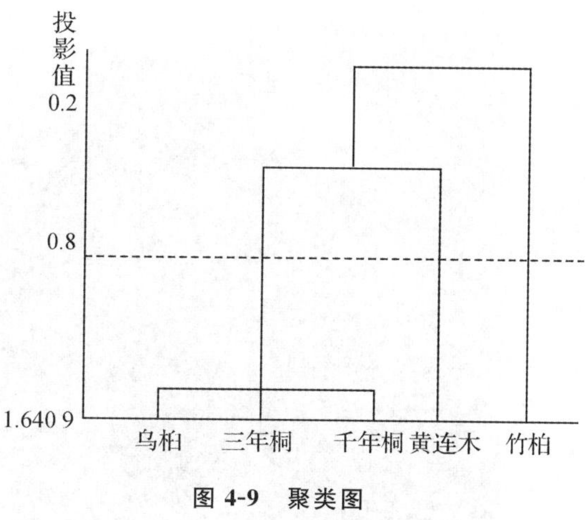

图 4-9　聚类图

从以上分析可以看出,乌桕、千年桐、三年桐 3 个树种从种子产量、种子含油率、冠高比等性状综合表现上优于黄连木,黄连木优于竹柏。

二、木质能源树种资源状况

理论上讲,几乎所有的林业生物质都可以用以降解制备乙醇或通过燃烧释放热能,甚至将燃烧所释放的热能转化成为电能,从而实现林区热电联产。因此,所有树种都可以算是木质能源树种。福建是全国森林覆盖率最高的省份,树种资源丰富,林业生物质多,木材利用后的林地剩余物多,都可以作为木质能源利用。为提高林地生产力,本次调查将重点放在分布多、生长快、萌芽能力强,或热值高、适应性强,市场价值高,适宜作为薪炭林发展的几个树种上。

(一)乡土木质能源树种

1. 乌冈栎

乌冈栎是福建闽西、闽北传统的薪炭材树种。省内产于上杭、仙游、德化、大田、沙县、将乐、延平、武夷山、浦城、安溪。国内分布于陕西、浙江、江西、安徽、福建、河南、湖北、湖南、广东、广西、四川、贵州、云南等省区。生于海拔 300～1 200 m 的山坡、山顶和山谷密林中。乌冈栎属强阳性树种,因其生长慢,在肥沃的林地上自然生长竞争不过乔木树种,大部分生长于土壤瘠薄的山脊、山顶,或山地岩石上(见图 4-10)。

经调查,武夷山市有 2 098 亩的林地上有乌冈栎零星分布,常数株聚集成 10～20 m^2 面积的小树丛,延平区溪源庵、石佛山、茫荡山都有较多资源分布;屏南、德化、三明梅列区和三元区、大田、周宁、泰宁等地均有零星分布。该树种分布范围广,分布面积约 3 万亩,但人工林极少。周宁县咸村镇樟岗村 2 林班 6 大班 8 小班有 18 年生的乌冈栎林 400 亩,立地条件差,属Ⅳ类地,海拔高度 400～550 m,林内乌冈栎分枝低,顶端优势弱,平均树高仅 1.8 m。乌冈栎长在山顶或岩石上,对保护生态环境和防止水土流失有重要作用,生长缓慢,一旦破坏,极难恢复,是珍贵的阔叶林种。福建省早在 1998 年就明文规定,禁止采

图 4-10　周宁县咸村樟岗乌冈栎

伐野生的乌冈栎烧制白炭，但是，在利益的驱动下，有些地方的天然乌冈栎遭受了严重破坏，天然资源日益减少。顺昌洋口国有林场乌冈栎播种育苗试验结果表明，乌冈栎苗期生长并不慢，而且，在肥沃的林地、农地上栽培，采取施肥措施等，能够在一定程度上促进其生长，提高生长量。此外，德化林业局开展了乌冈栎的优良单株选择，并营建了 0.3 亩的优树收集区。乌冈栎资源统计见表 4-12。

乌冈栎生长慢，野生种子不易采集，是制约乌冈栎规模发展的主要因素。选择优良单株，并开展无性快繁技术研究，实现优良无性系造林，提高单位面积林地乌冈栎生长量、生物量，是乌冈栎开发利用的有效途径。

表 4-12　福建省乌冈栎资源统计表

地区	分布面积(hm^2)	林分状态
南平	983.0	零星分布，每公顷 120－525 株
三明	876.5	零星分布，每公顷 115－530 株
龙岩	198.7	零星分布，每公顷 120－460 株
宁德	449.2	零星分布，每公顷 135－520 株
福州	123.0	零星分布，每公顷 130－420 株
漳州	31.0	零星分布，每公顷 120－480 株
合计	2 661.4 hm^2	

(二)引进的木质能源树种

1. 相思类

福建东南沿海是缺薪少材地区，当地居民经常进山收集薪柴，许多山头草木被砍扒殆尽，植被破坏严重。后来，随着采石业的兴起，相当多山头被开山采石而形成裸露山体，土壤植被愈加稀少，丘陵山地水土大量流失，森林景观遭受严重破坏。由于不少丘陵山地土壤瘠薄，适应生长的树种屈指可数。

表 4-13 闽东南各地相思类树种人工林面积统计表

地区	造林面积(hm^2)	用途
莆田市	6 560.0	薪炭、海岸带木麻黄基干林带更新改造
漳州市	17 872.0	用材、薪炭、海岸带木麻黄基干林带更新改造
泉州市	4 046.0	用材、薪炭、海岸带木麻黄基干林带更新改造
厦门市	1 543.0	用材、薪炭、海岸带木麻黄基干林带更新改造
福州市	1 854.8	用材、薪炭、海岸带木麻黄基干林带更新改造
宁德市	696.0	用材、薪炭、海岸带木麻黄基干林带更新改造
合计	32 571.8	

为了丰富本地树种组成，从 20 世纪 80 年代末 90 年代初开始，福建省东南沿海大量引种大叶相思、马占相思、肯氏相思、毛绢相思、纹荚相思、厚荚相思、卷荚相思、薄荚相思、灰木相思、黑木相思、夹竹桃叶相思等相思类树种。根据各地摸底调查上报资料数据统计，全省现有相思人工林 32 571.8 hm^2，各地相思树造林面积见表 4-13。2007 年 7 月福建林业职业技术学院能源树种专项调查小组对莆田、仙游、长泰、云霄、南安等地相思树造林效果进行调查，调查结果见表 4-14。

表 4-14 相思树专项调查结果一览表

调查地点	树种	林分年龄(年)	平均胸径(cm)	平均树高(m)	立地类型	施肥(次)	单位面积干生物量(t/hm^2)
长泰亭下	厚荚相思	7	22.7	9.4	Ⅱ	2	77.45
长泰亭下	大叶相思	7	19.7	13.2	Ⅱ	1	69.35
云霄莆美太史陵	马占相思	7	26.6	14.0	Ⅱ	2	84.05
南安五台山秀山	卷荚相思	5	10.8	8.4	Ⅱ	2	37.15
南安码头	卷荚相思	5	11.1	10.0	Ⅱ	2	53.55
华安沙建日新	马占相思	6	13.5	11.8	Ⅱ	2	59.10
华安沙建镇沙建	厚荚相思	5	9.5	8.2	Ⅱ	1	35.30
莆田平海	台湾相思	6	8.6	6.6	Ⅱ	2	31.15

*注：干生物量不包含地下部分。

调查结果表明，我省相思类树种资源丰富，是闽东南的主要造林树种之一。相思类树种生长快，生物量大，燃烧值高，年平均增加干生物量 9 152 kg/hm^2，具有很高的开发利用潜力。相思树萌芽力强，采伐后可萌芽更新，是优良的木质能源树种。

2. 任豆（翅荚木）

任豆树生长迅速，1 年生可生高达 2～3 m，7～8 年生高达 20 m，胸径 16 cm，根系发达，主根深，穿透力强，只要堆积的石头中有一窝土便可生长，天然任豆次生林，绝大部分生长在裸露达 85%以上的石缝中。任豆又称砍头树，是石山速生优良树种，来舟试验林场引种栽培的任豆，30 年平均胸径达到 35 cm，树高 13 m，冠幅 8.2 m×6.7 m，生长速度快，生长表现好。永春以任豆树为四旁绿化，在东关镇、湖洋镇（湖东战备线）旁种植任豆树 2 000 多株，4 年生平均胸径 3.2 cm，平均树高 3 m，无明显病虫害（见图 4-11）。安溪县将任豆树广泛应用于四旁绿化，成活率和保存率都较高，效果良好。安溪官桥任豆与福建柏混交林面积 100 亩，8 年生平均胸径 14.8 cm，平均树高 12.2 m，平均木干生物量 51.3 kg。

图 4-11

近年来，福建省柘荣、漳平等地开始引种任豆树，取得良好的造林效果。任豆树造林面积统计及林木生长状况调查结果见表 4-15。

3. 桉类

桉树是桃金娘科桉树属的总称，共有 945 个种和变种，是福建省木质能源树种资源总量最丰富的树种之一。桉树种类多，种源差异大，区域分布广，引种栽培余地大，可以说是一个世界性的树种。除了福州最早引种野桉外，1912 年厦门引进赤桉；1916 年南平引进细叶桉；1917 年福州引进柠檬桉。这一时期多是零星种植。20 世纪 50—60 年代引种的桉树主要有大叶桉、柠檬桉、赤桉和窿缘桉，这一阶段主要在闽东南沿海地区作为公路两侧以及四旁绿化树种，山地造林基本失败。

表 4-15　福建省任豆造林面积及造林效果统计表

造林地点	林龄(年)	造林面积(亩)	平均胸径(cm)	平均树高(m)	单位面积干生物量(t/hm²)
漳平桂林	6	25	10.3	7.0	46.8
漳平菁东	5	2	8.1	6.0	40.0
漳平溪南、新桥	1	49	地径 0.5	0.4	
柘荣楮坪	6	3	7.0	5.5	37.4
柘荣宅中	6	12	8.0	6.0	38.7
合计		91			

据报道，20 世纪 70 年代厦门园林处等单位引种桉树 260 多种，存活的 90 多种，其中生长较好的有柠檬桉、窿缘桉、赤桉、细叶桉等，这一阶段桉树除了作为城乡绿化外，一些地方在山地种植了柠檬桉片林，作为用材和提取桉叶油，获得了一定的经济效益。80 年代引种的桉树主要以培育短周期工业原料林为目标，90 年代主要在漳州、三明两市推广，2003 年后在全省范围内推广，桉树造林面积和和质量有了显著提高。2003 年，由龙岩市林科所、福建省林科院和省种苗站联合攻关"耐寒速生桉树选育与产业化应用"(省科技厅重大项目)，从澳大利亚引进邓恩桉 51 个优良家系在我省闽西北地区开展试验研究；同时引进了 10 多个优良无性系，在全省范围内开展区域试验并扩繁应用。漳州市是我省最早引进尾巨桉、巨尾桉、尾叶桉等桉树新品种的地区，也是桉树无性系研究、开发和和应用最发达的设区市之一，共引进了 50 多个无性系，目前，尾巨桉、巨尾桉、尾叶桉、赤桉、巨桉、尾赤桉等优良无性系在生产上得到广泛应用。

图 4-12　福安城郊尾 2004 年造巨桉林

据统计，我省先后从澳大利亚等国及国内其他省区引进了巨桉、巨尾桉、尾叶桉、尾巨桉、柳桉、赤桉、异色桉、邓恩桉、粗皮桉、双肋兰桉、直干兰桉、多枝桉、斑皮桉、斑叶桉、弹丸桉、细叶桉、白桃花心桉、苯沁桉、扫枝桉、卡美昆桉、毛皮桉、托里斯桉、昆士兰桉等桉树约 40 个树种、100 个种源、1 000多个家系和 60 多个无性系。据调查统计，目前全省桉树人工林总面积为 133 726 hm^2，不包含四旁绿化。各地区桉树人工林面积统计见表 4-16(不包含四旁绿化)。南平、三明、龙岩引种的桉类树种中，巨桉、尾赤桉等在较冷的年份都有不同程度的受冻现象。如南平邵武曾种植 1 500 多亩，现仅保留 500 多亩，据了解，几乎每年树梢都受冻死亡。邓恩桉耐寒性较强，南平已经引种到武夷山、蒲城一带，也有部分受冻。各地目前都保留着一些 20 世纪 60—70 年代种植的窿缘桉、大叶桉、柠檬桉、细叶桉大树，主要分布在房前屋后及公园绿化带。

为了了解不同县市桉树的生长状况，对桉树林进行了专项调查。本次桉树调查对象为 2004—2006 年造林的林分。调查数据统计见表 4-17。

表 4-16　福建省各地市桉类树种造林面积统计表

地市	造林面积(hm^2)	主要树种	原经营目标
福州	20 052	巨尾桉、尾巨桉、尾叶桉、巨桉	短周期工业原料林
莆田	12 000	巨尾桉、尾巨桉、尾叶桉、巨桉	短周期工业原料林
泉州	11 853	巨尾桉、尾巨桉、尾叶桉、巨桉	短周期工业原料林
漳州	50 451	巨尾桉、尾巨桉、尾叶桉、巨桉	短周期工业原料林
龙岩	15 340	邓恩桉、巨桉、尾赤桉	短周期工业原料林
宁德	4 999	邓恩桉、巨桉、尾赤桉	短周期工业原料林
三明	16 597	邓恩桉、巨桉、尾赤桉	短周期工业原料林
南平	2 434	邓恩桉	短周期工业原料林
合计	133 726 hm^2		

表 4-17　桉类树种专项调查结果一览表

调查地点	树种	林分年龄(年)	平均胸径(cm)	平均树高(m)	立地类型	施肥(次)	单位面积干生物量(t/hm^2)
长泰马洋溪	尾巨桉	5	15.3	18	Ⅱ	2	61.7
永春东关	尾巨桉 3225	5	15.8	15	Ⅱ	2	60.3
福鼎点头镇山柘	巨桉 A3	1.5	5.1	4.8	Ⅱ	1	18.1
福鼎前岐镇武洋	尾巨桉	2	7.9	7.0	Ⅱ	2	22.2
福安城郊鸭母洋	尾巨桉 201	2	5.1	5.9	Ⅱ	1	20.1
福安城郊霞山	尾巨桉 201	2.5	9.1	8.4	Ⅱ	2	25.5
连江丹阳坂顶	尾巨桉	1.5	4.5	4.0	Ⅰ	1	13.1
武平奥森林场	巨桉	2.5	8.9	7.6	Ⅱ	1	24.5
武夷山兴田	邓恩桉	2.5	8.2	7.4	Ⅱ	1	24.2
洛江洪泗村	尾巨桉	2	7.2	6.5	Ⅱ	1	21.3

*注:干生物量不包含地下部分。

4. 重阳木

福建省目前未见用其造林，但在早期城市绿化中常见，现各地城市园林及房前屋后、乡村道路旁偶见大树。重阳木生长快，生物量大，但虫害较多，故现在新建园林中已少使用，林业上大面积造林宜慎重。

5. 铁刀木

据了解福建省泉州等地曾经引种，作为园林绿化树种，但数量很少。本次调查未发现该树种。铁刀木喜光、不耐荫蔽，喜温，凡有霜冻、寒害的地方均不能生长，在年平均气温21～24 ℃，极端最低气温在 2 ℃以上的热带地区，生长最为适宜；在年平均气温 19.5 ℃的南亚热带，极端最低温在 0 ℃以上的地区尚能生长。易燃、火力强、生长迅速，且萌芽力强，也是良好的薪炭林树种。铁刀木终年常绿、叶茂花美、开花期长、病虫害少，还可用作行道树及防护林树种。因此，在福建南部厦门、漳州、泉州等地区可以开展引种、造林试验。

三、福建省生物质能源树种资源总体评价

经过调查资料分析，总结福建省能源树种资源特点如下：

(1)适宜作为林业生物质能源发展的树种种类多

福建省适宜作为林业生物质能源树种的种类很多，其中已经查明的乡土油料能源树种有乌桕、山苍籽、黄连木、竹柏、山桐子、野漆树、三年桐、千年桐等，引种的油料能源树种有麻风树、蓖麻等，油楠也已在福建开展引种试验；传统的薪炭材树种种类更多，乌冈栎、青冈栎、米槠、闽粤栲、甜槠、栲树等壳斗科树种，松科、含羞草科、豆科树种种类繁多，易燃耐燃，燃烧热值高，火旺，都是优良的木质能源树种。

(2)木质能源资源总量大，部分树种已经成规模化发展

福建省木质能源资源极其丰富，薪炭林、森林抚育间伐、灌木林平茬复壮、林业“三剩”物(采伐剩余物、造材剩余物和加工剩余物)等，都可以作为木质能源原料利用。福建省现有有林地面积 1.15 亿亩，每年的林业生物质增长总量约 0.5 亿 t～0.8 亿 t，其中，可作为能源利用的生物量为 1 000 万 t 以上。按照相应的热当量换算，加工后的 5 t 林木生物质可替代 1.5 t 原油，1.5 t 林木生物质可替代 1 t 标准煤，如 1 000 万 t 全部开发利用，可替代 666.6 万 t 标准煤，替代 300 万 t 原油，能够减少目前我省十分之一的化石能源消耗。相思类、桉类树种生长快，生物量大。6 年生的相思类、桉类树种，平均每公顷年增加木材 18.3～22.9 m^3，增加生物量10 t以上。相思树一直是闽南、闽东以及闽东南传统的薪炭材，其含 N 量高，易燃耐燃，火旺烟少，树木萌芽能力强，伐根可以很快萌出丛枝，迅速生长。目前，福建省相思树、桉树造林面积分别为 34 571.8 hm^2、125 862 hm^2，主要作为短周期工业原料林集约经营，其林业剩余物数量巨大，保守估计每年有 100 万～200 万 t。野生乌冈栎大多生长在岩石裸露、悬崖峭壁、陡峭山坡上，起着重要的生态作用，禁止采伐利用。我省乌冈栎树种分布非常广泛，但由于“白炭”国际上价格昂贵，野生资源过度利用，遭受严重破坏，正逐步减少。这部分的资源虽然分布零星，但资源总量较多，野生分布总面积约 0.8 万 hm^2，如果通过对成片分布的林分进行适当的改造，建立采种母树林，解

决乌冈栎的种子来源不足问题，并利用退耕还林地、荒山荒地造林，可以较快实现乌冈栎的人工栽培规模化。

(3)油料能源树种资源总量不足，但乡土油料能源树种品质优良，发展潜力大

调查结果表明：福建省油料能源树种资源分布比较分散，少有成片大面积种植，资源总量不足，引进的麻树等树种只适合部分地区种植，大范围推广存在一定的风险。

乌桕、三年桐、千年桐在福建各地均有分布，并有悠久的栽培历史和丰富的栽培经验。虽然目前没有大面积成片种植，但因为保留的大树多，种子来源充足，育苗、造林技术成熟，可在短时间内实现规模化造林，发展的潜力巨大。乌桕分布广，种内变异类型多，可通过进一步的良种选育措施，提高其果实含油率和单位面积的果实产量。乌桕是优良的油料能源树种，碳链与生物柴油非常接近。据测算，如果进行集约经营丰产栽培，每亩可产桕籽 2 000 kg，每亩的产油量大于“世界油王”油棕，与油茶、油桐和核桃并称为我国四大木本油料植物，是一种理想的再生性能源树种。选择优质高产的乌桕品种，采用速生丰产的栽培经营模式，产业化前景非常广阔。深秋时，乌桕树叶变红、黄、橙、紫等色，是著名的观赏植物。三年桐、千年桐适应性强，生长快，果实大，产量高，但资源总量呈减少趋势。山苍籽资源丰富，适应性强，耐瘠薄，3～4 年就能开花结实，种子含油率高，强阳性，可以作为宜林荒山荒地营造能源林的首选树种。竹柏种子大，新鲜种子千粒重为 500～1 200 g，种子产量高，干种子含油率 30%～45%，种子油为不干性油，碳链与柴油接近，可直接燃烧，用于生物柴油转化生产成本低；树体较矮，种子易自然脱落，采集方便，成本低。但由于竹柏对生境的特殊要求，野生资源少，且生长慢，结实等待期长，雌雄异株，难以控制结实母树的比例，这些将制约其作为油料能源树种的推广应用。初步试验结果表明，竹柏的扦插苗根系较实生苗发达，径、高生长较实生苗快 70%～80%，且可提前开花结实。用扦插苗、嫁接苗造林可有效解决生长慢、造林不易成活、结实等待期长、雌雄株比例等问题。因此，开展竹柏扦插、嫁接育苗，发展竹柏无性系造林，应成为竹柏能源林发展的主要途径。同时，可以利用竹柏耐荫的特性，进行生态公益林内套种。黄连木是著名的油料能源树种，福建省野生资源少，应加强对现存母树的保护，并开展育苗造林试验，扩大种群数量。黄连木生长较快，结实早，种子含油率高，但自然生长树体高大，增加了人工采摘种子成本。此外，福建省油料树种资源丰富，应进一步加强良种选育和野生树种的驯化栽培技术研究。

(4)引进的能源树种部分地区表现良好，可区域化栽培推广

任豆树适应范围较广，引种栽培结果表明，其在福建大部分地区都能够正常生长，生长量大，既可以增加饲料，又能够提供薪材、原木，可谓一举三得，值得进一步推广。麻风树在华安、南安引种栽培成功，能够适应当地气候条件，无明显病虫害和冻害，部分植株已经进入结实期，可望为麻风树在闽南、闽东以及闽东南等地区低海拔平原、丘陵的大面积栽培提供种子。相思类树种、桉类树种已经成为福建闽东、闽南等地的当家树种，造林面积达到百万亩，为当地经济发展和生态环境建设奠定了基础，可以预见，其面积还将不断扩大。但是，现有林分大部分是纯林，生物多样性指数低，削弱了其森林生态功能。因此，宜加强对其伴生树种的研究，选择适宜的混交树种，探索最佳的混交模式。

重阳木生长快，但虫害较多，成片造林易引起重阳木棉斑蛾为害，常在高温季节发生，一年可发生2代，大面积造林应慎重。

四、福建省能源树种发展前景分析

（一）林业生物质能源是福建发展生物质能源的必由之路

由于形态、存贮、运输等与石油产品相近，我国生物质能源的产品首推燃料乙醇和生物柴油。作为一种性能良好的生物燃料，燃料乙醇有严格的质量标准和比较成熟的生产技术。目前，乙醇汽油的消费量占全国汽油消费量的20%，我国已成为世界上第三大生物燃料乙醇生产国。国家发改委、安徽、山东、河南、河北等已制定出相关产业政策和实施法规，并在财政上给予补贴。2006年12月18日，国家发改委和财政部发出紧急通知，要求"立即暂停核准和备案玉米加工项目，并对在建和拟建项目进行全面清理"。对国内一些地方盲目发展玉米加工乙醇燃料明确表态不予支持。2006年开始，粮食市场价格不断上扬，燃料乙醇的生产成本逐级提高，生产企业利润下降。我国人多地少，农业后备资源不足，在较长的一个时期里，粮食供应将处于平衡偏紧状态。如果进一步发展生产，主要原料玉米等供给空间十分有限，客观上无法支撑粮食乙醇的扩张。生物质能源的发展，必须遵循一个原则，那就是"不与口争粮，不与粮争田"，林业是天然的循环经济，森林具有可再生资源的属性，因此林业在发展生物质能方面具有得天独厚的优势。福建省山地多，耕地少，能源树种资源丰富，有着发展林业生物质能源的巨大资源优势与潜力，因此，林业应该担当起生物质能源发展的重任。据不完全统计，福建省能源林的荒山荒地、火烧迹地、采伐迹地、非规划林业用地等潜在发展用地总面积达到446 325.6 hm^2，在不影响目前农林业生产能力的前提下，能源林的发展仍然还有极大的空间，并将促进社会主义新农村建设和绿色海峡西岸经济区建设。丰富的林地以及四旁沙地等边缘土地资源，可以有计划地发展为林木生物质能源的基地。

林业在生物质能源发展方面具有得天独厚的优势和潜力，林业部门应以当前能源危机为契机，不断寻找林业发展的新形式，拓宽林业发展的新渠道，将林业与国家能源建设和生态建设相结合，实现林业对国民经济发展的更加强有力的支撑。

（二）丰富的树种资源为福建林业生物质能源发展奠定坚实的物质基础

福建省植物种类繁多，高等植物总数达4 703种，其中木本植物1 943种。在中国林科院专家论证的10多种优良油料能源树种中，福建省乡土树种就有乌桕、黄连木、三年桐、千年桐、漆树等5种，此外，竹柏、黄山栾树、山苍籽的种子含油率也在40%左右。乌桕浑身是宝，是中国南方著名的工业油料树种，它的出油率高达40%以上，种子含脂肪油，油内有棕榈酸、月桂酸、肉豆蔻脂酸和珠光脂酸等。乌桕的用途很广，柏蜡是肥皂、胶片、塑料薄膜、蜡纸、护肤脂、防锈涂剂、固体酒精和高级香料的主要原料；皮油还含有约14%的甘油，是制造硝化甘油、环氧树脂、玻璃钢和炸药的重要原料。用种仁榨得的青油（梓油或桕油），可以制造高级喷漆。目前，生物柴油行业因为生产成本高，利润空间很小，乌桕的综合利用，乌桕种子油各种成分的分离、提取，必将极大地提高乌桕种子的经济价值，从而降低生物柴油的生产成本。福建是全国的重点林区，活立木蓄积量达4.967亿m^3，每年产生的大量林业剩余物是热电联产或降解燃料乙醇的取之不竭的原料来源。

(三)经济的高速发展为林业生物质能源提供了广阔的市场前景

我国人均石油资源十分贫乏，仅为世界平均水平的1/10左右，随着国家经济建设的飞速发展，国内石油需求量逐年加大，现已成为世界第二大石油消费国。我国能源形势十分严峻，能源多元化是必然趋势。国家统计局数据显示，2005年中国主要能源的生产总量相当于20.6亿t标准煤，而实际的消费量为22.3亿t标准煤，能源供应有1.7亿t左右标准煤的缺口。随着社会经济的进一步发展和国民生活水平的不断提高，我国石油等能源供应的缺口越来越大。后石化经济时代的显著特征就是石化资源日益枯竭，而化解能源危机的必由之路是向生物质要能源。未来的生物质能源生产，必然来源于生物化工制造，而乙醇汽油、生物柴油都是主导产品。燃料乙醇、生物柴油等生物质能源是清洁的可再生能源，发展生物质能源对经济可持续发展，推进能源替代，减轻环境压力，控制城市大气污染具有重要的战略意义。过去两年间，石油的价格翻了一番。这是后石化经济时代到来的信号。为实现可持续发展，欧洲、日本等国正大力发展电力、太阳能、生物质能等可再生能源，每年增长率在30%以上。

林业生物质能源是国家替代能源发展战略的重要组成部分，具有资源潜力大，不与林业争地、不与口争粮，能够实现产业与生态共赢，可有效增加农民收入，促进新农村建设，减少温室气体排放等诸多优势。“十一五”期间，中国将建设能源林示范基地1 200万亩，进一步推动林业生物质能源发展。生物质能源在未来世纪将成为可持续能源重要部分。未雨绸缪，发展生物质能源具有重要的战略意义和现实意义。福建林业生物质能源丰富，在“三农”、能源和环境三股强劲需求的巨大拉力的作用下，发展能源树种具有广阔的市场前景。发展能源树种，建设能源林基地，逐步建立“林油一体化”、“林电一体化”的发展模式，对加快福建绿色海峡西岸经济区建设、调整林业产业结构、促进林农增收等，都具有非常重要的意义。

(四)政府的高度重视和政策扶持为福建能源林发展提供有利的平台

林业生物质能源因其原料生产不占用耕地，能促进农民增收、加速绿化进程、对环境友好、促进循环经济发展和新农村建设等诸多优点正备受关注。国家发展改革委《能源发展“十一五”规划》中，将生物质基液体燃料、生物质电、生物质成型燃料等作为国家“十一五”期间重点发展的项目。国家林业局从国家能源发展的战略需求出发，根据林业的特点和优势，把发展林业生物质能源作为林业发展的一个新方向摆上了重要议程，并将培育和发展林木生物质能源列入国家林业局“十一五”林业发展规划。福建省发展改革委在《福建省“十一五”资源节约型社会专项规划》中提出，在“十一五”期间，要充分利用丰富的森林资源，深入开展林木生物质能的研究与开发利用，发展生物质能源；积极利用植物油脂开发生产生物柴油，重点建设一批乙醇燃料示范工程、生物柴油示范工程。福建省政府、林业厅都高度重视林业生物质能的发展，在科研经费、项目建设资金等方面予以扶持，支持林业生物质能的研究与发展。富煤、缺油、少气的能源结构使得我国能源环境问题和能源安全问题凸显。加强可再生能源开发利用，是应对日益严重的能源和环境问题的必由之路，也是人类社会实现可持续发展的必由之路。生物质能源是清洁的可再生能源。在生物质能源中，林业生物质能源具有明显的优势和特点。目前，发达国家都在大力发展生物质能源。我国也在积极推动生物质能源发展，国家相关鼓励发展生物质能源政策已陆续出台，最近，财政部、国家发展改革委联合农业部、国家税务总局和国家林业局共同出台了《关于发展生物能源和生物化工财税扶持政策实施意见》，将会进一步推动林业生物质能源发展。

五、福建省林业生物质能源发展面临的主要问题

福建省林业生物质能源转换技术与其他可再生能源一样，在其商业化发展过程中面临着众多的障碍和问题，制约或阻碍着林业生物质能利用技术的发展、推广和应用。主要存在的问题有：

(1)林业生物质能源开发利用程度低。本次调查的树种中，除相思类、桉类等作为短周期工业原料林栽培的树种和栽培时间长的乌桕外，其他树种尚未在福建省范围内开展种源试验和良种选育工作。乡土能源树种，特别是乡土油料能源树种，人工栽培没有形成规模，管理粗放，甚至长期失管，生产潜力没有得到充分的挖掘。大量林间采伐剩余物遗弃在山场上，在炼山时烧成灰烬，白白浪费；木材加工场里的木材加工剩余物也没有得到很好的利用。目前，福建省林业生物质能利用主要还是停留在柴火、木炭上，生物柴油、燃料乙醇、压缩成型等方面几乎还是一片空白。

(2)能源树种资源分散，难以实现集约经营，采集、运输成本高。这问题主要体现在油料能源树种上。目前，福建省乌桕、三年桐、千年桐、山苍籽等乡土油料能源树种，其资源总量有一定规模，但在调查过程中没有发现有较大面积的成片林分，基本上都是零星分布，资源分散，增加了种子采集、收购、运输的成本，也难以实行科学管理、集约经营。

(3)林业生物质能源认知度低，目前尚缺地方专门的能源林发展政策扶持。林业传统的经营目标，就是为了获得木材，所以市场上哪个树种木材生长快、价格高，大家就一窝蜂而上。发展能源林，特别是油料能源林，是一个新鲜事物，林业经营单位和个人必然顾虑重重。因此，要激发社会营造能源林，特别是油料能源林的积极性，政府部门应该尽快制定一个比较完善的鼓励营造能源林的政策，提供一定的资金扶持。同时，还应加大宣传力度，不断提高林业生物质能的社会认知度。

(4)能源树种良种供应不足。目前，福建省尚无油料能源树种良种生产基地。良种是提高林地产能、提高经济效益的最主要的途径，种苗生产是“先行工程”，因此，应加强各树种的良种选育，并实现良种规模化、工厂化生产，以保证即将到来的能源林大规模发展的种苗需求。

(5)发展用地可能成为我省发展生物质能源林的一个瓶颈。福建经济高速发展，各类项目发展都在争地，特别这几年纸浆林发展迅速，占去了相当一部分的荒山荒地，果树、竹

类、香料林树种、珍贵用材树种发展都需要地。因此,发展用地的不足,可能成为制约能源林大规模发展的重要因素。

(6)林业生物质能源加工企业缺乏。经调查,福建省目前为止只有三家企业生产生物柴油,而且所用的原料都不是林业生物质,他们有的使用地沟油,有的使用工业脂肪酸。由于受原料价格的影响,加工企业的利润不断下降。在走访调查时了解到,这些企业迫切希望林业单位能够为其提供价廉的树木种子油。但是,能源林的发展和加工企业的发展互成制约因素,没有加工企业的收购和加工,林农和林业生产部门发展能源林的积极性难以提高,而没有足够的原料供应,加工企业难以得到发展壮大。此外,生物柴油生产企业面临着一个尴尬的现实:他们的产品难以进入当地的石油销售领域,产品销售成了问题。这些都影响了社会资金投资办生物柴油加工厂的积极性。

(7)没有林业生物质能源发展的总体规划,各地发展林业生物质能源的原料生产和加工缺乏政策指引。为了降低生产成本,提供市场竞争力,林业生物质能源发展必须走集约经营,规模化、产业化发展的道路。这就需要有一个纵观全局、统筹安排的总体布局,指导其逐步形成一个"林业生物质生产——林业生物质能源原料供应——林业生物质能生产加工——林业生物质能源销售"的完整的产业链条,并形成良性循环。这个链条中的每个环节缺一不可,没有总体规划、布局,林业生物质能源产业难以健康、有序地发展。

六、福建生物质能源树种发展对策与措施

(一)能源林发展模式

1. 建立能源林示范基地,以点带面,逐步推广

通过政府资金扶持,项目带动,建设能源林示范基地。通过示范基地的示范和辐射作用,带动林农积极参与能源林的发展,做到以点带面,逐步推广。我省国有林场林地总面积 634.99 万亩,有林地 542.3 万亩,并且在森林培育、经营管理等方面具有一定的技术优势,因此,能源林示范基地应主要建设在国有林场,充分发挥国有林场示范基地。根据各地的地理位置、规划的能源林发展面积等因素,确定林业生物质能源加工企业的数量和布局。摆脱以提供低价值初级产品为主流的经营模式,而转向深度挖掘林业经济新的增长点、切实提高林业产品的附加值、提供具有高附加值的林业产品、提升林业在整个国民经济中的影响力上来。也就是要在转变生产力、经济效益增长方式上下工夫。国有林场可以通过吸纳社会上的资金或自筹资金,建立林业生物质能源加工厂,拓宽林场职能,转变林场经济增长模式。

2. 林业、工业、商业联合发展能源林,构建新型的林—工—贸一体化

造纸企业办林场,这样的林业、工业联合的"林纸一体化"的发展模式,在福建省有着比较成功的例子。比如,青山纸业有限公司、南平纸业有限公司旗下都有数十万亩林地资源的营林公司、林场。林业生物质能源的开发、利用,需要形成能激发农民、林业行业、工业各行各业共同发展的生物质能源产业链模式,构成对国民经济发展的重要支撑。生物质能源产业是新兴产业,产业链相对较长,以生产高热值林业生物质和以生产树种种子油

为目标的育种、选种、育苗、造林、抚育管理等多种经营产业，以提高生物质利用率为目标的采伐、加工、利用产业，显然这个很长的产业链要求以多学科的技术突破为依托，以科学的管理和经营模式为手段，提高生物质能的生产、开发和利用效率。目前，原料价格高，供应不足，是制约我省的生物柴油企业发展壮大的主要因素之一。在走访调查过程中，卓越新能源有限公司的总经理表现出对发展油料能源林的极大兴趣。生物质能源加工企业有着对发展能源林的急切需求，但是，缺乏营造林等林业技术是制约其发展能源林的瓶颈。调查中发现，林农对发展能源林，特别是发展油料能源林，存在着产品销售无路方面的顾虑，如果能够打消这种顾虑，则其积极性将被调动起来。因此，可以通过林业部门、林农、加工企业、商品贸易部门的四者联合，以“公司＋林业部门＋农户”的形式，构建新型的林业生物质能源“林—工一体化”产业链。林业部门主要承担其中的树种选择、良种选育、种苗生产及供应、营造林技术指导；林农提供林地和日常管理；加工企业负责收购林农生产的初级产品，加工、销售，并为林农提供一定的前期种苗、营造林费用补贴。林场拥有林地资源和营造林技术，可直接与加工企业联合，共同发展能源林。

(二)能源林发展途径

1. 采伐迹地、火烧迹地发展能源林

在生物柴油等生物质能源加工企业周边，可以规划出一部分采伐迹地、火烧迹地来发展高效能源林。据调查统计，福建省每年有采伐迹地 107 234 hm^2，因为采伐指标的严格控制，每年采伐迹地面积基本上维持在这个数量；现有火烧迹地 60 960 hm^2。高效能源林应相对集中，便于集约经营和科学管理。

2. 结合宜林荒山荒地、退耕还林地绿化发展能源林

根据本次调查的数据统计，福建省现有荒山荒地 293 640.5 hm^2。能源树种山苍籽、乌冈栎、山桐子、黄连木、麻风树、盐肤木、野漆树，以及相思类树种等，都比较耐瘠薄，在立地条件差的地方能够生长。在荒山荒地，可以种植这些树种来改变土壤的质地，把荒山荒地变成绿化地。由于农民大量外出打工、经商，目前农村有部分山地农田、旱地抛荒，这些土地一般位置比较偏远，但地力较好，可用于发展能源林。

3. 结合四旁绿化、城市绿化，美化与能源利用相结合

能源树种，特别是油料能源树种中，大部分具有较高的园林观赏价值。黄连木树冠开阔，叶繁茂而秀丽，入秋变鲜红色或橙红色，秋冬红果悬挂枝头，在部分省份已经广泛应用于园林绿化美化。乌桕树形优美，秋季红叶，是庭园绿化及堤岸造林的优良树种，在福建邵武、光泽等地常见于公路两旁绿化。竹柏树身似柏，叶形似竹叶状，叶片墨绿亮泽，非常油润、厚实，宁静雅致，叶片和树皮能常年散发缕缕丁香味，有分解多种有害废气功能，具有净化空气、抗污染和强烈驱蚊效果。2003 年被江西省花协推荐为今后十年的主打绿化特色苗木品种之一。竹柏树干挺拔，用于造林和绿化，是公园、道路广场、庭园的著名观赏生态林树种。三年桐、千年桐树叶宽大、油润，生长快，树体高大，遮阳效果好，三明、龙岩、南平常用作公路两旁绿化或公园绿化。山桐子鲜艳硕大的果穗宿存于树上长达 1～2 个月，可为闽西、闽北各地区冬季提供亮丽的景观。

在发展能源林的重要性及其经济价值未被林农认识和接受的时候，通过绿化美化环

境发展能源树种，不失为一个发展能源林的同时，逐步转变林农观念的有效途径。

4. 改种能源树种于生态林中，提高生态公益林的利用水平

我省现有有林地中的30.7%划定为生态公益林，共计286.29万hm^2，其中国家级生态公益林87万hm^2。在生态公益林中改种油料能源树种，如较耐荫的竹柏，可实现生态公益林保护与利用相结合。油料能源树种其主要的利用部位是果实，不影响生态林的生态功能的发挥，一次种植，长年受益，既可以提高生态林的生物多样性，提高生态林的生态功能，又可以通过果实采收获得一定的经济效益。发展生态林为能源林，宜小面积逐步改造，逐步形成以能源树种为主的生态群落，不宜一次大面积作业，采用的油料能源树种必须是中性或阴性树种。

5. 营造用材林树种与油料能源树种混交林

针叶用材树种纯林容易造成地力下降，生物多样性减低。能源树种主要是阔叶树种，营造用材树种与油料能源树种混交林，有利于提高林地的生物多样性，提高林分的稳定性，实现林地的可持续利用。福建林学院在中等立地营造池杉、竹柏混交林，8年生的池杉，平均树高6.7 m，平均胸径7.6 cm，表现尚可。但是，这种造林模式可能给传统的林业作业带来很大的不便。同时，混交树种之间的他感作用、混交比例、混交效果等，都有待于进一步的探索和研究。

6. 改造低质残次林为能源林

福建90%的山地属集体所有，由于立地条件差、水土流失严重、管理粗放以及伐大留小拔大毛等原因，部分林分演变成为低质残次性。这部分林子约占集体林总面积的20%，有150多万hm^2(其中部分划为生态公益林)。闽南、闽东地区可通过套种、改种相思类树种、麻风树等进行低质残次林分的改造，并将其培育成为能源林，提高林地效能和林农的经济收入。闽北、闽西可以通过皆伐后人促自然更新、套种等方式，进行林分改造，培育能源林。

7. 以生物质能源树种构建农田防护网

福建省是沿海省份，大部分地区常年遭受台风等危害，农业损失非常严重。营造农田防护林带，可以改善农田小气候和保证农作物丰产、稳产。在林带影响下，其周围一定范围内形成特殊的小气候环境，能降低风速，调节温度，增加大气湿度和土壤湿度，拦截地表径流，调节地下水位。我省农田防护网的建设比较薄弱，应该利用发展能源林的契机，大力发展农田防护林，并将其纳入能源发展规划的内容。以能源树种营建农田防护林带，既可以保证农业丰收，又可以增加林业生物质能源原料的供应，促进乡村绿化美化，增加农民收入，可谓一举多得。

8. 滩涂上营建能源林

福建省海岸线长，沿海荒滩荒地较多，应加以充分利用。分布于美国的海滨锦葵(Kostelezkya virginica)耐盐碱，天然分布在美国东部沿海(特拉华州到得克萨斯州)的含盐沼泽地带，其基质的NaCl含量在50～425 mM(3‰～25‰)之间。为锦葵科海滨锦葵属多年生耐盐经济植物，在南京地区，4月上旬播种，5月中旬植株开始分叉(枝)，6月中旬开花结实，7月中旬至8月中旬为种子成熟期，9月下旬开始叶片枯黄、脱落，紧接着地上部分枯死，而以肉质的粗大地下块根形式越冬，第二年萌发成新的植株；当年落入地下

的种子，在气温水分条件适合的土壤里，也可立即发芽。海滨锦葵集油料、饲料、医药和观赏价值于一身，种子含油率与大豆相当，南京大学引种基本成功，是滩涂绿化、发展能源林的可选择树种，可以由林业科研部门在我省沿海开展引种栽培试验。

9. 低效经济林改造能源林

近年来，由于柑橘等经济林效益低，失管现象比较严重，这部分林地由于土壤肥沃、水肥条件较好，可以用于营建高效丰产能源林，通过精细科学的管理措施，实现增产增收。

(三)能源林发展的保障措施

1. 加大科研力度，提高综合开发水平

(1)加强种苗攻关，为规模化生产提供良种保证

规模化发展面临的瓶颈就是良种供应问题，这是林业生物质能源发展迫切需要解决的。目前，乡土能源树种栽培技术的研究仅停留在小区域试验阶段，大规模推广存在着良种选育、快繁等良种基地建设问题。因此，应积极开展优良乡土能源树种的良种选育，建立良种繁育基地，进行工厂化育苗技术研究，为即将到来的能源林大发展提供充足的品质优良的种苗，提高造林效果，提高林地产能。

(2)加强造林经营模式的研究，实现栽培技术规范化

合理的栽植密度、混交模式、管理措施，是速生丰产的技术保障，能源林的规模化发展需要成熟的营造林技术的支撑。目前，我省尚未有系统化的能源树种造林经营技术研究。因此，应调动林业科研部门、院校的科研力量，加大能源树种营造林技术研究力度，尽快实现能源林栽培技术规范化、标准化。

(3)加强种子油转化生物柴油或木质降解乙醇的生产工艺规范化研究

目前福建省在种子油转化为生物柴油和木质降解乙醇的生产工艺方面的研究还只是刚起步，在技术方面还需要进一步的提高，并逐步规范化。福建林业职业技术学院成立了生物质能源实验室，积极开展林业生物质能源研究。先进的生产工艺可以推动生物质能源树种的发展，能给社会及广大群众带来更多的经济效益。因此，应增加政府的科研资金扶持力度，依托林业院校，重点建设几个省级重点林业生物质能源实验室，加强生产工艺的研发，同时也通过学研结合，培养一批后备的技术力量，进行必要的人才、技术储备。

(4)加大宣传力度，提高认识，明确目标

新的生物质能利用技术与传统的生物质能利用技术相比具有质的区别，因此，必须从战略的高度，以长远的眼光看待生物质能源，切实提高对开发利用生物质能重要性的认识，研究制定明确的林木生物质能开发利用目标和具体要求。同时，应通过电视、报纸、网络等媒体手段，向社会大力宣传发展能源林的重要性和经济效益，提高社会对林业生物质的认知度，夯实能源林规模化发展的群众基础和社会基础。

(5)加强对示范基地建设技术监督，切实做好检查验收工作

林木生物质能利用技术种类很多，技术的成熟程度也不一样。当前，需要结合我国实际，区分不同情况推进。先期就技术相对成熟、开发潜力较大的项目和树种开展试点和示范，由此带动林木生物质能的发展。在能源林培育上，应重点以国有林场为试点，发挥林场的资金优势、技术优势，率先发展能源林，以之辐射影响周边林农。对示范基地的建设

情况，应进行质量控制，把好检查验收关，保证质量，才能起到良好的示范作用。

(6)加大资金扶持和政策支持

政府要加大对林木生物质能资源培育的资金和政策扶持，实施财政贴息和税收减免政策。原料价格(包括采集)对林木生物质能源的经济性起着第一位的作用。要实现林木生物质能源的产业化，关键是降低能源制取成本。因此，政府应加大对林业生物质能源研究的资金投入力度，加大对林农的政策性资金补助，提高林农的积极性。同时，要加大对林业生物质能源加工企业的政策支持和税收方面的优惠，帮助企业理顺销售渠道，帮助企业与科研单位、高等院校产研结合，培植壮大企业经济实力和技术实力，并以其为龙头带动区域能源林大面积种植。加强政策引导，鼓励企业与林农合作、企业与林场合作，以“公司＋农户”、“公司＋林业部门＋农户”，或“公司＋林场”的形式，尽快实现规模化生产。

(7)加强技术培训，为能源林的规模化发展提供技术保障

能源林培育技术不同于用材林、造纸工业原料林的培育。目前，我省能源林培育技术人才匮缺，应以送出去、请进来的方式，通过讲座、短期培训等手段，培养一批精干的年轻的技术队伍，为能源林的规模化发展提供技术保障。

(8)做好能源林发展规划，正确引导林业生物质能发展

各地应科学制定能源林发展规划，根据适地适树、速生高产原则，选择抗性强、速生丰产的能源树种，引进树种必须是栽培技术成熟，不对当地生态安全构成威胁的。油料能源树种选择标准为果实产量高、投产期短、果实含油率高，木质能源树种选择标准为生物量大，生长快，萌芽能力强，燃烧值高；此外，还应考虑规模化生产所面临的种苗问题。因为不同树种的油脂、木材纤维性质有较大差异，在油脂转化生物柴油、木质降解乙醇时采用的配方和工艺有不同要求，所以确定各地发展的树种时，尽量同一树种集中成片，便于规模发展。

第四节　福建省生物质能源树种区划

一、生物质能源树种区划的原则

(1)坚持以经济价值高、适生范围广、栽培技术成熟、推广前景广阔为优先的树种选择原则；

(2)坚持突出重点、集中连片、规模经营原则；

(3)坚持充分利用当地现有树种资源、树种种质资源的原则；

(4)坚持因地制宜、适地适树、定向培育原则；

(5)坚持充分利用荒山荒地，不与粮争地的原则。

二、区划方法

木质能源树种种类繁多，根据资源分布特点可以确定，闽南、闽东、闽中以发展相思类、桉类为主，兼顾发展引进树种，如铁刀木等；闽西、闽北宜重点发展乌冈栎、任豆，以及金合欢、银合欢等树种。福建省木质能源资源丰富，在此不做树种区划。油料能源树种中，黄连木因为福建省资源极少，竹柏有生境局限，因此，仅对福建省资源较多、树种评价较高的乌桕、三年桐、千年桐等三个树种进行区划。

（一）基于改进的投影寻踪技术的区域分级评价

改进的单纯形法投影寻踪技术建模具体步骤参见本章第三节的有关内容。

指标体系的建立：为准确预测、评价福建省各地各油料能源树种的发展潜力，分树种确定了评价的指标体系。

投影寻踪结果分析：将经过标准化处理的样本数据，通过程序运算，获得各地的投影值，根据投影值聚类分析结果和投影值散点图，设定分级区间，进行分级归类。

（二）树种区划

根据树种特性和分级结果，对乌桕的适宜区、一般区、边缘区进行划分。根据区划结果，进行区划图的绘制。

1. 乌桕树种区划

(1)乌桕区域分级评价指标体系

将福建省各县（市、区）乌桕经济性状（乌桕单位面积种子产量、种子含油率、千粒重）的平均表现和各地的人均森林面积、年降水量、≥10℃的活动积温等6个因子作为乌桕区域分级的指标，构建评价的指标体系。各地评价指标体系数据见表4-18。

表4-18　区域分级评价指标体系样本原始数据

县（市、区）	单位面积种子产量/kg·m^{-2}	种子含油率/%	千粒重/g	人均占有林地面积/hm^2	年均降水量/mm	≥10℃活动积温/℃
南平市辖区	5.75	42.97	222.71	0.391 1	1 763.9	6 156
顺昌	6.34	42.48	216.03	0.633 8	1 721	5 884.4
建阳	7.68	44.91	232.86	0.732 5	1 742	5 770.4
建瓯	7.22	43.66	234.03	0.657 9	1 663	5 963.6
浦城	8.6	46.64	250.63	0.596 1	1 780.2	5 510.5
邵武	5.3	41.06	182.74	0.711 9	1 802	5 619.9
武夷山	7.3	44.19	232.74	0.912 4	1 906	5 707.3
光泽	5	41.71	168.6	1.017 9	1 870	5 565
松溪	4.53	45.12	207.24	0.487	1 750	5 769

续表

县(市、区)	单位面积种子产量/kg·m^{-2}	种子含油率/%	千粒重/g	人均占有林地面积/hm^2	年均降水量/mm	≥10℃活动积温/℃
政和	3.04	44.38	183.53	0.598 1	1 700	5 961.3
三明市辖区	5.05	39.62	222.36	0.351 5	1 620	6 215.4
明溪	4.03	42.29	204.33	1.189 8	1 744	5 704.7
永安	2.14	42.72	183.46	0.780 8	1 587	6 052.5
清流	4.71	43.04	197.93	1.024 9	1 771	5 651.7
宁化	3.18	42.43	187.55	0.508 8	1 750	5 524.7
大田	4.27	42.22	213.24	0.386 8	1 633	5 962.9
尤溪	4.73	42.08	220.12	0.601 2	1 650	6 012
沙县	4.87	42.04	208.26	0.587 7	1 661.9	6 135
将乐	3.21	40.78	232.13	1.125 7	1 700	5 953.8
泰宁	4.25	40.87	213.07	0.915	1 775	5 404
建宁	3.14	43.52	205.12	0.893 9	2 152	5 517.6
龙岩市辖区	2.03	42.78	188.52	0.451 5	1 700	6 561.9
长汀	2.12	42.55	192.04	0.528 7	1 685.6	5 857.4
永定	2.08	44.5	196.1	0.351 1	1 632	6 539.3
上杭	5.04	43.15	170.08	0.449 4	1 625	6 512.4
武平	1.02	42.12	172.77	0.562 5	1 625	6 562.9
漳平	1.33	43.7	176.58	0.848 7	1 581	6 703.9
连城	4.43	38.27	178.57	0.612 7	1 647	6 005.1
宁德市辖区	3.06	42.57	170.22	0.224 9	1 650	6 110.6
福鼎	1.63	44.53	173.53	0.178	1 661	5 846.5
霞浦	1.42	40.22	160.13	0.171 2	1 465	5 932.5
福安	1.38	44.27	173.08	0.193 7	1 567	6 218.5
古田	1.76	43.05	184.13	0.341 1	1 634	5 862.8
屏南	3.68	41.43	164.3	0.597 1	1 796	4 593.3
寿宁	3.62	43.38	168.47	0.411 9	1 734	4 476.7
周宁	3.44	43.22	162.46	0.401 5	1 693	4 399.9
柘荣	2.88	41.43	165.22	0.341	1 812	4 691.3
泉州市辖区	0	0	0	0.068 2	1 215	7 100.2
惠安	1.4	38.7	163.24	0.015 1	1 022	6 786.9
晋江(含石狮)	0	0	0	0.010 7	1 032	6 971.6

续表

县(市、区)	单位面积种子产量/kg·m⁻²	种子含油率/%	千粒重/g	人均占有林地面积/hm²	年均降水量/mm	≥10℃活动积温/℃
南安	0	0	0	0.070 6	1 451	7 230.1
安溪	1.22	38.42	150.45	0.192 7	1 516	7 363.8
永春	1.17	38.06	150.28	0.183 7	1 586	6 951.9
德化	2.03	39.22	160.32	0.557 7	1 533	5 710.2
漳州市辖区	0	0	0	0.033 1	1 560	7 494.4
龙海	0	0	0	0.089 5	1 450	7 367.2
云霄	1.47	39.46	152.5	0.146 8	1 542	7 540.2
漳浦	1.06	40.02	150.19	0.136 7	1 533	7 423.5
诏安	0	0	0	0.140 6	1 513	7 668.1
长泰	0	0	0	0.311	1 466	7 448.9
东山	0	0	0	0.036 3	1 032	7 522.4
南靖	0.83	38.29	150.24	0.416 4	1 705	7 524.4
平和	0	0	0	0.302 6	1 716	7 528.2
华安	1.17	38.06	153.12	0.556 1	1 405	7 273.2
莆田市辖区	1.08	38.12	150.41	0.013 1	1 300	6 864
仙游	1.24	38.47	150.84	0.122 7	1 338	6 749.9
厦门市辖区	1.4	38.03	148.75	0.053 4	1 100	7 344.8
福州市辖区	1.08	40.12	150.17	0.036 3	1 342.5	6 457
闽侯	1.13	39.02	152.25	0.193 7	1 480	6 413.8
闽清	2.48	40.74	176.4	0.326 7	1 542	6 435.4
永泰	2.32	40.16	162.28	0.462 6	1 700	6 303.6
长乐	0.92	38.07	150.49	0.029	1 328.3	6 336.9
福清	1.17	38.47	150.86	0.052 2	1 525	6 532.4
平潭	0	0	0	0.026 7	1 161.4	6 533.6
连江	1.36	38.4	157.23	0.100 4	1 645	6 134.1
罗源	1.09	38.12	158.05	0.233 5	1 650	6 104.2

(2)改进的投影寻踪结果分析

将表4-18数据规格化后，采用改进的投影寻踪软件处理，计算获得的各地的投影值及性状投影方向数值见表4-19。

从表4-19投影寻踪结果可以看出，各地的投影值相差较大，变动范围为0.005 5～1.770 7，浦城最高，投影值达到1.770 7，建阳次之，达到1.562 1，武夷山再次之，为1.555 2。从地区看，南平市各县(市、区)的整体平均值达＞三明市＞龙岩＞宁德＞福州

>漳州>泉州>莆田>厦门。从投影值散点图(图4-13)中可以看出,散点主要集中在3个区域,即[0,0.4]、[0.4,1.1]、[1.1,1.8]三个区间内,因此,可以根据三个区间,将66个县(市、区)划分为3个等级(水平)。将各地投影值进行动态聚类分析,结果见表4-20。投影值散点图分级与聚类分析的结果相一致。

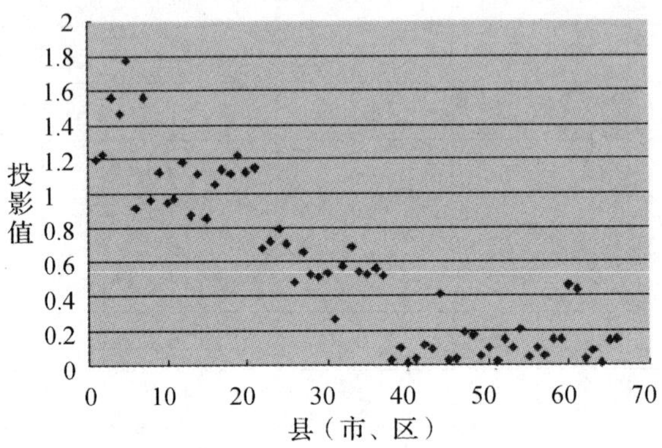

图 4-13 投影值散点图

表 4-19 投影寻踪评价结果

县(市、区)	投影值	县(市、区)	投影值	县(市、区)	投影值	县(市、区)	投影值
南平市辖区	1.191 2	沙县	1.110 9	寿宁	0.526 0	南靖	0.149 7
顺昌	1.223 8	将乐	1.218 8	周宁	0.555 6	平和	0.096 7
建阳	1.562 1	泰宁	1.114 5	柘荣	0.516 7	华安	0.205 8
建瓯	1.458 7	建宁	1.141 7	泉州市辖区	0.025	莆田市辖区	0.038 1
浦城	1.770 7	龙岩市辖区	0.681 1	惠安	0.097 8	仙游	0.098 1
邵武	0.913	长汀	0.716 7	晋江(含石狮)	0.005 5	厦门市辖区	0.051 4
武夷山	1.555 2	永定	0.790 2	南安	0.030 9	福州市辖区	0.146 1
光泽	0.965 2	上杭	0.699 4	安溪	0.116	闽侯	0.150 6
松溪	1.118 8	武平	0.474 2	永春	0.090 9	闽清	0.453 1
政和	0.948 6	漳平	0.655 8	德化	0.410 7	永泰	0.433 7
三明市辖区	0.974 8	连城	0.520 7	漳州市辖区	0.022 8	长乐	0.031 2
明溪	1.179	宁德市辖区	0.503 8	龙海	0.035 4	福清	0.078 2
永安	0.877 3	福鼎	0.532 6	云霄	0.186 6	平潭	0.011 2
清流	1.106 3	霞浦	0.272 4	漳浦	0.174	连江	0.136 6
宁化	0.855 4	福安	0.568 8	诏安	0.051 4	罗源	0.148 6
大田	1.046 4	古田	0.681 8	长泰	0.096 1		
尤溪	1.131 2	屏南	0.541 8	东山	0.013 6		

表 4-20　聚类分析与等级划分

县(市、区)	等级	县(市、区)	等级	县(市、区)	等级	县(市、区)	等级
浦城	Ⅰ	政和	Ⅱ	寿宁	Ⅱ	平和	Ⅲ
建阳	Ⅰ	邵武	Ⅱ	柘荣	Ⅱ	长泰	Ⅲ
武夷山	Ⅰ	永安	Ⅱ	闽清	Ⅱ	永春	Ⅲ
建瓯	Ⅰ	宁化	Ⅱ	永泰	Ⅱ	福清	Ⅲ
顺昌	Ⅰ	永定	Ⅱ	德化	Ⅱ	诏安	Ⅲ
将乐	Ⅰ	长汀	Ⅱ	霞浦	Ⅲ	厦门市辖区	Ⅲ
南平市辖区	Ⅰ	上杭	Ⅱ	华安	Ⅲ	莆田市辖区	Ⅲ
明溪	Ⅰ	古田	Ⅱ	云霄	Ⅲ	龙海	Ⅲ
建宁	Ⅰ	龙岩市辖区	Ⅱ	漳浦	Ⅲ	长乐	Ⅲ
尤溪	Ⅰ	漳平	Ⅱ	闽侯	Ⅲ	南安	Ⅲ
泰宁	Ⅰ	福安	Ⅱ	南靖	Ⅲ	泉州市辖区	Ⅲ
沙县	Ⅰ	周宁	Ⅱ	罗源	Ⅲ	漳州市辖区	Ⅲ
松溪	Ⅰ	屏南	Ⅱ	福州市辖区	Ⅲ	东山	Ⅲ
大田	Ⅱ	福鼎	Ⅱ	连江	Ⅲ	平潭	Ⅲ
三明市辖区	Ⅱ	连城	Ⅱ	安溪	Ⅲ	晋江(含石狮)	Ⅲ
光泽	Ⅱ	宁德市辖区	Ⅱ	仙游	Ⅲ		
清流	Ⅱ	武平	Ⅱ	惠安	Ⅲ		

(3)乌桕树种区划

根据改进的投影寻踪技术所获得的投影值进行分级,可以将全省 66 个县(市、区)划分为 3 个等级,Ⅰ级投影值最高,Ⅱ级次之,Ⅲ级最低。所选择的评价指标内包含了各地乌桕资源表现、各地影响乌桕生长的主要气候因子以及林地资源,其综合表现,可以体现当地乌桕油料能源林发展前景。因此,分级的结果,可以作为乌桕树种区划的依据。

根据聚类分析结果,将全省区划为中心区、适宜区、边缘区。绘制福建省乌桕树种区划图,以不同颜色区分所划分的 3 个区域。福建省乌桕树种区划图见附图 4-1。

2. 三年桐、千年桐树种区划

(1)区域分级评价指标体系

三年桐是亚热带偏温性植物,千年桐是亚热带偏热性植物。南亚热带气候区是喜热性而不耐寒的千年桐适生境地,中亚热带气候区适合于三年桐的生长发育,因而构成了油桐不同种在省内的自然分布区,即闽东沿海为千年桐集中分布区域,闽西北为三年桐的集中分布区域。将福建省各县(市、区)三年桐、千年桐经济性状(单位面积种子产量、种子含油率、千粒重)的平均表现,各地的人均森林面积,年均温,≥10 ℃的活动积温,极端最低温度等 5 个因子作为三年桐、千年桐区域分级的指标,构建评价指标体系。

(2)分级与区划

将调查、收集的样本数据进行标准化处理。因为三年桐是亚热带偏温性植物,高温不利于其生长，因此，年均温、≥10 ℃的活动积温、极端最低温度的数据标准化处理公式为 $y_{ij}=(x_{ij}-x_{j\max})/(x_{j\text{nax}}-x_{j\min})$，单位面积种子产量、种子含油率、千粒重仍然采用 $y_{ij}=(x_{ij}-x_{j\min})/(x_{j\max}-x_{j\min})$ 公式进行标准化处理。千年桐数据标准化处理采用 $y_{ij}=(x_{ij}-x_{j\min})$。其他投影寻踪计算过程参见乌桕树种区划部分的内容。对标准化后的数据应用改进的投影寻踪技术处理，计算各地的投影值，并将投影值根据散点图和聚类分析结果分级。分级结果见表 4-21 和表 4-22。根据分级结果，进行三年桐、千年桐的区划，划分出中心区、适宜区、边缘区。区划图见附图 4-2、附图 4-3。

表 4-21　三年桐聚类分析与等级划分

等级	县(市、区)
Ⅰ(>1.2)	宁化(1.658 4)，清流(1.626 9)，泰宁(1.614 9)，将乐(1.587 6)，明溪(1.579)，南平市辖区(1.483 2)，武夷山(1.335 8)，光泽(1.474 5)，三明市辖区(1.470 8)，大田(1.446 4)，邵武(1.432 4)，浦城(1.420 7)，建瓯(1.408 7)，顺昌(1.403 7)，松溪(1.384 9)，建阳(1.374)，建宁(1.344 6)，沙县(1.316 8)，长汀(1.298 6)，永安(1.284 7)，尤溪(1.235)
Ⅱ(0.5－1.2)	上杭(1.189 7)，古田(1.102 8)，连城(1.082 6)，政和(0.905 1)，永定(0.945 3)，寿宁(0.825 3)，漳平(0.662 0)，龙岩市辖区(0.586 7)，武平(0.534 4)，闽清(0.513 1)，德化(0.507 7)，永春(0.501 9)永泰(0.500 3)
Ⅲ(0.2－0.5)	周宁(0.455 6)，宁德市辖区(0.401 8)，霞浦(0.370 0)，屏南(0.335 9)，福鼎(0.259 2)
Ⅳ(<0.2)	安溪(0.116 0)，福州市辖区(0.101 3)，柘荣(0.096 7)，长泰(0.096 1)，闽侯(0.081 2)，福清(0.078 2)，惠安(0.074 4)，云霄(0.071 2)，仙游(0.057 5)，南靖(0.048 7)，漳浦(0.041 0)，平和(0.036 2)，连江(0.036 2)，莆田市辖区(0.032 2)长乐(0.031 2)，南安(0.030 9)，龙海(0.030 2)罗源(0.028 1)泉州市辖区(0.025)，漳州市辖区(0.022 8)，诏安(0.021 4)，华安(0.005 8)，晋江(含石狮)(0.003 1)平潭(0.001 8)，福安(0.001 7)，厦门市辖区(0.003 4)，东山(0.001 8)

表 4-22　千年桐聚类分析与等级划分

等级	县(市、区)
Ⅰ(>1.1)	龙海(1.464 3)，德化(1.445 7)，福清(1.401 2)，漳浦(1.400 3)，泉州市辖区(1.398 4)，漳州市辖区(1.393 0)，长泰(1.389 2)，云霄(1.343 8)，安溪(1.340 3)，晋江(含石狮)(1.307 7)闽清(1.294 8)，诏安(1.294 2)，南靖(1.283 7)，永春(1.224 0)，仙游(1.223 8)，闽侯(1.222 6)，平和(1.203 3)，连江(1.189 4)，福安(1.170 5)，惠安(1.168 3)，南安(1.168 0)，柘荣(1.163 5)，莆田市辖区(1.134 5)，长乐(1.132 8)，罗源(1.115 8)华安(1.112 2)，福州市辖区(1.108 3)，厦门市辖区(1.106 6)，东山(1.102 6)，平潭(1.100 9)
Ⅱ(0.6－1.1)	福鼎(0.934 5)，霞浦(0.931 8)，屏南(0.930 2)，周宁(0.914 2)，宁德市辖区(0.801 8)永泰(0.863 5)，龙岩市辖区(0.845 7)，上杭(0.819 7)，古田(0.802 5)，连城(0.763 0)，政和(0.728 4)，永定(0.725 3)，寿宁(0.704 4)，漳平(0.678 1)，尤溪(1.104)
Ⅲ(0.2－0.6)	宁化(0.483 4)，永安(0.441 8)，清流(0.432 5)，将乐(0.344 0)，三明市辖区(0.331 1)，大田(0.320 5)，南平市辖区(0.291 7)，明溪(0.285 5)，建瓯(0.284 1)，顺昌(0.256 3)，泰宁(0.255 8)建阳(0.231 8)，沙县(0.230 4)，长汀(0.228 2)，武平(0.204 1)
Ⅳ(<0.2)	建宁(0.034 1)，邵武(0.030 5)，武夷山(0.015 7)，浦城(0.011 8)，松溪(0.005 4)，光泽(0.004 7)

福建省乌桕树种发展区划图（1：2 000 000）
浙
江
省
江
西
省
广
东
省
东
海
台
湾
海
峡
浦城县
武夷山市
松溪县
光泽县
政和县
寿宁县
福鼎市
柘荣
建阳市
邵武市
周宁
福安市
霞浦县
建瓯市
屏南县
宁德市
泰宁县
顺昌县
建宁县
将乐县
南平市
古田县
罗源县
沙县
连江县
明溪县
闽侯县
福州市
宁化县
三明市
尤溪县
闽清县
长乐市
清流县
永安市
永泰县
福清市
大田县
德化县
平潭县
长汀县
连城县
莆田市
永春县
仙游县
漳平市
武平
南安市
惠安县
安溪县
龙岩市
上杭县
泉州
华安
晋江市
长泰
石狮市
厦门市
永定县
南靖县
漳州市
龙海县
平和县
漳浦县
云霄县
诏安县
东山县
图例
中心区
适宜区
边缘区

附图 4-1

福建省三年桐树种发展区划图（1：2 000 000）
浙
江
省
江
西
省
广
东
省
东
海
台
湾
海
峡
浦城县
武夷山市
松溪县
光泽县
建阳市
政和县
寿宁县
福鼎市
柘荣
福安市
周宁
霞浦县
邵武市
建瓯市
屏南县
宁德市
泰宁县
顺昌县
建宁县
将乐县
南平市
古田县
罗源县
连江县
沙县
闽侯县
明溪县
福州市
三明市
龙溪县
闽清县
长乐市
清流县
永安市
永泰县
福清市
大田县
德化县
平潭县
长汀县
连城县
永春县
仙游县
莆田市
漳平市
南安市
惠安县
武平
上杭县
龙岩市
安溪县
泉州
华安
晋江市
长泰
石狮市
永定县
厦门市
南靖县
漳州市
龙海县
平和县
漳浦县
云霄县
诏安县
东山县
图 例
中心区
适宜区
边缘区

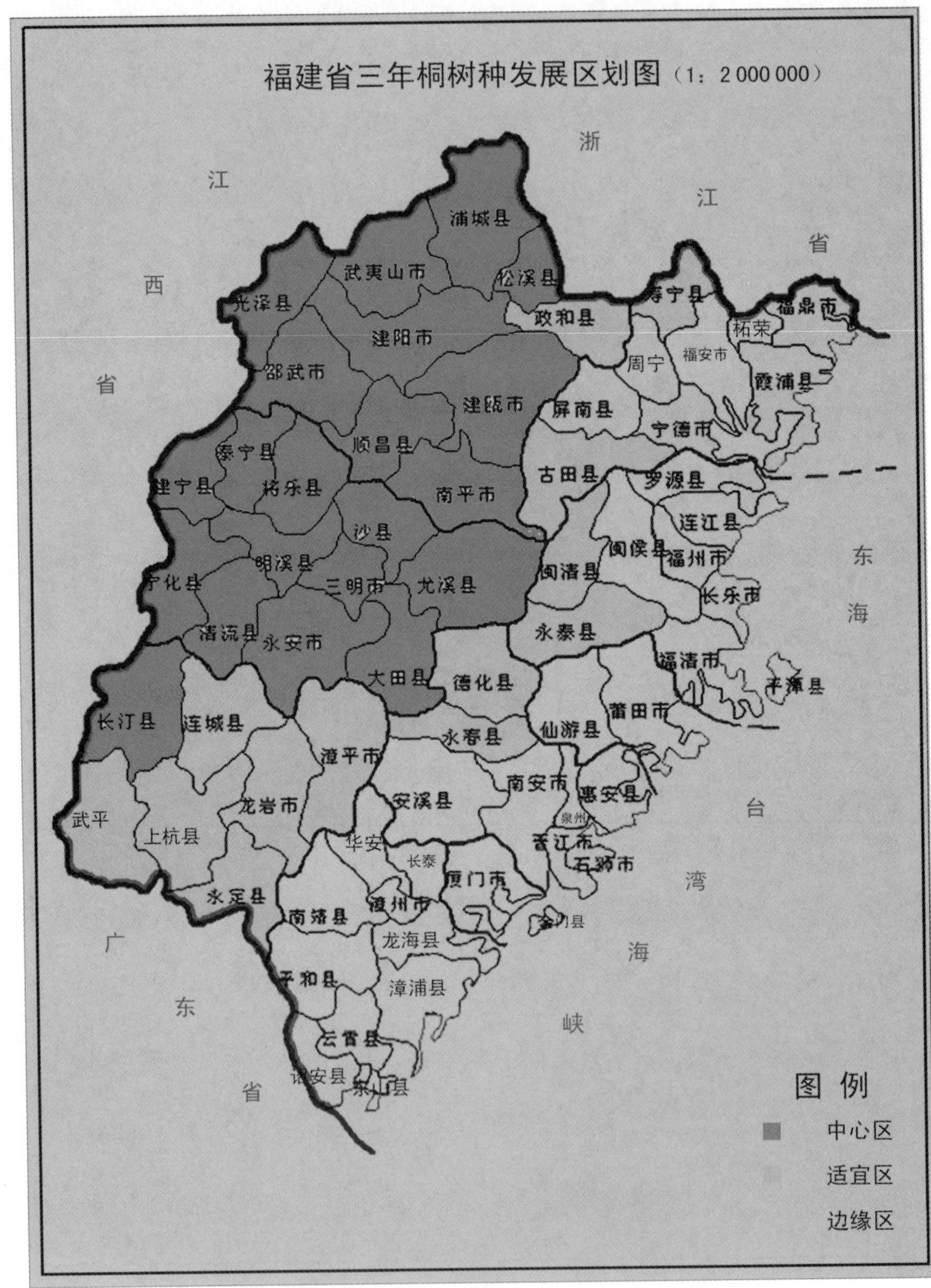

附图 4-2

福建省千年桐树种发展区划图（1：2 000 000）
浙
江
省
江
西
省
广
东
省
东
海
台
湾
海
峡
浦城县
武夷山市
松溪县
光泽县
政和县
寿宁县
福鼎市
柘荣
建阳市
邵武市
福安市
周宁
霞浦县
建瓯市
屏南县
宁德市
泰宁县
顺昌县
建宁县
将乐县
古田县
南平市
罗源县
沙县
连江县
明溪县
闽侯县
宁化县
三明市
尤溪县
闽清县
福州市
长乐市
清流县
永安市
永泰县
大田县
德化县
福清市
平潭县
长汀县
连城县
永春县
仙游县
莆田市
漳平市
南安市
惠安县
武平
龙岩市
安溪县
上杭县
泉州
华安
长泰
晋江市
石狮市
永定县
南靖县
漳州市
厦门市
金门县
龙海县
平和县
漳浦县
云霄县
诏安县
东山县
图例
适宜区
一般区
边缘区

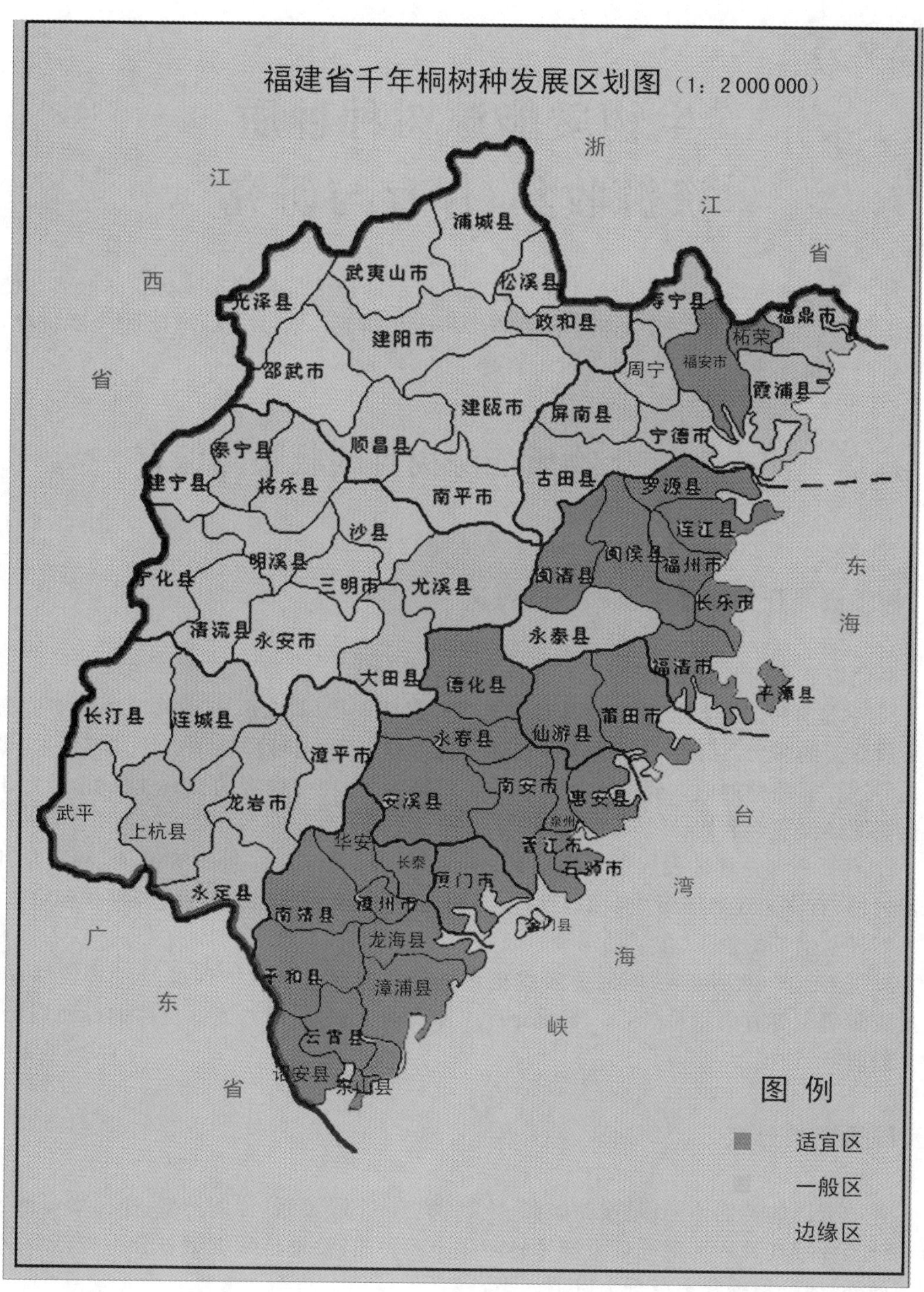

附图 4-3

第五章

生物质能源树种种质资源收集、保存与研究

种质资源是生物质能源树种材料中能将其特定的遗传信息传递给后代并能表达的遗传物质总称。它是育种工作中所要利用的那些原始材料。收集、保存、研究种质资源，对生物质能源树种的开发利用，具有重大意义。

第一节　生物质能源树种的收集与保存

一、种质资源在生物质能发展中的意义

种质资源又叫基因资源，对育种工作有着极为重要的意义。

1. 它是育种工作的物质基础。确定的育种目标要得以实现，首先就取决于掌握有关的种质资源的多少。育种工作者掌握的种质资源越丰富，对种质资源的研究越深入，则利用它们选育新品种的成效就越大。大量的事实证明，育种工作者的突破性成就，决定于关键性资源的发现和利用。

2. 种质资源是不断发展新能源树种的主要来源。目前，这些能源树种，特别是油料能源树种，有许多还处于野生状态，尚待人们对其进行调查、收集、保存、研究和利用，以满足人们日益增长的物质、生活的需要。

3. 适应生产的不断发展，需要发掘更多的种质资源。能源树种虽然发展较早，但在种质资源研究等方面相对滞后。要使育种工作有所突破，就需要发掘更多的种质资源，来供人们研究、利用。

二、种质资源分类

种质资源的类别，一般是按其来源、生态、类型、亲缘关系、种质类型、遗传学类型等进行划分。如按其种质类型可分为群体种质和个体种质；按遗传学类型可分为纯合型、杂合型。此外，还可根据其来源分为以下四类：

1. 本地种质资源

本地种质资源是指在当地的自然和栽培条件下，经长期的栽培与选育而得到的植物品种和类型。它是选育新品种时最主要、最基本的原始材料。具有取材方便，对当地自

然、栽培条件有高度适应性和抗逆性等方面的优点,也具有遗传性较保守,对不同环境适应范围窄的缺点。

2. 外地种质资源

外地种质资源是指由国内不同气候区域或由国外引进的植物品种和类型。它们反映了各自原产地区的生态和栽培特点,具有多种多样的生物学、经济学上遗传性状,其中有些是本地种质资源所欠缺的,特别是来自起源中心的材料,集中反映了遗传的多样性,是改良本地品种的重要材料。在育种上有时还特意选用产地距离远的品种或类型为杂交亲本,以创造遗传基础丰富的新类型。也可直接对外地种质资源进行引种、驯化。但是外地种质资源对本地区的自然和栽培条件的适应能力较差。

3. 野生种质资源

野生种质资源是指未经人们栽培的自然界野生的树种。它是长期自然选择的结果,具有高度的适应性和抗逆性。除少数种类具有较高的生产能力和较高的经济价值,只需经过引种、驯化就可直接应用于林业生产外,多数种类的经济性状较差。但是野生种质资源是培育抗性新品种的优良亲本。

4. 人工创造的种质人工创造的种质资源

人工创造的种质资源是指人工应用杂交、诱变等方法所创造的育种原始材料。它包括各种育种方法和育种过程中所得到的育种材料。具有比自然资源更新更为丰富的遗传性状。这些性状是自然资源中所缺乏的,可作为进一步育种的理想的原始材料。

目前,油料能源树种中,除麻风树、乌桕、三年桐、千年桐等少数树种有少量的经过人类选育获得的优良种质材料,其余的大部分树种,如山苍子、山桐子、石栗、野漆树、盐肤木、油楠等,还属于野生种质资源。从野生种质资源中选择优良的变异类型,繁殖推广应用于生产,可以在一定程度上提高能源林的经济效益,同时,其也可作为育种原始材料,通过常规和非常规的育种手段,进一步进行遗传改良,创造新品种。

三、种质资源的收集

1. 种质资源收集范围及原则

收集种质资源时,应掌握以下几项原则:

(1)必须根据收集的目的和要求、单位的具体条件和任务,确定收集的对象,包括类别和数量。收集时必须在普查的基础上,有计划、有步骤、分期分批地进行,收集材料应根据需要,有针对性进行。

(2)收集范围应该由近及远,根据需要先后进行,首先应考虑古树名木的收集,其次收集有关的变种、类型和遗传变异的个体,尽可能保存物种的遗传多样性。

(3)种苗收集应遵照种苗调拨制度的规定,注意检疫,并做好登记、核对,尽量避免材料的重复和遗漏。

(4)收集工作应细致周到,清楚无误,做好登记、核对,尽量避免材料的重复或遗漏,对新的类型应不断予以补充。

2. 种质资源的收集方法

有目标地汇集种质资源，也是资源研究工作内容之一。为了使收集的资源材料能够更好地研究和利用，在收集时必须了解其起源，原产地的自然条件、当地的栽培技术措施，适应性和抗逆性以及经济性状表现。所有这些，都是以后探讨其自然分布特点，种源对比试验结果分析以及栽培技术制定的重要依据。主要记载项目有：编号、种类、品种、收集地点、原产地、收集地点的自然条件、海拔高度、维度、经度、温度（年、月的平均温度，最高、最低温度）、雨量、雨型、无霜期（初霜期、终霜期）土壤类型、地形地貌、生物学特性、经济性状表现、主要优缺点等。收集工作应有专人负责，做好从验收、保存、繁殖到定植的一系列工作，防止材料的差错或散失。收集可以通过普查、专类收集、国内征集、国际交换等途径进行。收集到的资料材料应列表登记。包括编号，收集地点，在原产地的经济性状、适应性评价，研究利用的要求，苗木繁殖年月，收集人姓名，收集日期等。收集后的种质资源要置于适当条件下保存。

四、种质资源的保存

种质资源的保存十分重要。种质资源是开发利用和创造新品种的物质基础，但由于经济建设和农林业生产的非合理性开发等，对许多种质资料，特别是野生种质资源破坏严重，应引起高度重视。只有做好种质资源保存工作，才能为育种准备原始材料，为生产提供优良品种。

收集到的种质资源，经整理归类后，必须妥善保存，以备今后育种和各种研究所用。种质资源的保存应包括：①对育种具有特殊价值的种、变种和栽培品种。②生产上重要的品种以及一些突变形成单系的特殊芽变类型。③可能有潜在利用价值而未经研究了解的野生种。

种质资源保存，根据需要按品种名称、原产地不同的特性制作卡片，以便查阅。种质资源的保存方式有就地保存、易地保存、组织培养保存、种子保存、超低温保存。种质资源集中保存的场所，称为基因库或种质资源库、种质资源收集区。基因库管建技术参见本章第二节内容。

五、种质资源的研究利用

只有占有比较全面的专属种质资源，并对其进行细胞学、遗传学、生物学等方面的系数研究，才能在较大的群体中根据育种目标选择最佳组合，培育新品种。

（一）种质资源研究应注意的问题

种质资源合理利用、充分利用的关键，是必须对种质资源进行深入的研究。需要研究的性状，首先是育种目标所涉及的性状，如木质能源树种的生物量增长速度、萌芽能力、耐瘠薄能力，油料能源树种的树体油脂含量或者果实、种子的油脂含量和产量，树体、种子内的淀粉含量等主要经济性状，以及与这些性状具有密切相关的其他性状，如千粒重、座果率、油脂成分等。为了对种质资源进行识别与分类，有时也需要调查研究一些没有多大经济意义的形态特征。在种质资源研究的过程中，应注意以下几个方面的问题：

1. 注意取样的代表性

研究时，我们不可能把某个树种的某些个体的全部器官都拿来研究鉴定，只能采用抽样的办法，抽取样本。样本抽样涉及两个方面，其一，是研究的个体的抽样，即从某个群体中确定取样的具体个体；其二，是研究的器官的抽样，即从所确定的取样个体上抽取研究的样本。取样时必须注意样本的代表性，即取样个体应能代表当地种质资源的平均水平，具有当地资源典型的性状表现；取样样本应能代表取样个体的该器官的性状表现的平均水平。不同地点取样的方法、要求必须一致。取样数量和方法原则上应能在避免取样误差的前提下选取较少的样品。

2. 尽量减少环境误差

供研究鉴定的试验材料，应处于尽可能一致的环境条件下，这样才有可比性。所以，试材的群体不能太少，试验区应设置重复，并采取合理的试验设计，减少试验误差，同时能够进行统计分析、比较。

3. 调查记载科学化、规范化

对种质资源的每一性状的差异，都要用精确的、有特定概念和标准尺度的规范术语来表示，或者用数字表示。

4. 采用精确可靠的实验手段

尽可能采用精确可靠的实验手段和研究方法。如用化学方法测定油脂含量，用分光光度计、色谱仪、质谱仪等测定油脂成分，用染色体显带法、同工酶分析法、核型分析法、分子标记等技术研究种质资源分类与亲缘关系等。

5. 注意研究性状间、亲子间的相关性

要尽可能研究了解性状之间的相关性，如构成性状与综合性状之间、构成性状之间的相关系数等；了解亲子之间的遗传相关，为进一步的良种选育遗传改良以及良种繁育方法的选择提供理论依据。

6. 注意研究性状的遗传方式和特点

要尽可能研究探讨主要经济性状的遗传规律特点，如性状的单基因与多基因控制、相对性状之间的显隐性关系、分离情况、性状的遗传参数等，为遗传改良奠定基础。

7. 及时做好种质资源调查资料的整理、建档工作

收集、整理各种质资源材料的有关资料、试验数据、统计分析资料、图片资料，建立完整的种质资源档案。

(二)种质资源研究所涉及的主要内容

种质资源的研究，是种质资源利用的前提和基础。种质资源的研究，主要涉及以下几个方面内容：

1. 植物学特性的研究

在种质资源研究中，首先应进行植物学特性的研究。生物学特性研究记载的主要目的在于鉴别种质类型。应根据不同树种特性、育种目标和育种资源类别拟定观察记载项目，并确定一个科学的记载方法，以便比较分析。

(1)观察记载项目

对于种质材料的生物学性状的观察记载项目，应着重于经济上和分类鉴别上有用的性状。例如，油料能源树种的花期、花序、果实成熟期、果序、果实形态和大小、种子形态、种粒大小等，应重点观测记载。不同种质材料之间具有共性的性状，一般不列入记载项目，环境效应较小的质量性状，种源间变异显著大于种源内变异的性状，便于观察记载的性状，作为主记载项目，反之，作为附记载项目。

(2)观察记载方法

为使观察记载材料能够相互对比和综合分析，应该采用科学、规范的记载方法。常用的记载方法有以下几种：

①度量法　也叫做客观指标法，即通过测定，记录实测的数据。如种粒大小采用千粒重测定数据，果序大小用单序果数的实测数据记载。

②比值法　记载两个性状度量值的比值。如冠径比(冠幅/胸径)、径高比(胸径/树高)

③归类法　对于无法用具体数据衡量的性状，可采用归类法。归类法可分为质差归类法、级差归类法、状态归类法、典型归类法、选择归类法等5种。如记载树冠疏密程度，可采用状态归类法，分为浓密冠型、一般冠型、稀疏冠型；记载分枝性，可采用典型归类法，分为强、中、弱。

2. 生态学特性研究

研究种质材料对各种生态条件的适应性，明确其起源与分布以及最适应的地区，以便确定收集种质材料的最适宜的地点，并为以后的推广范围的确定奠定基础。

3. 经济生物学特性研究

(1)研究项目

经济生物学性状包括与人类经济利用效果有关的全部生物学性状。以利用种子油为主的油料能源树种，其经济生物学性状通常包括了单位面积种子产量、种子含油率、千粒重、种子成熟期、抗性等，木质利用为主的能源树种通常包括了单位面积干生物量增长量、分枝性、萌芽力、耐燃性、抗性等。

(2)研究方法

比较不同地理来源的种质材料的经济生物学特性的差异性，必须在相对一致的环境条件下开展栽培对比试验，即种源试验。为使研究结果准确可靠，必须选择地势、土质、小气候条件等尽可能一致的地段，在同样的栽培管理条件下，对不同来源的种植材料(不同地理类型、生态类型、农家品种)进行系统的比较研究。同一环境条件下的不足之处，就是不同种源间在经济性状的发育上，对环境条件的要求不一定一致，因此会造成一定的试验误差。要克服这种误差，可通过多点试验。抗性(抗寒、抗旱、抗病虫害能力)的研究，应抓住特殊时机，如冻害、病害发生严重的年份，有重点地进行调查研究。抗旱能力研究，也可采用人工冻害处理的办法进行研究，抗虫性、抗病性研究，也可通过接种病虫害的方法进行。

4. 分子生物学研究

分子生物学(molecular biology),是指从分子水平研究生物大分子的结构与功能从而阐明生命现象本质的科学。自20世纪50年代以来,分子生物学是生物学的前沿与生长点。目前,树种种质材料的分子生物学研究主要包括重要性状的分子机理、分子标记辅助育种技术研究两大方面。

(1)性状的分子机理研究

探索光合作用功能调控的分子机理,包括光合膜蛋白和膜脂的结构与功能、光合作用生物发生的功能基因组;植物对环境适应的分子机理;植物生殖与发育、细胞分化和植物次生代谢等过程的分子调控等。

(2)分子标记辅助育种技术

分子标记是以个体间遗传物质内核苷酸序列变异为基础的遗传标记,是DNA水平遗传多态性的直接的反映。与其他几种遗传标记——形态学标记、生物化学标记、细胞学标记相比,DNA分子标记具有的优越性有:大多数分子标记为共显性,对隐性的性状的选择十分便利;基因组变异极其丰富,分子标记的数量几乎是无限的;在生物发育的不同阶段,不同组织的DNA都可用于标记分析;分子标记揭示来自DNA的变异;表现为中性,不影响目标性状的表达,与不良性状无连锁;检测手段简单、迅速。随着分子生物学技术的发展,现在DNA分子标记技术已有数十种,广泛应用于遗传育种、基因组作图、基因定位、物种亲缘关系鉴别、基因库构建、基因克隆等方面。分子标记的概念有广义和狭义之分。广义的分子标记是指可遗传的并可检测的DNA序列或蛋白质。狭义分子标记是指能反映生物个体或种群间基因组中某种差异的特异性DNA片段。

第二节　乌桕基因库建设与种源选择

福建省树种资源、山地资源丰富,水热条件适宜发展油料能源林。作为油料能源树种用途的乌桕优良单株选择的方法、经济性状指标的制定,目前尚未见报道。确定选优标准,首先必须研究乌桕各性状的重要性、遗传参数以及各性状之间的相关性,把握乌桕种质资源的总体表现、群体内的分化程度、不同种源的性状特征等基础资料。乌桕属于异花授粉植物,种群内分化程度高,不同种源之间差异大。为充分了解各种源之间的性状表现差异和种质资源分布,课题组在福建省范围内开展了乌桕种质资源调查、优良种源选择等研究工作。

一、福建省乌桕种质资源调查及分析

(一)乌桕种质资源调查方法

在对福建省乌桕资源摸底调查的基础上,根据资源分布情况、特点确定专项调查地点，制定调查方法，在福建省乌桕主要产区开展种质资源专项调查，共调查了 17 个县(市、区)的乌桕种质资源。

根据全省能源树种调查的结果，选择乌桕分布较多，有成片林分的 17 个县(市、区)作为乌桕种质资源专项调查地点，共涉及 4 个地区(市)。

(二)外业调查

由于部分产地品种混杂，为防止种质差异影响研究结果的准确性，在全面勘查的基础上，根据不同种质所占比重及分布状况确定调查地点，力求调查对象平均性状表现能够代表该产地平均水平。对选定的代表性地段乌桕每木检尺，根据平均胸径、树龄、形态特征选定标准木，测量树冠投影面积；从标准木上选择 5 个标准枝，以标准枝平均种子重量测算标准木种子产量，以标准枝平均单序果数测算标准木单序果数。标准木树龄为 20～35 年。

外业调查步骤如下：

①选定地段乌桕植株，每木检尺，观察形态特征(包括果实形态、果序形态、果实大小、枝条形态、树形等)、结实情况。

②根据乌桕各植株的平均胸径、树高，选择 1 株形态特征比较典型的树木作为标准木并编号。

③调查标准木树冠上的结果枝数，从树冠上部、中部、下部选择 5 个标准枝(中部 1 个，上部和下部各 2 个)，采集标准枝上的种实，混合装袋并贴上标签，标签上注明标准木编号、种实采集地点、采集时间、母树年龄、用于实验室内种子含水率、种子千粒重、皮油率、梓油率、总含油率等。

④用方格法测量树冠投影面积；根据单株种子产量和树冠投影面积，记录标准木位置、形态特征。

⑤采集标准木树冠上部、中部、下部的部分果实，混合后装袋，同样贴上标签带回，用于育苗试验。

⑥在每株标准木离根部 2 m 处挖 1 个土壤剖面，采集 0～40 cm 深度土壤，混合后作为土壤肥力分析样本。人工林还需要调查种苗来源、育苗和栽培技术措施。

⑦收集各分布区气候资料，了解各地水热条件；收集各地地形地貌、土壤类型资料。

⑧苗期试验，调查各标准木种子发芽率，观察子代苗木的形态特征、物候期、抗环境胁迫能力。

(三) 实验室测定

乌桕种子含油率测定：乌桕种子含油率测定采用残渣法。乌桕皮油内含有高熔点的甘油三酸酯(PPP)，其在石油醚、乙醚、四氯化碳、三氯甲烷等传统油脂溶剂中溶解度不高，所以溶剂选用乙醇。将参试样品置于 y-z 型脂肪抽提器内，用 95%乙醇循环浸提脱脂，再将脱脂后的样品重新烘干至恒重，减轻的重量为样品中油脂总含量。

从种子各样本中随机抽取 10 g 作为种子含油率测定试样，每份样品抽取 15 份，其中总含油率测定 5 份，梓油含量测定 5 份，含水率测定 5 份。梓油含量测定试验试样先烘干后称重(N_0)，去除种子外被的皮脂后再烘干称重(N_1)，然后在组织研磨机上研磨粉碎后备用。种子总含油率测定试样同样研磨粉碎。将滤纸一端用棉线扎紧后制成滤纸袋，编号后加一小团脱脂棉，在 100 ℃下烘干 40 min 后称重(W_0)；将处理后的各油脂含量测定试样装入烘干的滤纸袋，塞上脱脂棉，放在表面皿上，在 80 ℃烘箱内烘 2 h 后称重，记录重量(W_1)；将滤纸袋放入提取器内，用乙醇浸提过液，第二天继续在提取器内回流 4 h，取出滤纸袋放于表面皿上，盖上纱布，让乙醇挥发 2 h 后，置于 80 ℃烘箱内烘 2 h，然后称重，记录称重结果(W_2)。

种子总含油率计算公式：

总含油率%=$[(W_1-W_2)/(W_1-W_0)]\times100$　　(1)

梓油含量计算公式：

梓油%=$[(W_1-W_2)/(W_1-W_0)]\times(N_1/N_0)\times100$　　(2)

皮油含量计算公式：

皮油%=总含油率%－梓油%　　(3)

乌桕种子千粒重、含水率测定：千粒重测定采用百粒法，种子含水率测定采用烘干法。

千粒重计算公式：

千粒重(g)=10×百粒重　　(5)

种子含水率计算公式：

种子含水率(%)=$100\times(W_0-W_1)/(W_0-N)$　　(6)

其中，W_1为烘干后的样品和容器总重量，W_0为烘干前的样品和容器的总重量，N为烘干的容器重量。

种子含油率测定每样本重复测定 5 次，千粒重测定每样本重复测定 8 次，种子含水率测定每样本重复测定 5 次，以多次测定数据平均数作为该样本的种子含油率、千粒重数值和种子含水率数值。

土壤营养元素含量测定：土壤样本的速 N、速 P、K 含量使用 STFW-111 多功能土壤养分测定仪，通过光电比色测定。

苗木抗寒性鉴定：采用电导法鉴定，应用 DDS-IAA 型电导仪，测定各入选植株扦插苗秋梢冷冻处理 12 h 试样的电导度，另设对照不作低温处理．根据其电导度变化，即生物膜透性的变化，分析各植株的抗寒性强弱。将分别置于 0 ℃、－5 ℃、－10 ℃条件下冷冻处理过的枝条用清水洗净，再用蒸馏水冲洗两遍，然后用重蒸馏水冲洗，用清洁纱布擦干后分成 5 组，分别在 3 种低温条件下处理；将处理后的枝条剪成 2 mm 的小段，然后称取 3 g 试样投入三角瓶，并加入 50 mL 的重蒸馏水，浸泡 24 h 备用。将处理好的抗寒性鉴定试样进行电导度测定(B)，然后将测定过的各样品放在水浴锅内煮沸 1 h，杀死组织，再加重蒸馏水补充到原来溶液的定量，静止冷却后测定其电导度(C)，同时，测定未经低温处理的材料的电导度(A)。

电导度变化幅度大小，即渗出电解质的百分率计算公式：

电解质%=$[(B-A)/(C-A)]\times100$　　(7)

叶绿素含量测定：叶片叶绿素含量测定采用魏海姆法，用酒精提取，将提取液在 645 nm、663 nm、652 nm 波长下测定光密度 D_{645}、D_{663}、D_{652}，并根据国际公定法经验公式推算叶绿素 a、叶绿素 b、叶绿素总量。

叶绿素 a 含量计算公式：

$$Y_a=(12.7\times D_{663}-2.69D_{645})\times V/(1\ 000\ W) \quad (8)$$

叶绿素 b 含量计算公式：

$$Y_b=(22.9\times D_{663}-4.68D_{645})\times V/(1\ 000\ W) \quad (9)$$

叶绿素总量计算公式：

$$Y=D_{652}\times V/(34.5\times W) \quad (10)$$

其中，V 为 80%丙酮最终稀释体积，W 为叶片组织鲜重。

苗木根系指数测定：将苗木从苗床完整起出，根系清洗干净后，测定根条数和根的长度，统计计算根系指数。

根系指数计算公式：

根系指数＝平均根条数(条)×平均根长(cm)/100 (11)

产量估算：单位面积种子产量指每平方米面积种子的干物质产量。计算公式：

单位面积种子产量($kg\cdot m^{-2}$)$=\sum(X_i)\times n\times k\times m/5$ (12)

其中，X_i为五个标准枝种子重量，n 为结果枝数，k 为种子含水率，m 为树冠投影面积。

单位面积产油量：每平方米面积理论产油量，即每平方米面积生产的种子的总含油量。计算公式：

单位面积产油量($kg\cdot m^{-2}$)＝单位面积种子产量×种子总含油率 (13)

（四）调查结果分析

1. 福建省乌桕资源分布

乌桕资源分布情况见表 5-1，福建各地水热条件、土壤条件、劳力资源调查结果见表 4-1、表 4-2、表 4-4。福建省气候条件、土壤条件适宜乌桕生长。全省各地基本上都有分布，多零星种植，成片造林不多。其中以南平、三明两个地区分布和栽培最多，闽南、闽东偶见零星分布。南平市常见于公路、村居绿化种植，野生常生长在开阔地、溪流堤岸边。南平市农村公路两旁在 20 世纪 70—80 年代种植了大量的乌桕作为乡村公路两旁绿化树，现依然保存着较多的乌桕结实大树。三明市野生乌桕分布较多，溪流、河道、池塘堤岸边以及房前屋后常见，低海拔林沿开阔地偶见。三明市各地乡村也有栽植乌桕作为道路行道树的历史，道路两旁依然保留较多的胸径 30 cm 以上的乌桕大树。

2. 福建省乌桕种质资源

福建省乌桕野生种一般单序果数少，种粒小，产量低。栽培的主要品种群，按开花习性和果序特点，区分为葡萄桕(*S. sebiferum var. conferticarpum*)和鸡爪桕(*S. se-biferum var. laxicarpum*)2 种。葡萄桕只具有一种花序，开一次花，雌雄同穗，下部为雌花，上部为雄花。在果梗上排列紧密成串，形似葡萄。鸡爪桕具有两种花序，开两次花，第一次开的为雄花序，当第一次花序即将凋萎时，再在一次花序基部直接抽出数个两次花序，基部着生雌花，上部着生雄花，由于在这种两次花序上结果，形成多杈果序，状如鸡爪。福建省的鸡爪桕种粒大小差异很大，千粒重变动范围 160.13～250.63 g。根据果实、种子大小，可以分为大粒鸡爪桕和小粒鸡爪桕。在南平市延平区、顺昌县一带，偶见兼具葡萄桕、鸡爪柏花序特征和果序特征的鸡葡柏，是为葡萄柏、鸡爪柏的天然杂交种。乌桕属于异花授粉植物，天然杂交能力较强。在调查中也发现，福建各地存在一些种粒大小介于大粒鸡爪柏、小粒鸡爪柏之间的个体，数量较多，疑为大粒鸡爪柏与小粒鸡爪柏的天然杂交种。三明市三元、梅列有一些具有铜锤柏果序特征的单株存在，果粒大，种子千粒重达到 312 g，但单序果数少，单位面积产量不高。莆田、福清沿海一线田间地头零星分布一些乌桕植株，多呈孤立木状态，属自然生长，花序特征如葡萄柏，但单序果数很少，平均仅 3.2 个，果实生长侧枝顶端，种粒小，皮脂雪白，果序形态类似满天星柏农家品种群。

2006 年，课题组在全省乌桕资源调查的基础上，对南平、三明、龙岩、宁德四个地区的 17 个乌桕主要产地的种质资源状况、性状、苗期表现进一步进行调查、分析与比较。

3. 福建省主要产区乌桕经济性状表现

17 个乌桕主要产地的乌桕经济性状表现调查、统计结果见表 5-2。

单序果数：单序果数是乌桕的重要经济性状，其影响了单位面积的结实密度、种实采摘时间和采摘成本。福建省乌桕单序果数差别非常大。其中，以浦城产地为最高，平均达到 13.56 个果实，建阳次之，平均 13.18 个果实，三明梅列最低，平均仅 5.36 个果实。从各地区的情况看，南平市乌桕单序果数性状的总体表现最好，宁德次之，三明和龙岩两地区的单序果数少。

种子含油率：种子总含油率是乌桕最重要的经济性状之一，具有较高的遗传力。亲本种子总含油率的多少，对子代种子总含油率性状的表现影响大。福建省各产地乌桕种子总含油率变动范围为 38.27%～46.64%，差异较大。其中，南平市 10 个产地均达到 41% 以上；三明的三元、明溪、沙县，宁德的周宁、屏南，龙岩的上杭等地，也达到了 40%以上。乌桕种子油包括皮油和梓油，从油脂成分、综合利用的角度来讲，皮油内的 POP 含量较梓油高，经济价值高于梓油。南平市乌桕籽种子外被的假种皮(皮脂)较厚，脂白，皮油含量高。其中，浦城产地乌桕籽的皮油含量最高，高达 28.89%，其他产地如建瓯、建阳、武夷山，也达到 27%以上，延平、顺昌产地在 26%以上，邵武、光泽两个产地较低，但也均超过 24%。梓油含量全省各产区之间变动范围为 14.11%～17.71%，有一定的差异。其中浦城最高，龙岩连成最低。

淀粉含量：种子内淀粉是植物种子萌发出土，能够透过叶面的光合作用合成并积累碳水化合物之前的主要营养来源。淀粉含量高的种子透过吸水膨胀，可以更快地胀裂种皮，萌芽力强，出苗快，芽苗营养充足，早期生长健壮。因此，淀粉含量是乌桕种子质量评价的一个重要指标。各产地淀粉含量测定结果表明，淀粉含量变动范围为 17.45%～18.79%，变异幅度不大。

千粒重：福建省各产地之间乌桕种子的千粒重变动范围为 162.46～250.63 g，差异明显，这与品种的不同有关。同样是鸡爪柏，小粒鸡爪柏平均千粒重仅 180.9 g，而大粒鸡爪柏的平均千粒重为 232.2 g，差异达到 51.3 g。

单位面积种子产量：作为最重要的经济性状之一，单位面积种子产量直接决定了乌桕单位面积的油脂生产能力，决定了乌桕的产能和经济效益。福建省各产地乌桕单位面积产量差异较大，变动范围为 3.44～8.60 $kg \cdot m^{-2}$，南平地区各主要产区变动范围为 5.00～8.69 $kg \cdot m^{-2}$，平均 6.65 $kg \cdot m^{-2}$；三明地区各主要产区变动范围为 4.03～5.25 kg・

m^{-2}，平均 4.74 kg·m^{-2}，龙岩地区平均 4.74 kg·m^{-2}，宁德地区平均 3.56 kg·m^{-2}。可见，南平市的乌桕种实生产能力最高。

单位面积产油量：乌桕油料能源树种用途的最终目的性状，由单位面积种子产量和种子总含油率这两个乌桕最重要的经济性状表现来估算，因此，对该性状的选择，只能通过对单位面积种子产量、种子总含油率的选择来实现。浦城产地由于单位面积种子产量在所有主要产地中最高，种子总含油率也最高，所以单位面积产油量也最高，达到了 4.01 kg·m^{-2}。各产地之间差异较大，变动范围为 1.38～4.01 kg·m^{-2}。各地区单位面积产油量平均值，南平市为 2.91 kg·m^{-2}，三明市为 1.89 kg·m^{-2}，宁德市为 1.45 kg·m^{-2}，龙岩市为 1.86 kg·m^{-2}。

4. 不同种源苗期差异性

2006 年采集各主要产地标准木上的种子，共收集 4 个地区(市)17 个县(市、区)38 份样本，通过热水处理层积催芽 20 d 后用于育苗对比试验，主要调查发芽率、物候期、苗木形态特征、苗木抗寒性。苗期对比试验在福建林业职业技术学院苗圃和峡阳教学林果场进行，三次重复。当年 11 月份，在苗木落叶之前，采用小样方法抽取样本进行苗木生长量调查，抗寒性测定和叶片叶绿素含量测定。各产地苗期调查结果统计见表 5-3。

乌桕种子发芽率各产地平均值变动范围为 92.2%～95.3%，方差分析结果表明，$F=1.74<F_{0.05(16,34)}=1.98$，各产地发芽率之间无显著差异。各产地之间苗高、地径生长、根系指数、枝条电导率、地上和地下干生物量、叶绿素含量、生长期等性状表现上均存在极显著差异。从苗期生长上看，不同产地(种源)之间存在一定的差异。苗木的径、高生长量、干生物量差异极显著，与原产地的纬度呈负相关；叶绿素 a 含量、叶绿素 b 含量、叶绿素总含量差异极显著，与原产地经纬度之间无明显的线性相关，南平浦城、建阳、建瓯和三明三元、梅列产地的苗木叶片叶绿素 a 含量、叶绿素 b 含量、叶绿素总含量明显高于其他产地苗木。叶绿素 a 含量、叶绿素 b 含量、叶绿素总含量与单位面积产量表现出一定的相关性，相关系数为 0.627、0.535、0.601。

(五)结论与讨论

调查分析结果表明，福建省乌桕资源分布广泛，但各地区之间极分布不均匀。南平、三明资源最丰富，宁德、龙岩较多，其他地区大部分为零星分布，且大多为天然分布，少见人工栽培。福建省乌桕天然分布种群主要为小粒鸡爪桕、大粒鸡爪桕，葡萄桕较少。人工栽培的品种各地基本上与当地野生种相似，当是就地采种培育，但经过长期的选择，在单序果数、千粒重、种子含油率、单位面积种子产量等经济性状表现上，有一定的改良提高。从品种间分析，大粒鸡爪桕的经济性状综合表现明显优于葡萄桕、小粒鸡爪桕葡萄桕优于小粒鸡爪桕。在各产地经济性状表现上，南平市的 8 个主要产地以大粒鸡爪桕为主，经济性状总体表现最好，且资源相对集中。三明 5 个主要产地总体表现不如南平，但在调查过程中发现，明溪、三元乌桕种群个体间分化比较严重，选择提高的空间较大。据走访了解，宁德、龙岩两地区历史上曾大量种植乌桕，后因为无人收购而失管，许多大树被周边农民砍伐，进行木材利用或作为木耳栽培原料，现存乌桕母树基本上是经过多次负向选择残留下来的。从调查数据上看，宁德、龙岩的乌桕品质不如南平、三明，且资源总量不多，分散。

表 5-1 福建省乌桕资源分布情况一览表

地区	资源情况	主要分布县(市、区)
福州	农村田间地头零星分布,未见人工栽培,资源总量小。	各县(市、区)均有天然零星分布。
厦门	田间地头偶见零星分布,未见人工栽培,资源总量极小。	同安天然零星分布,其他未见。
泉州	田间地头偶见零星分布,少量人工绿化栽培,资源总量小。	永春、德化偶见。
漳州	绿化栽培少量,树龄小,田间地头偶见零星分布,资源总量小。	南靖、平和偶见天然零星分布。
莆田	田间地头偶见零星分布,未见人工栽培,资源总量小。	秀屿、莆田、仙游偶见。
南平	田间地头常见,人工栽培较多,主要用于四旁绿化,资源总量较大,品质好,但大多处于失管状态,前几年道路改造对资源破坏严重。	全境均有分布,以延平、顺昌、邵武、浦城、光泽、建阳、建瓯、武夷山最多,其他县偶见零星分布。
三明	田间地头常见,人工栽培较多,主要用于乡村道路两旁绿化,但种实产量不高,处于失管状态,结实母树老化。	全境均见零星分布,以明溪、三元、梅列、沙县最多,清流原分布多,但已基本破坏。
龙岩	乡村道路两旁、田间地头偶见,资源总量小,品质一般,近年发展人工栽培,但未成规模。	全境均见零星分布,四旁绿化人工栽培少量,上杭天然资源稍多,连成近年人工栽培有所发展,未到结果期。
宁德	乡村道路两旁、田间地头偶见,资源总量小。	周宁、屏南偶见。

表 5-2　福建省乌桕主要产区种质资源经济性状表现

地区	县(市、区)	主要品种群	单序果数/个	种子总含油率/%	皮油率/%	梓油率/%	淀粉含量/%	千粒重/g	单位面积种子产量/kg·m^{-2}	单位面积产油量/kg·m^{-2}	其　它
南平	延平	鸡爪桕、葡萄桕	9.38	42.97	26.82	16.14	18.47	222.71	5.75	2.47	有少量鸡爪桕、葡萄桕天然杂交种
	顺昌	鸡爪桕、葡萄桕	8.91	42.48	26.21	16.27	18.53	216.03	6.34	2.69	
	邵武	葡萄桕	6.13	41.06	24.68	16.38	18.62	182.74	5.30	2.18	
	光泽	葡萄桕	5.93	41.71	25.00	16.71	17.45	168.60	5.00	2.08	
	浦城	大粒鸡爪桕	13.56	46.64	28.93	17.71	18.51	250.63	8.60	4.01	
	建瓯	大粒鸡爪桕	12.44	43.66	27.02	16.63	18.44	234.03	7.22	3.15	
	建阳	大粒鸡爪桕	13.18	44.91	27.91	17.00	18.25	232.86	7.68	3.45	
	武夷山	大粒鸡爪桕	12.80	44.19	27.57	16.62	18.37	232.74	7.30	3.22	
三明	三元	大粒鸡爪桕	6.02	40.13	24.33	15.8	18.79	228.24	5.25	2.11	少量铜锤桕、葡萄桕
	梅列	大粒鸡爪桕	5.36	39.24	24.02	15.22	18.74	214.47	4.85	1.90	少量葡萄桕
	明溪	小粒鸡爪桕	7.06	42.29	23.1	17.19	17.92	194.33	4.03	1.62	
	沙县	小粒鸡爪桕	5.83	41.04	24.72	16.32	18.32	198.26	4.87	2.00	
	清流	小粒鸡爪桕	8.13	39.04	24.13	14.91	18.06	197.93	4.71	1.84	
宁德	周宁	小粒鸡爪桕	8.84	43.22	23.83	16.39	17.71	162.46	3.44	1.38	少量鸡爪桕
	屏南	小粒鸡爪桕	8.56	41.43	24.05	17.38	17.68	164.30	3.68	1.52	
龙岩	连成	小粒鸡爪桕	7.57	38.27	24.16	14.11	17.56	178.57	4.43	1.70	
	上杭	小粒鸡爪桕	6.02	43.15	24.27	15.88	18.29	170.08	5.04	2.02	

注:上数据根据标准木数据统计。其中,南平市 8 个县市、区的数据为 2005～2007 年连续三年调查结果统计,其它地区数据为 2005～2006 年调查结果统计。

表 5-3　各主要产地乌桕种子发芽率、苗期性状调查统计

地区	产地	发芽率/%	苗高/cm	地径/cm	根系指数	嫩叶颜色	枝条电导率/%	地上干生物量/g	地下干生物量/g	叶绿素a含量/ mg·g^{-1}	叶绿素b含量/ mg·g^{-1}	叶绿素总含量/ mg·g^{-1}	生长期(天)
南平	延平	94.5	69.5	0.7	58.4	鲜红、浅红	9.23	98.21	41.0	10.34	4.02	14.36	272
	顺昌	93.8	51.0	0.5	58	浅黄色	8.96	99.79	30.5	9.87	3.89	13.76	268
	邵武	93.6	59.5	0.6	53.6	浅黄、浅红	8.78	95.44	30.1	9.96	3.78	13.74	261
	光泽	95.2	73.0	0.7	67	鲜红	9.10	106.92	44.7	11.35	4.20	15.55	254
	浦城	95.2	67.0	0.7	60.4	鲜红、浅红	7.56	92.66	42.6	14.02	5.55	19.57	253
	建瓯	95.3	69.0	0.7	63.4	浅红	8.02	98.60	38.7	13.78	5.32	19.1	267
	建阳	94.1	64.5	0.6	57.2	浅红	7.34	88.31	37.8	13.90	5.01	18.91	262
	武夷山	95.3	68.5	0.7	58.4	鲜红	8.77	104.54	44.7	11.07	3.65	14.72	258
三明	三元	95.1	86.5	0.9	80.6	浅红	8.32	119.20	64.9	14.88	5.68	20.56	276
	梅列	94.6	80.0	0.8	76.2	鲜红、浅红	7.45	104.15	59.3	14.06	5.40	19.46	276
	明溪	94.2	63.5	0.7	65.6	鲜红	9.03	91.48	56.3	9.80	4.55	14.35	262
	沙县	93.7	83.0	0.8	73.8	浅黄、浅红	8.56	128.70	72.7	9.55	4.20	13.75	265
	清流	94.1	69.0	0.7	60	浅黄、浅红	9.12	114.44	62.4	8.78	3.98	12.76	258
宁德	周宁	93.7	50.5	0.6	49.6	鲜红	7.98	89.50	37.8	9.04	3.45	12.49	259
	屏南	92.2	47.0	0.5	47.8	鲜红	8.05	96.23	37.4	8.51	3.21	11.72	261
龙岩	连成	94.8	49.5	0.6	46.4	鲜红、浅红	8.33	100.58	39.6	8.43	3.43	11.86	256
	上杭	93.4	42.5	0.6	40.8	鲜红、浅红	7.86	86.72	31.4	8.89	3.02	11.91	266

从苗期生长上看，不同产地(种源)之间存在一定的差异。苗木的径、高生长量、干生物量差异极显著，与原产地的纬度呈负相关；叶绿素 a 含量、叶绿素 b 含量、叶绿素总含量差异极显著，与原产地经纬度之间无明显的线性相关与千粒重、单位面积产量表现出一定的相关性。

二、闽北乌桕种质资源差异性

闽北是福建省乌桕主要产区，20 世纪 50—70 年代曾大量发展，提取桕油作为工业原料，后来发展停滞。乌桕是闽北乡土树种，适应性强，种子含油率高，是闽北发展油料能源林的首选树种之一，但到目前为止，闽北乌桕种质资源研究还是空白，能源树种用途的经济性状研究未见报道。福建省全省乌桕资源调查结果表明，闽北乌桕种质资源的各项经济性状表现较其他产地为好，为此，有必要对闽北乌桕种质资源作进一步的研究。课题组在全省乌桕资源调查的基础上，连续 2 年继续对闽北 8 个乌桕主要产地的乌桕标准木进行跟踪调查，通过对闽北地区乌桕不同产地单位面积种子产量、种子含油率及其他相关性状的分析与比较，研究其主要经济性状上的差异性，为进一步开展优良种源选择以及确定优良单株选优标准提供理论依据。

(一)试验材料来源

2005—2007 年连续 3 年在闽北乌桕主要产区邵武、浦城、建阳等 8 个县(市、区)开展种质资源调查。闽北乌桕人工成片造林少，主要作为行道树，在公路两旁种植，村落周围、田间地头偶见零星分布。本次重点调查 25～30 年生乌桕行道树、四旁绿化树。由于部分产地品种混杂，为防止种质差异影响研究结果的准确性，在全面勘查的基础上，根据不同种质所占比重及分布状况确定调查地点，力求调查对象平均性状表现能够代表该产地平均水平。2005 年—2007 年连续 3 年的 11 月份，采集标准木树冠上、中、下部部分种子，混匀，作为千粒重测定、含水率测定、种子含油率测定样本。每个县市(区)设置 3 个采种点，每年从 8 个县市(区)24 个采种点获得种子样本 24 份。2007 年 11 月在每株标准木离根部 2 m 处挖 1 个土壤剖面，采集 0～40 cm 深度土壤，混合后作为土壤肥力分析样本，共获得样本 24 份。

(二)试验方法及试验设计

采用标准木法和标准枝法进行单株种子产量和单序果数调查。乌桕种子含油率测定采用残渣法，种子含水率测定采用烘干法，千粒重测定采用百粒法。土壤样本的速 N、速 P、K 含量使用 STFW-111 多功能土壤养分测定仪，通过光电比色测定。种子含油率测定每样本重复测定 5 次，千粒重测定每样本重复测定 8 次，种子含水率测定每样本重复测定 5 次，以多次测定数据平均数作为该样本的种子含油率、千粒重数值和种子含水率数值。

产地间单位面积种子产量、单序果数、种子含油率、千粒重、单位面积产油量对比试验均采用完全随机区组试验设计，各包含 8 个水平(产地)，3 个处理(年度)，3 个重复。

(三)数据处理

单位面积种子产量、种子总含油率、梓油率、皮油率计算公式参见本节前面的有关内容。以各产地的3株标准木各性状表现的平均值作为该产地的乌桕性状表现型值。单位面积种子产量和产油量、种子含油率、单序果数、千粒重连续3年的平均表现统计结果见表5-4。将8个县市(区)的乌桕3个采种点标准木2005～2007年连续3年的单位面积种子产量、单位面积产油量、千粒重数据,以及单序果数、种子总含油率、皮油率、梓油率经反正弦转换后数据,分别进行年度—产地双因素方差分析(结果见表5-5)。对种子单位面积种子产量、种子含油率与当年降水量和年均温、单序果数等,分别进行相关性分析(结果见表5-6),聚类分析采用系统聚类法。

(四)结果与分析

1. 不同性状差异分析

不同产地乌桕结实状况　从表5-4可以看出,闽北不同产地乌桕2005～2007年3年平均单位面积种子产量、单序果数和千粒重都存在较明显的差异。参试总体平均单位面积产量为6.69 $kg \cdot m^{-2}$,变异范围为5.00～8.60 $kg \cdot m^{-2}$,其中,浦城产地单位面积种子产量最高,是参试总体平均水平的129.3%,分别是延平、顺昌、邵武、光泽、建瓯、建阳、武夷山等7个产地的149.6%、135.7%、162.1%、172.1%、119.1%、112.0%、117.9%;8个产地标准木平均单序果数为10.29粒,变动范围4～16粒。浦城产地单序果数最多,平均值为13.56粒,是参试总体平均水平的131.7%,分别是建瓯、建阳、武夷山3个产地的109.0%、102.9%、105.9%,是延平、顺昌两产地的144.6%、152.2%。邵武、光泽两产地单序果数少,平均果数分别为6.13粒、5.93粒,仅为总体平均水平的59.6%和57.7%。参试样本总体平均千粒重为217.5 g,各产地平均水平变异范围168.6～250.6 g,浦城、建阳、建瓯、武夷山等4个产地乌桕籽大粒重,其中浦城产地乌桕千粒重最大,较总体平均水平高15.2%,分别较延平、顺昌的平均水平高12.5%、16.0%,较邵武、光泽的平均水平高37.1%、48.7%。单序果数、千粒重是直接影响单位面积种子产量的重要性状,从表5-5方差分析结果可以看出:不同年度单序果数、千粒重均无显著差异,性状表现稳定,个体间的差异主要受遗传控制,环境因素影响不明显;不同年度单位面积种子产量存在极显著差异,气候条件和结实母树营养状况的变化,对单序果数、果实大小、粒重影响不明显,应是通过影响单位面积结果枝数,进而影响单位面积种子产量。不同产地乌桕单序果数、千粒重均存在极显著差异,这些差异主要受遗传控制。不同产地乌桕单位面积产量存在极显著差异,这种差异部分由环境因素造成,但更多的是品种间的差异,即遗传因素引起。

不同产地种子含油率　不同产地在种子含油率上存在一定的差异(见表5-4)。参试总体平均皮油率为26.77%,变异范围为24.68%～28.93%,其中浦城产地平均皮油率最高,是参试总体平均水平的104.9%,是皮油率最低产地邵武的117.2%;建阳、武夷山产地种子皮油含量较高,为27.57%、27.91%,是总体平均水平的103.0%、104.3%,是邵武产地种子皮油率的111.7%、113.1%;建瓯、延平、顺昌产地种子皮油率表现中等，光泽、邵武产地表现最差。从种子外被的皮脂性状表现也可以看出各产地间差异，浦城、建阳、武夷山等3个产地乌桕种子籽白皮脂厚，不易发霉变色；建瓯、延平、顺昌产地种子皮脂层较薄，果实成熟开裂后常氧化变色，成为淡黄褐色；光泽、邵武产地种子皮脂层很薄，果实成熟开裂后容易霉变为黄褐色或黑色，种子陆续脱落。参试总体种子平均梓油率为16.68%，各产地平均水平变异范围为16.14%～17.71%，其中，浦城产地平均梓油率最高，是参试总体平均水平的106.2%，是梓油率最低产地延平的109.7%；参试总体平均总含油率为43.45%，变异范围41.71%～46.64%，其中浦城产地总含油率最高，是参试总体平均水平的107.3%，是总含油率最低产地邵武的113.6%。从表5-5方差分析结果可以看出，不同年度皮油率、梓油率和总含油率均无显著差异，而不同产地间存在极显著差异，说明乌桕种子油脂含量主要受遗传控制，受环境因素影响小，不同产地间的差异性主要是品种不同，即遗传上的差异引起。

不同产地单位面积产油量 单位面积油脂产量是根据单位面积种子产量和种子总含油率测算，综合了单位面积种子产量和种子总含油率两个最重要经济性状表现，可以作为评价油料能源树种开发利用价值的主要指标。从表5-4内各产地单位面积产油量统计结果可以看出，参试总体平均单位面积产油量为2.91 $kg \cdot m^{-2}$，浦城产地最高，是总体平均水平的137.9%，建阳、武夷山、建瓯3个产地均超过3.00 $kg \cdot m^{-2}$，分别是总体平均水平的118.5%、110.8%、108.3%，延平、顺昌、邵武、光泽4个产地均低于总体平均水平，其中光泽产地最低，仅为总体平均水平的71.6%，浦城产地的52.0%。表5-5方差分析结果表明，单位面积产油量同一产地不同年度间、不同产地间都存在极显著差异。

因为大部分处于失管状态，且栽植密度不一，各标准木树高、冠幅、树冠浓密程度存在一定差异，直接影响了单位面积结果枝数量，进而影响单位面积产量和产油量估算值的准确性。在调查过程中，已尽量选择胸径、树高较一致的单株作为标准木，以减少误差对试验结果的影响。

2. 性状表现的相关分析

单位面积种子产量与单序果数、千粒重间相关分析 单位面积种子产量与种子含油率、单序果数、千粒重之间的相关系数分别为0.925 1、0.918 7、0.879 4(见表5-6)，均大于$r_{0.01}(f_Q=70)$，线性相关关系极明显，说明单序果数、种子粒重对乌桕单位面积种子产量高低有较大影响，在选择采种母树、优良单株时，应充分考虑单序果数、种子大小、种子粒重等性状表现。

单位面积种子产量与土壤养分、气候因子间相关分析 对各标准木2007年单位面积种子产量与土壤养分、各产地乌桕单位面积种子产量年度平均值与当年主要气候因子进行相关分析(结果见表5-6)。分析结果表明，乌桕单位面积种子产量与土壤中速效P含量的相关系数$0.423\,9>r_{0.05}(f_Q=22)=0.405\,9$，存在显著的线性相关；与土壤中K含量之间的相关系数为0.401 6，略低于$r_{0.05}(f_Q=22)$，有着一定的相关性，施加P、K肥，可以促进花芽分化和花序发育，提高结果枝数，增加结实密度；与速N之间相关系数为－0.324 3，呈负相关，这可能与N素促进了乌桕的营养生长，从而抑制了其生殖生长有关。

乌桕 3 年单位面积种子产量与当年的年降水量、2～7 月份降水量、年均温之间相关系数仅为－0.029 5、－0.048 0、－0.089 6，相关程度极低，降水量大小、年均温对当年单位面积结实量的多少没有影响，同时，也可以认为，福建闽北地区各县市(区)的降水、气温的变动，在乌桕适宜生长的范围之内。

种子含油率与气候因子、土壤养分、种子产量间相关分析　求算各标准木 2007 年单位面积种子产量与土壤主要养分、各产地乌桕单位面积种子产量年度平均值与当年主要气候因子之间的相关系数，结果见表 5-6。分析结果表明，种子含油率与闽北各地当年的年降水量、2—7 月份降水量、年均温间相关系数仅为－0.071 0、－0.094 6、－0.001 3，无明显相关；与土壤中速 N、速 P、速 K 之间相关系数仅为－0.008 1、0.002 4、0.013 2，均无明显相关，表现出一定的稳定性。

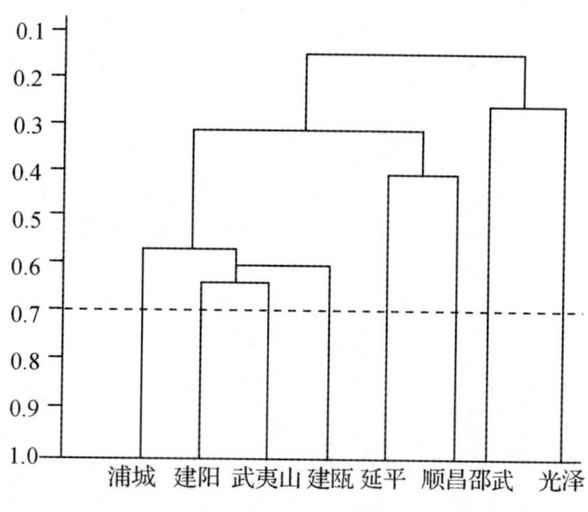

图 5-1　采种点聚类图

3. 聚类分析

将 2005—2007 年闽北乌桕各产地单位面积种子产量、单位面积产油量、种子含油率、单序果数、千粒重平均值倒数正规化处理后，用 DPS 系统聚类软件进行聚类分析。分析结果表明，浦城产地种子产量、总含油率高，种粒大，单序果数多，性状综合表现优秀，建阳、武夷山、建瓯次之，顺昌、延平再次之，邵武、光泽产地综合表现最差；以相关系数 0.700 0 为相似性水平，可以将浦城列为水平Ⅰ；建阳、武夷山、建瓯归并为水平Ⅱ；延平、顺昌归为水平Ⅲ；邵武、光泽归为水平Ⅳ(见图 5-1)。

各水平经济性状平均表现见表 5-7。

(四)结论与探讨

研究结果表明，不同产地乌桕在单位面积产量、单序果数、千粒重、种子皮油率、种子梓油率、种子总含油率、单位面积产油量等经济性状表现上，存在极显著的差异；单位面积产量与单序果数、千粒重密切相关，与土壤速 P、速 K 含量有一定的相关性，与年降水、年均温无明显相关；种子含油率与土壤养分、年降水、年均温之间均无明显相关，性状表现稳定。我们通过对南平延平、顺昌、浦城等 8 个县市(区)乌桕单位面积种子产量、种子含油率、单序果数、千粒重等经济性状调查和分析，研究闽北不同县市间乌桕经济性状表现的差异性，以及性状之间、性状与环境之间的相关程度，并以单位面积种子产量、单位面积产油量、种子总含油率、单序果数、千粒重等五个重要性状为因子对参试的 8 个乌桕产地进行系统聚类分析，将其划分为 4 个水平。

根据调查树木开花习性和花序特征判断，闽北各地乌桕品种主要是鸡爪柏和葡萄柏。鸡爪柏具有两种花序，开两次花，第一次开的为雄花序，当第一次花序即将凋萎时，再在一次花序基部直接抽出数个两次花序，基部着生雌花，上部着生雄花，由于在这种两次花序

表 5-4　闽北 8 个乌桕主要产地经济性状表现调查统计

性　状	调查年度	延平	顺昌	邵武	光泽	浦城	建瓯	建阳	武夷山
单位面积种子产量（kg/m²）	2005.11	5.20	5.87	5.38	4.59	8.29	7.31	7.92	6.94
	2006.12	5.89	6.82	5.38	5.08	8.92	7.30	7.98	7.52
	2007.11	6.16	6.32	5.15	5.32	8.60	7.05	7.13	7.43
	平均	5.75	6.34	5.30	5.00	8.60	7.22	7.68	7.30
单序果数（粒）	2005.11	9.53	9.00	6.20	5.87	13.73	12.33	13.20	12.73
	2006.12	9.33	8.93	6.00	5.93	13.47	12.60	13.13	12.93
	2007.11	9.27	8.80	6.20	6.00	13.47	12.40	13.20	12.73
	平均	9.38	8.91	6.13	5.93	13.56	12.44	13.18	12.80
千粒重(g)	2005.11	223.43	215.90	181.23	167.87	250.60	231.87	232.73	231.80
	2006.12	221.00	216.47	185.40	169.60	250.80	233.37	233.20	232.70
	2007.11	223.70	215.73	181.60	168.33	250.50	236.87	232.63	233.73
	平均	222.71	216.03	182.74	168.60	250.63	234.03	232.86	232.74
种子皮油含量（%）	2005.11	26.77	26.43	24.47	24.90	28.77	27.10	27.87	27.50
	2006.12	26.93	26.23	24.83	25.10	28.93	26.87	27.97	27.73
	2007.11	26.77	25.97	24.73	25.00	29.10	27.10	27.90	27.47
	平均	26.82	26.21	24.68	25.00	28.93	27.02	27.91	27.57
种子梓油含量（%）	2005.11	16.07	16.07	16.20	16.80	17.73	16.67	17.13	16.80
	2006.12	16.23	16.30	16.50	16.60	17.83	16.67	16.93	16.57
	2007.11	16.13	16.43	16.43	16.73	17.57	16.57	16.93	16.50
	平均	16.14	16.27	16.38	16.71	17.71	16.63	17.00	16.62

续表

性　状	调查年度	延平	顺昌	邵武	光泽	浦城	建瓯	建阳	武夷山
种子总含油率（%）	2005.11	42.83	42.50	40.67	41.70	46.50	43.77	45.00	44.30
	2006.12	43.17	42.53	41.33	41.70	46.77	43.53	44.90	44.30
	2007.11	42.90	42.40	41.17	41.73	46.67	43.67	44.83	43.97
	平均	42.97	42.48	41.06	41.71	46.64	43.66	44.91	44.19
单位面积产油量（kg/m^2）	2005.11	2.23	2.50	2.19	1.92	3.85	3.19	3.56	3.07
	2006.12	2.54	2.90	2.23	2.12	4.17	3.18	3.58	3.33
	2007.11	2.64	2.68	2.12	2.22	4.01	3.09	3.20	3.27
	平均	2.47	2.69	2.18	2.08	4.01	3.15	3.45	3.22

注：单位面积种子产量指单位树冠投影面积干种子产量。

表 5-5　方差分析表

方差来源	单位面积种子产量	单序果数	千粒重	皮油率	梓油率	种子总含油率	单位面积油脂产量	$F_{0.05}$	$F_{0.01}$
A(年度)	6.15**	0.02	0.06	0.06	0.08	0.09	5.24**	3.19	5.08
B(产地)	56.63**	74.45**	60.01**	16.52**	16.74**	23.22**	95.99**	2.21	3.04
A×B	0.55	0.03	0.05	0.06	0.44	0.07	1.36	1.90	2.48

表 5-6　相关系数表

性状	单序果数	千粒重	种子含油率	与土壤养分间相关系数			与气候因子间相关系数		
				速 N	速 P	K	年降水	2～7 月降水	年均温
种子产量	0.918 7	0.879 4	0.925 1	−0.324 3	0.423 9	0.401 6	−0.029 5	−0.048 0	−0.089 6
种子含油率				−0.008 1	0.002 4	0.013 2	−0.071 0	−0.094 6	−0.001 3
$r_{0.01}$	0.301 7(f_Q=70)			0.516 8(f_Q=22)					
$r_{0.05}$	0.231 9(f_Q=70)			0.405 9(f_Q=22)					

表 5-7　不同水平经济性状表现统计

水平	单位面积种子产量 (kg・m^{-2})	种子含油率(%)	单序果数 (粒)	千粒重 (kg)	皮油率 (%)	梓油率 (%)	单位面积产油量 (kg・m^{-2})
水平Ⅰ	8.60	46.64	13.56	250.63	28.93	17.71	4.01
水平Ⅱ	7.40	44.25	12.81	233.21	27.50	16.75	3.27
水平Ⅲ	6.05	42.73	9.15	219.37	26.52	16.21	2.58
水平Ⅳ	5.15	41.39	6.03	175.67	24.84	16.55	2.13

上结果，形成多杈果序，状如鸡爪；葡萄柏只具一种花序，开一次花，雌雄同穗，下部为雌花，上部为雄花，果实在果梗顶端排列紧密成串，形似葡萄。由于乌柏异花授粉，有少量品种间杂交形成的兼具鸡爪柏、葡萄柏开花结果习性个体，这与邹建文等对乌柏种群间关系的研究结论相一致。浦城、建阳、建瓯、武夷山等地以鸡爪柏品种为主，延平、顺昌既有鸡爪柏品种，也有葡萄柏品种和少量兼具鸡爪柏、葡萄柏花序特征的杂交种，邵武、光泽大多是葡萄柏品种。从分析比较结果看，与葡萄柏相比较，鸡爪柏品种在单位面积种子产量、单序果数、千粒重、皮油率、梓油率、种子含油率等主要经济性状表现上存在一定优势。根据金代钧等提出的鸡爪柏变种分类标准，闽北鸡爪柏品种以大粒鸡爪柏为主；金代钧等在乌柏品种资源的调查研究中未对福建省乌柏资源状况做出评价，比较他们研究结论，闽北鸡爪柏品种经济性状的综合表现不亚于浙江、湖南等产地，在乌柏能源林发展过程中应充分加以利用。同样是鸡爪柏，不同产地间表现出较明显差异，浦城乌柏经济性状表现最好，建阳次之，建瓯、武夷山较延平、顺昌为好。从调查数据上看，同一产地不同个体间也存在一定差异，说明在长期栽培过程中，由于环境变化引起的变异的不断积累、基因重组、品种间遗传交流等原因，现有栽培品种内存在着一定的遗传差异性，这为优良品种群体内的进一步选优提供了理论依据。取样点间环境因子存在差别，对试验结果可能有一定影响。

三、乌柏基因库营建技术

福建省曾经利用非规划林地，大量发展乌柏。据记载，在 20 世纪 60—70 年代，福建省许多地方房前屋后、田间地头、道路两侧常见乌柏，年产柏籽 1 000 t 以上的县(区)就有武夷山、浦城、福鼎等十多个，清流在 1991 年生产柏籽 3 920 t。但是，到了 90 年代，由于化学工业的迅速发展，原用乌柏籽作原料生产的产品被其他化工材料所代替，乌柏籽的需求量逐年减少，价格低迷，农民便疏于管理，乌柏资源破坏严重，许多地方乌柏树已为罕见。如福鼎市白琳沿州村一带。据福鼎统计年鉴产量最高年份为 1955 年和 1957 年，分别为 323.5 t、336.9 t，但后来农民大量砍伐乌柏树，作段木培植白木耳，乌柏林惨遭毁灭性破坏，至今乌柏林已为罕见，偶见小树零星分布。

乌柏作为油料能源树种的综合开发利用技术的日趋成熟，为乌柏的重新发展提供了良好的历史机遇。乌柏的规模化发展，首先必须解决良种问题，只有提高了单位面积的经济效益，才能激发农民、社会力量参与能源林建设的积极性，而种质资源是获得良种的物质基础。因此，必须尽快收集保存乌柏种质资源，建立基因库，为乌柏的品种改良创造条件。2005—2006 年福建林业职业技术学院在乌柏种质资源调查、优良单株选择的基础上，从福建省各地收集种质资源 67 份，共包括 28 个产地，其中表型优良单株建立的无性系 16 个。各种质资源在产地的主要经济性状表现见表 5-8。建立乌柏基因库2 hm^2，并通过计算机系统进行管理。

(一)乌柏基因库营建技术

乌柏基因库营建包括了苗木准备、基因库区划、整地、造林及林分管理技术。

1. 苗木准备

将从各优势木、表型优良单株上采集的种子，分别进行层级催芽后，于 2006、2007 年 2 月中旬分区播种育苗，条播，条沟间距 10 cm，3 月中下旬芽苗出土、展叶，在 4 月中旬进行一次间苗，保留苗木株行距 10 cm×10 cm。4 月下旬和 5 月中旬各施 1 次液态氮肥，此时苗木木质化程度低，所以肥料浓度较低，以防对苗木幼嫩组织造成肥害。6 月份施 1 次复合液态肥。9 月下旬为促进苗木木质化，施放了 1 次 K 肥。表型优良单株的穗条扦插育苗在 3 月初进行，4 月中旬生根，5 月份修枝后移植，移植 2 周后进入正常管理。当年 12 月抽样调查，播种苗平均苗高 61.4 cm，平均地径 0.84 cm；扦插苗平均苗高 62.3 cm，平均地径 1.03 cm。

2. 苗木选择

从苗床上选择生长健壮，径高比大的苗木作为基因库建立的材料。分家系、无性系每 10 株一捆包扎好，并挂上标签，标签上注明产地、优势木或表型优良单株的编号。

3. 基因库建设地点选择

乌桕基因库建设在福建林业职业技术学院市郊教学林场长沙工区 15 大班 2 小班，面积 2 hm^2。东南坡，坡度 15～25°，黄红壤，土壤团粒结构良好，土层厚度 50 cm 以上，Ⅱ类地，前身为杉木、马尾松混交林。

4. 基因库区划和造林规划设计

为了便于管理，根据地形地貌、坡向坡位，将基因库区划为 3 个大区，大区内划分小区，小区面积 120 m^2，正方形。大区间间隔 4～5 m，小区间隔 2 m。水平方向用林道作为大区分界，垂直方向用杉木作为大区间隔离行。第一大区包含南平 10 个县(市、区)的 23 个家系和 1 个无性系，2007 年 2 月造林；第二大区包含三明、宁德、龙岩的 14 个县(市、区)的 22 个家系，第三大区包含莆田、福州、漳州的 5 个县(市、区)6 个家系和南平、三明的 16 个表型优良无性系，于 2008 年 3 月造林。基因库区划设计图见附图 5-1。为了便于观察各种质资源生物学、生态学特性，各产地不同家系尽量集中。

5. 造林地准备

2006 年 10—11 月劈杂炼山，并根据设计图纸，进行大区区划，并对第一大区进行小区划分，2007 年 12 月对第二大区、第三大区进行小区划分；2006 年 12 月份对第一大区、2007 年 1 月对第二大区和第三大区开带整地，带宽 1.5～2 m，挖大穴，穴规格为 60 cm×60 cm×40 cm，每穴施基肥 500 g，回表土。

6. 造林技术

乌桕造林宜在地温回暖，春芽尚未萌动之前进行，造林成活率高。2—3 月份，在下过一场雨，所挖的明穴内回填的土壤湿透时上山造林。

造林前苗木处理 乌桕 2～3 条主根明显，1 年生的苗木根长可达到 30 cm，健壮，但须根较少。起苗后可对苗木适当修根，剪短主根，促进须根萌生。修根后及时蘸黄泥浆，防治根系失水严重和防治须根根毛被氧化失活。由于苗木高度差异较大，部分苗木顶梢受冻死亡，有必要进行苗木主干修剪。修剪主干，同时还能够降低苗木萌芽初期水分的散失，促进侧枝生长和宽大树冠的形成。

苗木定植 基因库苗木定植的株行距采用 4 m× 3 m。造林时注意苗木根系舒展，防止窝根。回填土应踩实，使根系与土壤密合，有利于苗木尽快缓苗恢复生长。

7. 苗木成活率调查及补植

在4—5月份，检查苗木成活、萌芽情况，对死亡的苗木、虽然未死亡但无萌芽的苗木及时进行补植。调查结果表明，乌桕只要造林时间选择适宜，造林成活率、苗木保存率较高，可以达到95％以上。

(二)生物学、生态学特性调查

各种质资源生物学生态学特性调查结果见表5-9。

(三)抚育管理

2007年12月、2008年12月，分别进行一次修剪，促进冠幅伸展。2008年2月、2009年2月，分别进行一次锄草、施肥。开沟施肥，施肥量为国产N、P、K复合肥每株30 g。

表 5-8　基因库各种质资源情况登记表

产区	编号	繁殖方式	采种母树或原株性状表现								造林苗木规格		
			大区	单序果数/粒	单位面积种子产量/ $kg \cdot m^{-2}$	千粒重/g	种子含油率/%	皮油率/%	梓油率/%	果实形态	胸径/cm	树高/m	苗高/cm	地径/cm
延平	YP01	扦插	三	26.4	21.32	248.4	48.1	28.9	19.2	桃形	25.5	8.6	67.8	0.97
	YP02	扦插	三	28.6	22.75	252.6	48.2	29.3	18.9	近圆形	24.8	7.9	61.2	1.04
	NP-YP-01	实生	一	19.4	16.16	212.3	45.8	28.4	16.4	桃形	31.2	10.2	65.4	0.63
	NP-YP-02	实生	一	20.0	16.93	227.3	44.1	26.3	15.8	扁圆形	32.3	7.8	63.5	0.74
顺昌	SC01	扦插	一	26.6	13.72	238.3	47.1	28.6	18.5	近圆形	27.5	8.5	59.8	1.06
	NP-SC-01	实生	一	18.2	16.33	200.8	44.6	28.8	15.8	桃形	14.6	6.4	62.3	1.13
	NP-SC-02	实生	一	20.6	15.46	219.2	44.1	27.4	16.7	近圆形	28.3	9.4	65.8	1.45
邵武	NP-SW-01	实生	一	16.6	15.56	173.4	43.1	26.9	16.2	桃形	30.8	8.6	58.4	1.01
	NP-SW-02	实生	一	22.8	15.03	175.9	44.8	28.5	16.3	桃形	25.6	11.3	56.8	0.68
	NP-SW-03	实生	一	20.2	14.87	205.7	45.6	28.8	16.8	扁圆形	26.7	10.2	60.6	0.71
	NP-SW-04	实生	一	13.2	16.24	168.1	40.5	24.2	16.3	扁圆形	28.5	7.6	62.4	0.63
	NP-SW-05	实生	一	15.4	15.14	203.3	42.3	25.9	16.4	桃形	25.9	6.8	59.6	0.67
光泽	NP-GZ-01	实生	一	15.8	14.06	185.4	40.6	24.8	15.8	桃形	30.1	6.7	62.1	0.68
	NP-GZ-02	实生	一	16.8	15.56	184.3	41.5	24.7	16.8	桃形	31.3	8.8	68.4	0.62
	NP-GZ-03	实生	一	15.4	14.92	157.2	41.4	24.5	16.9	扁圆形	29.6	6.5	57.8	0.63

续表

产区	编号	繁殖方式	采种母树或原株性状表现								造林苗木规格		
			大区	单序果数/粒	单位面积种子产量/ $kg \cdot m^{-2}$	千粒重/g	种子含油率/%	皮油率/%	梓油率/%	果实形态	胸径/cm	树高/m	苗高/cm	地径/cm
浦城	PC01	扦插	三	29.2	20.17	256.8	48.9	29.4	19.5	扁圆形	28.6	7.6	60.4	1.11
	PC02	扦插	三	32.0	26.45	251.8	48.1	28.5	19.6	近圆形	26.7	7.4	62.1	1.08
	PC03	扦插	三	34.8	28.58	253.8	49.4	30.4	19.0	桃形	29.5	6.8	62.5	0.97
	PC04	扦插	三	30.8	22.33	252.9	48.8	30.3	18.5	扁圆形	30.4	9.3	65.4	0.89
	PC05	扦插	三	29.2	23.74	251.9	49.8	30.2	19.6	扁圆形	29.3	8.7	58.7	0.92
	PC06	扦插	三	34.4	28.16	260.8	49.6	30.1	19.5	近圆形	25.4	9.5	59.9	1.05
	NP-PC-01	实生	一	25.4	18.16	258.6	46.1	28.8	17.3	近圆形	23.6	6.8	65.4	1.03
	NP-PC-02	实生	一	28.2	18.86	248.0	47.4	29.6	17.8	扁圆形	30.4	6.7	63.3	0.74
建瓯	JO01	扦插	三	28.4	22.62	242.5	48.5	29.4	19.1	扁圆形	28.7	8.5	67.6	1.15
	NP-JO-01	实生	一	26.4	16.82	242.2	46.9	28.1	18.8	近圆形	29.4	8.4	60.4	0.72
建阳	JY01	扦插	三	29.8	23.57	246.5	48.7	29.8	18.9	扁圆形	30.4	8.6	57.6	1.08
建阳	JY02	扦插	三	28.6	21.62	246.3	47.6	28.8	18.8	桃形	9.4	4.2	58.9	0.87
	NP-JY-01	实生	一	18.4	17.89	234.0	45.4	28.6	16.8	扁圆形	27.4	8.1	57.8	0.61
	NP-JY-02	实生	一	20.0	17.03	236.3	47.4	27.7	19.7	桃形	30.1	8.2	59.4	0.64
武夷山	NP-WYS-01	实生	一	18.4	17.83	234.8	44.5	27.6	16.9	扁圆形	25.6	7.5	56.8	0.67
	NP-WYS-02	实生	一	20.0	17.27	232.6	45.0	28.8	16.2	扁圆形	27.5	7.8	58.9	0.68
松溪	NP-SX-01	实生	一	17.3	13.20	210.6	45.1	28.4	16.7	桃形	27.8	6.4	62.3	0.74
	NP-SX-02	实生	一	18.7	14.8	212.5	45.6	28.3	17.3	扁圆形	25.4	8.9	63.1	0.62

续表

产区	编号	繁殖方式	采种母树或原株性状表现									造林苗木规格		
			大区	单序果数/粒	单位面积种子产量/kg·m^{-2}	千粒重/g	种子含油率/%	皮油率/%	梓油率/%	果实形态	胸径/cm	树高/m	苗高/cm	地径/cm
政和	NP-ZH-01	实生	一	18.4	12.2	203.2	44.6	27.8	16.8	近圆形	28.9	9.5	60.8	0.70
	NP-ZH-02	实生	一	15.2	10.8	196.7	45.3	27.9	17.4	扁圆形	29.1	8.7	66.4	0.66
建宁	SM-JN-01	实生	二	16.5	11.5	213.0	42.4	25.5	16.9	桃形	29.6	7.6	65.5	0.73
	SM-JN-02	实生	二	16.3	10.3	192.4	42.6	26.8	15.8	扁圆形	28.2	6.6	58.2	0.68
三元	SY01	扦插	三	28.8	22.46	257.2	48.1	29.4	18.7	扁圆形	30.2	6.8	62.4	1.20
	SM-SY-01	实生	二	20.4	17.83	203.8	45.8	28.4	16.4	桃形	27.3	7.3	63.5	0.68
泰宁	TN01	扦插	二	28.2	20.07	240.38	47.1	28.1	17.0	近圆形	29.5	7.7	58.9	0.87
梅列	SM-ML-01	实生	二	15.4	18.16	258.6	45.8	28.5	17.3	扁圆形	29.7	7.6	63.7	0.88
将乐	JL01	扦插	三	25.2	22.26	243.3	47.2	28.4	18.8	扁圆形	28.5	7.2	67.7	1.12
宁化	SM-NH-01	实生	二	19.4	13.76	171.2	42.3	27.4	15.9	桃形	28.4	8.5	58.6	0.76
	SM-NH-02	实生	二	19.8	12.32	192.3	42.9	25.7	17.2	扁圆形	29.4	7.6	58.7	0.89
明溪	MX01	扦插	三	29.4	14.31	251.7	48.6	28.9	19.7	近圆形	25.6	6.5	65.3	1.05
	SM-MX-01	实生	二	18.2	12.45	189.8	45.3	27.5	17.8	桃形	27.8	6.5	57.4	0.90
仙游	PT-XY-01	实生	三	10.6	6.50	171.6	40.1	24.9	15.2	桃形	26.5	7.9	58.5	0.92
	PT-XY-02	实生	三	9.8	4.45	164.3	39.2	24.2	15.0	扁圆形	27.5	8.5	57.6	0.98
闽清	FZ-MC-01	实生	三	16.1	9.35	185.3	42.3	25.7	16.6	扁圆形	29.4	6.8	62.2	0.93
闽侯	FZ-MH-01	实生	三	11.5	8.09	175.6	42.4	24.5	15.9	桃形	25.6	8.7	58.8	1.01
南靖	ZZ-NJ-01	实生	三	8.6	7.50	150.5	38.3	24.2	14.1	近圆形	31.2	8.8	64.3	1.04

续表

			采种母树或原株性状表现									造林苗木规格		
产区	编号	繁殖方式	大区	单序果数/粒	单位面积种子产量/ $kg \cdot m^{-2}$	千粒重/g	种子含油率/%	皮油率/%	梓油率/%	果实形态	胸径/cm	树高/m	苗高/cm	地径/cm
平和	ZZ-PH-01	实生	三	15.5	8.76	240.2	39.6	25.4	14.2	桃形	29.5	6.7	58.9	0.86
周宁	ND-SN-01	实生	二	16.3	12.87	232.4	45.3	28.2	17.1	扁圆形	26.7	6.7	65.4	0.63
屏南	ND-PN-01	实生	二	12.4	17.69	236.5	41.9	25.4	16.5	近圆形	28.9	8.7	65.5	0.95
	ND-PN-02	实生	二	15.3	14.35	234.9	44.2	27.8	16.4	桃形	26.5	8.4	63.4	1.01
福鼎	ND-HD-01	实生	二	18.0	16.19	238.5	43.8	26.5	17.3	扁圆形	28.5	6.5	64.5	0.97
	ND-HD-02	实生	二	13.5	10.80	239.8	40.8	25.2	15.6	扁圆形	17.8	8.3	66.7	0.94
焦城	ND-XC-01	实生	二	10.9	18.97	233.2	42.2	25.8	16.4	桃形	29.0	6.4	62.1	0.82
	ND-XC-02	实生	二	18.3	12.43	235.8	42.4	25.6	14.6	扁圆形	26.7	8.5	62.4	1.10
连城	LY-LC-01	实生	二	19.2	18.80	240.1	40.3	24.9	15.2	扁圆形	18.5	6.1	58.5	1.05
	LY-LC-02	实生	二	13.2	20.18	245.3	43.6	27.8	15.6	桃形	25.6	9.8	59.4	1.10
上杭	LY-SH-01	实生	二	12.8	16.35	235.4	44.4	25.7	16.2	近圆形	24.7	8.2	62.3	1.02
	LY-SH-02	实生	二	17.6	15.07	234.3	45.9	25.5	14.5	扁圆形	20.2	8.6	58.7	0.95
永定	LY-YD-01	实生	二	18.3	13.06	238.8	41.5	25.6	15.9	扁圆形	26.8	8.9	60.5	1.05
	LY-YD-02	实生	二	10.6	10.88	238.1	40.5	24.6	14.8	桃形	25.8	9.4	62.3	0.73
长汀	LY-CT-01	实生	二	9.5	9.23	233.5	40.0	24.8	15.2	扁圆形	19.6	7.5	57.5	0.87
武平	LY-WP-01	实生	二	10.6	8.55	237.9	39.9	25.4	14.5	桃形	18.9	7.8	62.4	0.86

表 5-9　基因库苗木生长情况调查(一)

编号	大区	地径/cm	树高/m	树冠投影面积/m^2	适应性
YP_{01}	三	2.13	1.29	2.2	无明显病虫害,落叶较早,细弱枝条的枝梢干枯,粗壮枝条未见受冻干枯。
YP_{02}	三	2.28	1.16	2.0	无明显病虫害,落叶较早,细弱枝条的枝梢干枯,粗壮枝条未见受冻干枯。
NP-YP-01	一	3.78	1.96	3.8	无明显病虫害,落叶较早,细弱枝条的枝梢干枯,粗壮枝条未见受冻干枯。
NP-YP-02	一	4.44	1.91	3.4	无明显病虫害,落叶较早,细弱枝条的枝梢干枯,粗壮枝条未见受冻干枯。
SC_{01}	一	5.3	1.79	4.2	无明显病虫害,落叶较早,细弱枝条的枝梢干枯,粗壮枝条未见受冻干枯。
NP-SC-01	一	5.65	1.87	4.8	无明显病虫害,落叶较早,细弱枝条的枝梢干枯,粗壮枝条未见受冻干枯。
NP-SC-02	一	7.25	1.97	4.2	无明显病虫害,落叶较早,细弱枝条的枝梢干枯,粗壮枝条未见受冻干枯。
NP-SW-01	一	5.05	1.75	3.9	无明显病虫害,落叶较早,细弱枝条的枝梢干枯 5～6 cm,粗壮枝条未见受冻干枯。
NP-SW-02	一	3.4	1.70	3.5	无明显病虫害,落叶较早,细弱枝条的枝梢干枯 5～6 cm,粗壮枝条未见受冻干枯。
NP-SW-03	一	3.55	1.82	3.0	无明显病虫害,落叶较早,细弱枝条多,枝梢干枯 5～6 cm,粗壮枝条未见受冻干枯。
NP-SW-04	一	3.15	1.87	3.5	无明显病虫害,落叶早,细弱枝条的枝梢干枯 5～6 cm,粗壮枝条未见受冻干枯。
NP-SW-05	一	3.35	1.79	3.2	无明显病虫害,落叶早,细弱枝条的枝梢干枯 5～6 cm,粗壮枝条未见受冻干枯。
NP-GZ-01	一	3.4	1.86	3.7	无明显病虫害,落叶早,细弱枝条较多,枝梢干枯 5～6 cm,粗壮枝条未见受冻干枯。
NP-GZ-02	一	3.1	2.05	4.5	无明显病虫害,落叶早,细弱枝条的枝梢干枯 5～6 cm,粗壮枝条未见受冻干枯。
NP-GZ-03	一	3.15	1.73	3.8	无明显病虫害,落叶早,细弱枝条的枝梢干枯 5～6 cm,粗壮枝条未见受冻干枯。
PC_{01}	三	2.44	1.15	2.8	无明显病虫害,落叶早,枝条未见受冻干枯。
PC_{02}	三	2.37	1.18	2.4	无明显病虫害,落叶早,枝条未见受冻干枯。
PC_{03}	三	2.13	1.19	3.0	无明显病虫害,落叶早,枝条未见受冻干枯。
PC_{04}	三	1.95	1.24	2.8	无明显病虫害,落叶早,细弱枝偶见受冻干枯,壮枝未见。

续表

编号	大区	地径/cm	树高/m	树冠投影面积/m^2	适应性
PC_{05}	三	2.24	1.12	3.5	无明显病虫害,落叶早,枝条未见受冻干枯。
PC_{06}	三	2.31	1.14	3.2	无明显病虫害,落叶早,枝条未见受冻干枯。
NP-PC-01	一	5.15	1.96	3.7	无明显病虫害,落叶早,枝条未见受冻干枯。
NP-PC-02	一	4.44	1.90	3.5	无明显病虫害,落叶早,枝条未见受冻干枯。
JO_{01}	三	2.53	1.28	2.5	无明显病虫害,落叶早,细弱枝偶见受冻干枯,壮枝未见。
NP-JO-01	一	4.32	1.81	4.0	无明显病虫害,落叶早,细弱枝偶见受冻干枯,壮枝未见。
JY_{01}	三	2.37	1.09	3.3	无明显病虫害,落叶早,细弱枝偶见受冻干枯,壮枝未见。

表 5-10　基因库苗木生长情况调查(二)

编号	大区	地径/cm	树高/m	其他形态特征
JY_{02}	三	2.91	1.22	无明显病虫害,落叶早,细弱枝偶见受冻干枯,壮枝未见。
NP-JY-01	一	3.66	1.73	无明显病虫害,落叶早,细弱枝偶见受冻干枯,壮枝未见。
NP-JY-02	一	3.84	1.78	无明显病虫害,落叶早,未见冻害。
NP-WYS-01	一	4.02	1.90	无明显病虫害,落叶早,未见冻害。
NP-WYS-02	一	4.08	1.87	无明显病虫害,落叶早,未见冻害。
NP-SX-01	一	4.44	1.87	无明显病虫害,落叶早,未见冻害。
NP-SX-02	一	3.72	1.89	无明显病虫害,落叶早,未见冻害。
NP-ZH-01	一	3.20	1.62	无明显病虫害,落叶早,未见冻害。
NP-ZH-02	一	3.06	1.79	无明显病虫害,落叶早,未见冻害。
SM-JN-01	一	4.61	2.04	无明显病虫害,落叶较早,细弱枝条的枝梢干枯 5～10 cm,粗壮枝条未见受冻干枯。
SM-JN-02	一	4.90	2.11	无明显病虫害,落叶较早,细弱枝条的枝梢干枯 5～10 cm,粗壮枝条未见受冻干枯。
SY_{01}	三	2.64	1.69	无明显病虫害,落叶较早,枝梢干枯 5～10 cm,粗壮枝条未见受冻干枯。
SM-SY-01	一	5.50	1.91	无明显病虫害,落叶较早,细弱枝条的枝梢干枯 5～10 cm,粗壮枝条未见受冻干枯。
TN_{01}	三	2.91	1.42	无明显病虫害,落叶较早,细弱枝条的枝梢干枯 5～6 cm,粗壮枝条未见受冻干枯。
SM-ML-01	一	4.94	2.21	无明显病虫害,落叶较早,细弱枝条的枝梢干枯 5～10 cm,粗壮枝条未见受冻干枯。
JL_{01}	三	2.46	1.49	无明显病虫害,落叶较早,枝梢干枯 5～6 cm,粗壮枝条未见受冻干枯。
SM-NH-01	一	4.67	1.94	无明显病虫害,落叶早,细弱枝条的枝梢干枯 5～6 cm,粗壮枝条未见受冻干枯。
SM-NH-02	一	4.96	1.98	无明显病虫害,落叶较早,枝梢干枯 5～6 cm,粗壮枝条未见受冻干枯。
MX_{01}	三	2.31	1.34	无明显病虫害,落叶较早,枝梢干枯 5～6 cm,粗壮枝条未见受冻干枯。
SM-MX-01	一	3.98	2.08	无明显病虫害,落叶较早,枝梢干枯 5～6 cm,粗壮枝条未见受冻干枯。
PT-XY-01	三	3.42	1.61	落叶迟,顶梢受冻,壮枝、弱枝均有受冻,部分个体,受冻严重。
PT-XY-02	三	3.36	1.59	落叶迟,顶梢受冻,壮枝、弱枝均有受冻,部分植株受冻严重。

续表

编号	大区	地径/cm	树高/m	其他形态特征
FZ-MC-01	三	3.15	1.48	落叶迟，顶梢受冻，壮枝、弱枝均有受冻，部分个体，受冻严重。
FZ-MH-01	三	3.42	1.72	落叶迟，顶梢受冻，壮枝、弱枝均有受冻，部分植株受冻严重。
ZZ-NJ-01	三	3.29	1.72	落叶迟，顶梢受冻，壮枝、弱枝均有受冻。
ZZ-PH-01	三	3.89	1.57	无明显病虫害，落叶较早，枝梢干枯 5～6 cm，粗壮枝条未见受冻干枯。
ND-SN-01	二	3.39	1.59	落叶迟，顶梢受冻，壮枝、弱枝均有受冻，部分个体，受冻严重。
ND-PN-01	二	3.09	1.64	落叶迟，顶梢受冻，壮枝、弱枝均有受冻，部分植株受冻严重。
ND-PN-02	二	3.22	1.46	无明显病虫害，落叶较早，细弱枝条的枝梢干枯 10 cm 以上，粗壮枝条偶见受冻干枯。
ND-HD-01	二	3.13	1.39	无明显病虫害，落叶早，细弱枝条的枝梢干枯 5～6 cm，粗壮枝条未见受冻干枯。
ND-HD-02	二	3.07	1.46	无明显病虫害，落叶较早，枝梢干枯 5～6 cm，粗壮枝条未见受冻干枯。
ND-XC-01	二	2.80	1.28	无明显病虫害，落叶较早，细弱枝条的枝梢干枯 10 cm，粗壮枝条偶见受冻干枯。
ND-XC-02	二	3.42	1.39	无明显病虫害，落叶较早，细弱枝条的枝梢干枯 5～10 cm，粗壮枝条未见受冻干枯。
LY-LC-01	二	4.31	1.21	落叶迟，顶梢受冻，壮枝、弱枝均有受冻，部分个体，受冻严重。
LY-LC-02	二	3.42	1.53	无明显病虫害，落叶较早，细弱枝条的枝梢干枯 10 cm，粗壮枝条偶见受冻干枯。
LY-SH-01	二	4.24	1.48	无明显病虫害，落叶较早，枝梢干枯 5～6 cm，粗壮枝条未见受冻干枯。
LY-SH-02	二	4.09	1.62	无明显病虫害，落叶较早，细弱枝条的枝梢干枯 10 cm 以上，粗壮枝条偶见受冻干枯。
LY-YD-01	二	4.31	1.25	无明显病虫害，落叶早，细弱枝条的枝梢干枯 5～6 cm，粗壮枝条未见受冻干枯。
LY-YD-02	二	3.61	1.68	落叶迟，顶梢受冻，壮枝、弱枝均有受冻，部分个体，受冻严重。
LY-CT-01	二	4.91	1.59	落叶迟，顶梢受冻，壮枝、弱枝均有受冻，部分植株受冻严重。
LY-WP-01	二	3.89	1.49	落叶迟，顶梢受冻，壮枝、弱枝均有受冻。

乌桕基因库小区配置图（1:1 000）
马尾松纯林
杉木马尾松混交林
杉木纯林
林道
林道
林道
NP-JYP 01
SM-JN 01
NP-YP 02
SM-JN 02
SM-SY 01
SM-ML 01
SM-NH 01
SM-NH 02
NP-JY 01
NP-JY 02
NP-WYS 01
NP-JWYS 02
NP-SX 01
NP-SX 02
NP-ZH 01
SM-MX 01
ND-SN 01
ND-PN 01
ND-PN 02
NP-SW 02
NP-SW 01
NP-SC 01
NP-SC 02
SC 01
NP-ZH 02
ND-XC 02
ND-XC 01
ND-HD 02
ND-HD 01
NP-SW 03
NP-SW 04
NP-SW 05
NP-GZ 01
NP-GZ 02
LY-LC 01
LY-LC 02
LY-SH 01
LY-SH 02
NP-JO 01
NP-PC 02
NP-PC 01
NP-GZ 03
LY-WP 01
LY-CT 01
LY-YD 02
LY-YD 01
YP01
PC01
PC02
PC03
MX01
SY01
JY02
JY01
PT-XY 01
PT-XY 02
福建林业职业技术学院
设计
审核
工程编号
图别
版式
制图
校对
图号
日期
2006.10

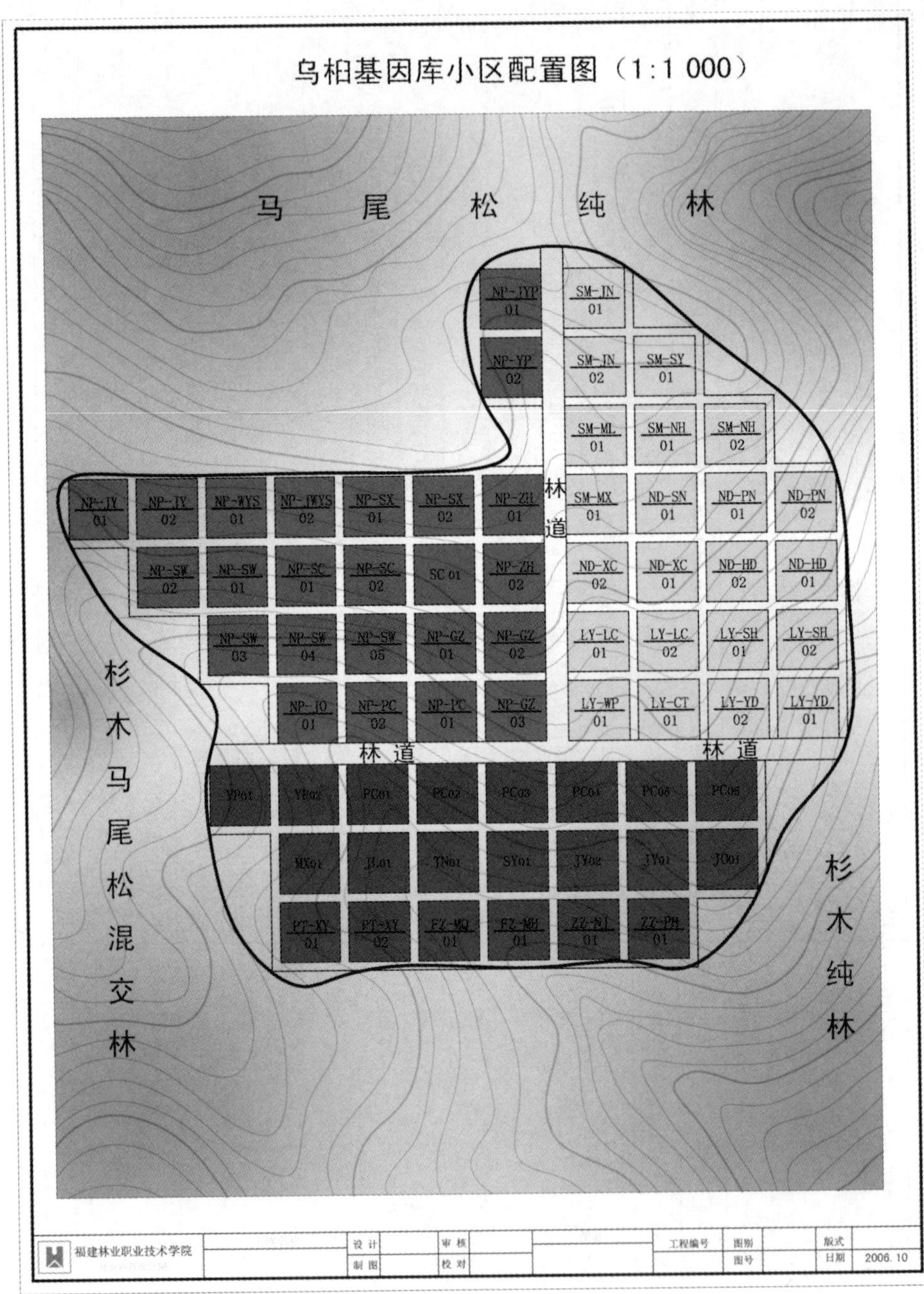

附图 5-1

第六章

油料能源树种良种选育

第一节　良种选育的意义

一、品种的概念和良种的作用

(一)种与品种的概念

种是生物学的基本单位,是自然选择形成的,有三个特点:

(1)具有一定的形态及生理遗传特征;

(2)有一定的自然分布区域;

(3)不同种间不能交配或不能交配产生有生殖能力的后代。

品种是人类在一定的生态和经济条件下,根据需要而创造的某种栽培植物的一个群体。它具有相对稳定的遗传性,在一定的栽培环境条件下,个体间在形态、生物学和经济性状方面保持相对一致性。在产量、品质和适应性等方面符合一定时期内的生产需要。

种与品种的区别:

(1)种是自然选择形成的,而品种是人工选择形成;

(2)种的遗传性不稳定,而品种的遗传性稳定;

(3)种不具有时空性,而品种有很强的时空性。

(二)优良品种的作用

优良品种,是指在一定地区和栽培条件下,能符合生产发展要求,并具有较高经济价值的品种。

(1)优良品种一般都具有较大的丰产潜力和抗逆力;

(2)在提高产品质量方面,良种的作用也十分显著;

(3)优良品种在增强抗病力和抗逆性方面效果特别显著;

(4)生物质能源树种,特别是油料能源树种,对品种质量要求更为严格,其直接影响林地的产能和能源林的经济效益。

二、良种选育的意义

良种选育，是指通过选择育种、引种驯化、杂交育种、倍性育种、诱变育种以及基因工程等常规和非常规的遗传改良手段，选择或创造优良品种的过程。

1. 良种是实现能源林速生丰产优质的物质基础

实现林木速生丰产优质的根本途径有两条，其一是选育途径，其二是改善栽培条件，并施以合理的栽培措施。通过选育途径，改良其遗传品质，提高其种性，是通过内因影响树木的生长、发育，而改善栽培条件是外因。外因必须通过内因起作用，所以，通过选育技术措施，选择良种，可以为实现能源林的速生丰产优质奠定坚实的物质基础。

2. 良种选育是能源林规模化发展的技术保障

能源树种要实现规模化发展，良种供应是保障，种苗是“先行工程”。使用良种造林，可以提高林地产能，充分挖掘林地的生产能力，提高能源林的经济效益。能源林的经济效益提高了，才能更广泛地激发林农、林业生产部门的营造能源林的积极性，能源林的规模化发展才有社会基础。

第二节　生物质能源树种选择育种

一、选择育种的概念和意义

选择育种，简称选种，是指从自然界中挑选符合人们需要的群体和个体，通过比较、鉴定和繁殖，以改进能源树种的群体遗传组成，或从中选出营养系品种。

选择是植物进化和育种的基本途径之一，达尔文进化学说的中心内容是变异、遗传和选择。变异是选择的基础，为选择提供了材料，没有变异，也就不会有选择。遗传又是选择的保证，只要通过选择、繁殖，将有利的变异性遗传下去，选择才有意义。选择不仅是挑选，还具有积极的创造性作用。任何植物在受到外界环境刺激后，都可能发生微小变异，如果引起变异的条件继续存在，就可以通过不断的选择将有利的性状保留和巩固下来，从而创造出与原始类型有明显差异的新品种。

选择不仅是独立培育优良品种的手段，也是引种、杂交育种、倍性育种、辐射育种等育种方法中不可缺少的环节。它贯穿于育种工作的每一步骤。例如原始材料研究、杂交亲本的选配、杂种后代以及其他非常规手段所获得的变异类型的处理，都离不开选择。没有选择，不去劣留优，就不可能培育出符合要求的优良品种。大部分能源树种，目前主要应用的种质为野生或半野生的种质资源，遗传改良的程度低。对异花授粉或常异花授粉的树种来讲，群体内存在明显的个体分化，种群间也存在明显差异，这就为选择育种工作开展，提供了良好的物质基础。对许多生物质能源树种来讲，选择育种比起其他育种措施，还具有所需时间短、见效快的特点。

二、选择育种的方法

(一)混合选择

混合选择法是指从一个原始混杂群体或品种中,按照某些观赏特性和经济性状选出彼此相似的优良个体,然后把它们的种子或其他种植材料(如插条等)混合起来种植,再与标准品种进行比较鉴定的方法。如果对原始群体的选择只进行一次,就繁殖推广的称为一次混合选择。如果对原始群体进行不断地选择之后,再用于繁殖推广的称之多次混合选择。

混合选择的优点:简单易行,能迅速从混杂的原始群体中分离出优良的类型;能获得较多的种子及繁殖材料,便于及早推广,保持的遗传较丰富,从而维护和提高了品种的特性。所以在品种性状遗传力高,种群混杂,遗传品质差别大的情况下能获得较好的育种效果。

混合选择缺点:混合选择是按表现型进行选择,混合采种繁殖,因而不能查清子代和亲本之间的谱系关系,也就不能根据子代的表现进行家系的选择。因此,在环境差异大、性状遗传力低的情况下,选择效果将受到很大的影响。另外,对于群体上已基本趋于一致的,在环境条件相对不变的情况下,再进行混合选择,效果就会越来越不显著。此时,要想进一步提高选择效果,就需要采用单株选择或其他的育种措施。

对麻风树、黄连木、乌桕等树种的原始林分进行疏伐改造,建立母树林等采种林分,并利用该林分种子播种繁殖的过程,即属于混合选择。目前市场上提供的麻风树种子,是从生长较好的结实母树上采集。从林分中生长良好结实母树上采集种子繁殖后代,再从后代群体中生长较好的个体上采集种子再混合繁殖下一代,以此类推,即属于多次混合选择。

(二)单株选择

单株选择法就是把从原始群体中选出的优良单株个体的种子分别收获、保存,播种繁殖为不同家系,根据各家系的表现鉴定上年当选个体的优劣,并以家系为单位进行选留和淘汰的方法。在整个育种过程中,若只进行一次以单株为对象的选择,而以后就以各家系为取舍单位的,称为一次单株选择法。如果先进行连续多次的以单株为对象的选择,然后再以各家系为取舍单位的,就称为多次单株选择法。

多次单株选择法的基本步骤:

1. 在供试林分中选择符合要求的优良单株,然后每株分别收取种子,分别保存贮藏。

2. 播种前将每个植株上收集的种子分为两部分,其中一部分种子按田间试验设计种植以作比较,另一部分种子按株系分别种植在隔离区内防止相互授粉。

3. 在株系比较试验中,淘汰不符合要求的株系,选择符合要求的优良家系。选中的家系要在隔离区内留种。

4. 如果当选家系中的各个植株表现整齐一致,那么该株系的种子可混合在一起成为一个品系。如果某个当选株系的子代仍然分化严重，则这个株系在隔离区中的植株还要分别收获，继续选择，直到选出合乎要求而整齐一致的株系为止。

单株选择法的优点：由于所选优株后代分别繁殖和编号，进行鉴定比较，一个优株的后代就形成一个家系。因而可以根据后代的外观表现来确定当选单株的真正优劣，选出遗传上真正优良的类型。

单株选择法的缺点：比较费工、费时，株系增多后所占土地增大，工作程序也比较复杂。

生物质能源树种的优良单株选择（也称优树选树），即属于单株选择法。

自花授粉植物是指同一花朵的花粉进行传粉（这种方式又称自交）或同一植株的不同花朵的花粉进行传粉而繁殖后代的植物。由于自然选择的结果，自花授粉植物可以长期自交而后代生活力并不表现降低。因此，自花授粉植物选择次数和年限均可减少，通常，采用一次单株选择和混合选择法。生物质能源树种多数属于异花授粉或常异花授粉植物。异花授粉植物是通过不同植物花朵的花粉进行传粉而繁殖后代的植物。由于这类树种之间经常杂交，个体遗传组成杂合程度较高，从群体中选择的优良个体，后代常因性状分离而出现部分劣株。尤其任其自由授粉时，会更增加遗传基础的复杂性，出现新的性状分离。常异花授粉树种较异花授粉树种的自由授粉子代（半同胞子代）性状分离程度稍轻，但长期下去依然明显。因而，异花授粉、常异花授粉树种，必须进行多次混合或单株选择，或选择优良单株后繁殖成无性系推广应用。

（三）无性系选择

无性系是指一株植物用无性繁殖所得的所有植物的总称。无性系是指从普遍的种群中或从天然杂交、人工杂交的原始群体中挑选优良单株，用无性方式繁殖，而后加以选择的方法。无性系选择不同于无性系繁殖，也不是指无性系内的选择。无性系选择不仅是根据其表现型优劣加以选择，而且要经过无性系测定才能大量繁殖；无性系繁殖是对已入选的品种扩大推广，不再需要经过无性系测定阶段，就可直接大量地进行营养繁殖。由于同一无性系植株的遗传基础都是相同的，所以无性系内选择是无效的。为提高无性系选择效果，必须把无性系选择与无性系测定相结合。

由于无性系选择是将挑选出来的优良单株采用无性繁殖方式推广，因而能够保存优良单株的全部性状。因此，对那些可采用营养繁殖的，而遗传性又是极其复杂的杂种，采用无性系选择效果较好。油料能源树种中，乌桕、竹柏、麻风树等，均可通过无性系选择，培育优良无性系，推广应用于生产，以期获得最大的增益。

三、影响选择效果的因素

（一）基本概念

由人工选择取得的改良效果，常以选择响应和遗传增装表示。当对某一数量性状进行选择时，入选群体的平均值与原始群体的平均值产生一定离差，叫做选择差，常以符号 S 表示。而选择响应是指入选亲本的子代平均表现值距原始群体（被选择群体）的平均型值间的离差。选择响应也常简称为响应，以符号 R 表示。所谓的遗传增益即为选择响应除以原始群体平均表现型值(X)所得的百分率。常以符号 $\Delta G=R/X\times100\%$表示。

对于每一种植物的每一个数量性状，其亲本都具有将该性状传递给其子代的一种能力，这种能力我们一般都把它称为遗传力。我们观察到的每一个性状，都是遗传因素和环境因素共同作用的结果。当该性状完全受环境因素作用时，则该性状的遗传力(h^2)为 0；当该性状完全不受环境因素作用时，则其遗传力 $h^2=1$。一般来讲，性状的遗传力大小在 0～1 之间。根据选择差和得到的实际改良效果估算的遗传力，称为现实遗传力，以 h^{2R} 表示，它是选择响应与选择差之比，即 $h^{2R}=R/S$。

(二)影响遗传增益的因素

1. 性状变异的幅度(分化程度)

一般地说，性状在群体内变异幅度愈大，个体间分化程度愈高，则选择的潜力愈大，选择的效果就愈好。反之，当性状在群体内变异幅度小时，也就是供试群体的各个个体的遗传基础都近似相同，则这时在该群体中选择时，选择无效或选择效果差。例如，在同一无性系内进行单株选择，由于同一无性系内各植株遗传基础都相同，所以选择是无效的。

2. 性状遗传力的大小

由于遗传增益 $\Delta G=R/X$，而现实遗传力 $h^{2R}=R/S$，所以 $\Delta G=h^2S/X$。从公式中，我们可以看出，遗传增益的大小与遗传力的大小成正比，性状的遗传力越大，则选择后所取得的遗传增益越大。

3. 入选率、选择差和选择强度

选择个性数目占选择群体总数的比例，叫入选率，以符号 P 表示。入选率愈少，即从一个群体中选出的株数愈少，那么选出的植株性状的平均值离选择群体的平均值愈大，即选择差愈大。可见选择差和入选率有一定关系。但是选择差还要受选择性状本身变异幅度的影响。例如，选择差异不等，但只要选择性状的变异幅度也不等，入选率却可能是相同的。标准差相同，入选率愈小，则选择差愈大；入选率相同，性状的标准差愈大，则选择差也愈大。选择差除以该性状的标准差所得的比值称为选择强度，以 i 表示。σ_p 表示性状标准差。从前面分析的 $\Delta G=h^2S/X, i=S/\sigma_p$ 可得 $\Delta G=h^2i\sigma_p/X$。由此可见，遗传增益与遗传力大小，选择强度(选择差或入选率)，性状的变异幅度有着密切的关系。

4. 直接选择和间接选择

直接选择是指对某一性状直接进行测定、比较、选择，间接选择是指通过与某一性状有一定相关的其他性状的测定、比较，而对该性状进行的选择。直接选择的效果较间接选择好。

5. 单性状选择和多性状选择

单性状选择较多性状同时选择的效果好。但是，某一树种的经济价值，往往由许多经济性状构成，选择时仅仅考虑某一二个性状，显然是不足的。这时，应该区分性状的重要性，先对影响经济价值最大的少数性状进行选择，再从入选群体中进行其他性状的选择。或者，根据性状的重要性，给不同性状设置不同的权重，进行综合评分法选择(参见乌桕优良单株选择部分的内容)。

第三节　优良单株选择

一、优良单株选择的概念

优良单株，常也称为优树，是指根据人类育种目标，从原始群体中，按一定的标准选择获得的优良个体。优良单株选择，即优树选择，是指从基本种群中，按照一定的选择标准，按表型进行的单株选择，并从中选的单株上分别采集种子和穗条，进行繁殖，通过比较鉴定，评选遗传品质优良的单株，建立采穗圃或种子园，作为良种繁育基地。

二、优良单株选择指标体系的建立(以乌桕为例)

目前为止，国内尚未见有关乌桕种子园建设的报道，浙江林科院等单位曾在浙江一带开展乌桕优良无性系选择，选择了4个优良无性系，并推广应用于生产，获得较高的经济效益。后来，由于乌桕的开发利用一度停滞，乌桕采种母树大量被砍伐，良种选育工作停顿，部分良种已经失去。乌桕属于异花授粉植物，不同个体间的天然杂交频繁，由于有性繁殖过程中基因的分离与重组，种群内各个体间经济性状分化程度较高。在福建省乌桕种质资源调查过程中发现，一些单株的经济性状表现明显优于周围的其他植株。对闽北乌桕种质资源的差异性研究结果可知，乌桕的单序果数、千粒重与单位面积种子产量密切相关；单序果数、千粒重、种子含油率的性状表现稳定，主要受遗传控制。乌桕无性系测定结果也表明，单序果数、千粒重、单位面积种子产量、皮油率、梓油率、种子总含油率等性状都具有较高的无性系广义遗传力，其中梓油率性状的广义遗传力最高，达到0.91，千粒重广义遗传力达到0.89，单位面积种子产量广义遗传力最低，但也达到了0.70。以上研究结果表明，乌桕的主要经济性状遗传力高，通过选择，可以获得较高的遗传增益。加强乌桕的选择育种，从乌桕种群中选择优良单株，发展优良家系和优良无性系，改良群体遗传组成，对提高乌桕能源林的生产能力、经济效益，具有重要意义。笔者根据福建省乌桕种质资源总体表现以及福建省乌桕优良种群各经济性状的表现，制定乌桕优良单株选择的性状指标体系以及选优的方法和步骤。

(一)研究材料来源和数据调查

从福建乌桕主要产区南平市浦城、建阳、建瓯，三明市三元区、明溪、沙县、清流，宁德周宁、屏南以及龙岩上杭等地，根据单序果数、单位面积种子产量、假种皮(皮脂)厚度等性状表现，选择103株树龄15～35年的优势木。

调查优势木胸径、树高、年龄、单序果数、千粒重、种子含油率、单位面积种子产量、单位面积产油量等性状的表现。乌桕经济性状调查方法和测定技术见种质资源调查部分。计算各性状的标准差。数据调查统计结果见表6-1。

表 6-1　乌桕优势木的平均表现及优势木群体标准差

内容	单序果数/粒	千粒重/g	种子含油率/%	单位面积种子产量/kg·m^{-2}	单位面积产油量/kg·m^{-2}
平均值	13.7	208.3	42.2	10.5	4.9
标准差 S	2.3	11	1.24	1.26	0.26

(二)基于改进的投影寻踪技术的性状权重的确定

1. 改进的投影寻踪技术确定性状权重的方法

综合评分法指标体系的建立,首先必须确定各性状的重要性,即各性状的权重。传统的选优指标,特别是综合评分法的指标的确立,往往建立在定性分析的基础上。乌桕作为油料能源树种,其经济价值取决于单位面积产量和种子的含油率,而单位面积种子产量,又受到树种本身的诸多因素的影响,如单序果数、千粒重等。为了定量分析各性状的重要性,笔者采用改进的投影寻踪方法,科学确定各性状权重。采用投影寻踪方法,确定某性状在综合评分时的权重,可以实现指标权重由定性向定量的转变,更具可靠性。课题组以103 株优势木的性状数据作为投影寻踪建立数学模型的样本集。把高维数据样本通过某种组合投影到低维子空间中,对投影到的构形,采用投影指标函数(目标函数),衡量投影暴露某种评价结构的可能性大小,寻找出使投影指标函数达到最优的投影方向,然后根据该投影方向对样本集中各指标作出相应的重要性评价,即以投影方向值的平方作为该性状的权重。投影方向值的平方,是该性状对总体效果评价的贡献,可以作为该性状在选优时评价候选树的权重。改进的投影寻踪数据处理的方法和步骤参见第三章。投影指标函数最优时的投影值最优,对树木的综合评价最为准确,也说明了此时的各性状的投影方向最佳,根据其计算的权重更为合理。

2. 性状评价指标的建立

以 103 株优势木的单位面积油脂产量、单位面积种子产量、种子含油率、单序果数、千粒重、径高比等可以量化的性状的测定值,建立性状评价指标体系的样本集。

3. 性状权重的估算

利用改进的投影寻踪技术,通过构造、优化投影指标函数,利用软件计算各性状的投影方向值,进而计算出权重,并进行微调,以便于实践操作(见表 6-2)。

表 6-2　各性状的投影方向及权重

数据类别	单位面积油脂产量	单位面积种子产量	种子含油率	单序果数	千粒重	径高比	合计
投影方向	0.561 3	0.454 8	0.469 3	0.324 9	0.321 5	0.221 4	
权重	0.315	0.207	0.220	0.106	0.103	0.049	1.000
调整的权重	0.300	0.200	0.200	0.100	0.100	0.050	0.95
调整后与调整前的差距	0.001	0.004	−0.010	0.000	0.002	0.004	

从表 6-2 可以看出，经过调整后的各性状权重与通过投影方向值的平方计算出来的数据之间相差很小。

由此可见，通过改进的投影寻踪技术，可以使评分法选优时各可量化的性状分值的确定提供理论依据。

4. 由权重确定性状评价的基本分值

乌柏选优时应以单位面积油脂产量、单位面积种子产量、种子含油率、单序果数、千粒重、径高比等性状的选择评价为主，但还有一些无法量化的性状，也可能直接影响乌桕种子生产成本、乌桕种植的收益率，应予以考虑。分析乌桕其他能够影响能源林效益的因子，主要有果实开裂难易、果实成熟的一致性、种子自行脱落难易、皮脂颜色、健康状况等5个方面。因此，乌桕的选优指标体系，应由两个方面构成，其一是生产能力指标，包括单位面积油脂产量、单位面积种子产量、种子含油率、单序果数、千粒重等 5 个；其二是形质指标，包括径高比、果实开裂难易、果实成熟的一致性、种子自行脱落难易、皮脂颜色、健康状况等 6 个。果实开裂难易、果实成熟的一致性、种子自行脱落难易、皮脂颜色、健康状况5 个性状的分值，与径高比一样。

综上所述，乌桕各性状的评分基本分分别为：单位面积产油量 30 分，单位面积种子产量和种子含油率分别 20 分，单序果数和千粒重分别 10 分，径高比、果实开裂难易、果实成熟的一致性、种子自行脱落难易、分枝性、皮脂颜色、健康状况等 7 个性状分别为 5 分，总基本分为 125 分。

(三)乌桕优良单株性状指标评分标准的制定

乌桕现存资源分散，大多零星、散生，因此，只能根据单株的表现，通过综合评分法来进行优良单株的选择，即将乌桕的各选择性状的表型值划分为不同的级别，并根据性状的重要性给予一定分数，累加各性状的评分，从而对选择植株（候选树）作出总的评价，并对能否入选给出结论。

1. 种子生产能力标准

乌桕单序果数、千粒重与单位面积种子产量密切相关，因此，乌桕单序果数、千粒重、单位面积种子产量三个性状的表现，都应作为乌桕种子生产能力的评价内容。种子生产能力选优基本值，均以优势木平均值加上 3 个标准差来确定，计算公式为：$X=\overline{X}+3S$，计算后取整。优良单株各项种子生产能力标准见表 6-3。

表 6-3　乌桕种子生产能力选优最低标准

性状	单序果数/粒	千粒重/g	单位面积种子产量/ $kg \cdot m^{-2}$
生产能力指标	20	241	14

2. 油脂生产能力标准

种子含油率标准　种子含油率的多少，直接影响目标性状单位面积产油率的高低，是乌桕作为油料原料林树种的最重要的经济性状之一。优势木的种子含油率变动范围为37.2%～49.8%，平均值为 44.8%，群体标准差为 0.54%。以超过优势木群体平均值 3 个标准差的数值，作为乌桕选优的种子含油率最低标准。乌桕选优的种子含油率基本值为 47.43%。

单位面积产油量标准 单位面积产油量是由单位面积种子产量与种子含油率的乘积估算的，其既是乌桕作为油料能源树种的最终经济性状评价种质好坏的标准，也起到协调、平衡单位面积种子产量和种子含油率在选优中孰重孰轻的问题。因为在选优中可能遭遇到种子单位面积产量高、但含油率低，或种子单位面积产量低、而种子含油率很高的植株，这样的植株作为育种原始材料自然没有问题，但作为优良单株的话，能否入选，则不好决定。这个问题，我们可以通过求算其单位面积产油量，并与优良单株产油量最低标准对照，以决定最终能否入选。103 株优势木单位面积产油量变动范围为 2.1～5.3 $kg \cdot m^{-2}$，平均值为 4.9 $kg \cdot m^{-2}$。以超过优势木群体平均值 3 个标准差的数值，即 5.7 $kg \cdot m^{-2}$ 作为乌桕优良单株选择时的单位面积产油量的基本值。

3. 形质指标

对乌桕候选树的其他一些形质指标也应在选择是予以重视。

径高比 指乌桕胸径与树高的比值。径高比小时，说明植株树体较高，这将影响单位面积的株数，不利于对结实母树树高矮化控制，同时，树体高的植株，单位面积种子产量高不等于结实密度大。相反，径高比大的植株，高生长较弱，树冠高度小，如果单位面积种子产量高，则说明其分枝性好，结实密度大。乌桕优势木的径高比变动范围为 4.2%～6.2%，平均值为 5.1%。乌桕优良单株的径高比应不高于 5.0%为宜。

果实开裂难易 一般情况下，乌桕果实在成熟失水后容易开裂，但在调查过程中发现有一些植株果实不容易开裂，这将给种子的脱粒造成很大不便，耗时费工，增加种子采收成本。因此，要求乌桕优良单株的种子要比较容易开裂。

果实成熟的一致性 乌桕植株由于各枝条开花结实时间有先后以及光照条件不一，同一植株上果实成熟期有一定差异，有的植株差异不大，约一周左右，有的差异可达一个月。同一植株果实成熟期的差异，将给种子采收带来不便。要求乌桕优良单株果实成熟期较一致，在先成熟的果实开裂、种子自动脱落之前，其他果实应该全部颜色呈灰褐色、灰黑色，表现成熟形态特征。

种子脱落 一些乌桕种子成熟后易从果壳中轴上脱落，即使产量高，但因为种子损失量大，真正采收到的也不一定多，因此，这类植株不宜作为优良单株。

皮脂颜色 乌桕果实成熟，果壳因失水开裂，露出种子。一些乌桕植株种子暴露在空气中容易霉变，或被氧化变成黄色，影响了皮脂的质量。因此，优良单株应选择籽白、不容易变色或霉变的。

分枝性 乌桕分枝能力强的，树冠浓密，单位面积光能吸收率高，有利于结实母树积累养分用于开花结实，也有利于增加结实层厚度，还有利于通过修剪控制树形。

健康状况 乌桕常见病害有煤污病、白粉病等，易感病植株不宜作为优良单株。

(四)乌桕优良单株选择指标体系

乌桕现存资源中少有成片整齐林分，基本上都是散生孤立木或单排种植的行道树，而且乌桕不同品种间经济性状表现差异非常大，因此，目前乌桕优良单株的选择，只能根据候选单株的实际表现评定。笔者在对103株优势木的表现进行调查分析的基础上，建立了乌桕优良单株选择的综合评分法指标体系。根据各性状的重要性，将各性状分为Ⅰ级性状、Ⅱ级性状、Ⅲ级性状和Ⅳ级性状。Ⅰ级性状为单位面积产油量，Ⅱ级性状为单位面积种子产量和种子含油率，Ⅲ级性状包括单序果数、千粒重，Ⅳ级性状包括径高比、果实开裂难易、果实成熟的一致性、种子脱落、皮脂颜色、健康状况等6项内容。

1. 乌桕优良单株选择Ⅰ级性状评分标准

以优良单株的单位面积产油量最低标准5.7 kg·m^{-2}为基数。当候选树单位面积产油量达到最低标准±0.5个标准差，即达到5.7 ±0.13 kg·m^{-2}时，评分30分，在此基础上上限增加0.5～1个标准差，即增加0.13～0.26 kg·m^{-2}，加3分；下限减少0.5～1个标准差的值，减3分。依此类推。

2. 乌桕优良单株选择Ⅱ级性状评分标准

乌桕单位面积产量以14 kg·m^{-2}为基数，当达到基数±0.5个标准差，即达到14±0.63 kg·m^{-2}时，评分20分。在此基础上上限增加0.5～1个标准差，即增加0.63～0.631 26 kg·m^{-2}时，加2分；下限减少0.5～1个标准差的值，减2分。乌桕种子含油率以47.43％为基数，当达到基数±0.5个标准差，即达到47.43％±0.27％时，评分20分，以后上限增加0.5～1个标准差，加2分，下限减少0.5～1个标准差的值，减2分。依此类推。

3. 乌桕优良单株选择Ⅲ级性状评分标准

单序果数以20粒为基数，当达到基数±0.5个标准差，即20粒±1.15粒时，评分10分。在此基础上每增加一个标准差，即增加2.3粒，加1分；每减少一个标准差的值，减1分。千粒重以241g为基数，当达到基数±0.5个标准差，即234.5～246.5 g时，评分10分。在此基础上，上限增加0.5～1个标准差，即增加11 g，加1分；下限减少0.5～1个标准差的值，减1分。

4. 乌桕Ⅳ级性状评分标准

乌桕Ⅳ级性状每项基本分5分，根据性状表现酌情增减分(参见表6-4)。

乌桕各级性状评分标准见表6-4。

乌桕现有种质资源的分布、性状表现特点，决定了不能采用用材林树种杉木、马尾松等的林分调查方法和优树选择的方法。综合评分法是乌桕目前状况下适合的优良单株选择方法。调查结果表明，福建省现有乌桕资源中，不同品种群间、同一品种群不同品种间、同一品种不同个体间差异非常大，使用优势木对比法、标准木对比法等方法选优，很容易因为种群整体水平低而导致选择效果不佳。综合评分法先根据现有种质资源中优势木的主要经济性状平均表现，制定具体标准，防止选优指标过低或过高现象发生；同时，通过改进的投影寻踪技术，估算性状的重要性，并赋予不同等级性状不同分值(权重)，避免一些某个经济性状特别优秀个体遗漏。

表 6-4 乌桕综合评分法各项性状评分标准*

Ⅰ级性状		Ⅱ级性状				Ⅲ级性状			
单位面积产油量/ kg·m^{-2}	评分	单位面积种子产量/ kg·m^{-2}	评分	种子含油率/%	评分	单序果数/粒	评分	千粒重/g	评分
7.46～7.72	51	22.26～23.52	34	50.45～50.99	34	35.02～37.32	17	313.2～324.2	17
7.19～7.45	48	20.99～22.25	32	49.90～50.44	32	32.71～35.01	16	302.1～313.1	16
6.92～7.18	45	19.72～20.98	30	49.35～49.89	30	30.40～32.70	15	291.0～302.0	15
6.65～6.91	42	18.45～19.71	28	48.80～49.34	28	28.09～30.39	14	279.9～290.9	14
6.38～6.64	39	17.18～18.44	26	48.25～48.79	26	25.78～28.08	13	268.8～279.8	13
6.11～6.37	36	15.91～17.17	24	47.98～48.24	24	23.47～25.77	12	257.7～268.7	12
5.84～6.10	33	14.64～15.90	22	47.71～47.97	22	21.16～23.46	11	246.6～257.6	11
5.57～5.83	30	13.37～14.63	20	47.16～47.70	20	18.85～21.15	10	235.5～246.5	10
5.30～5.56	27	12.10～13.36	18	47.15～46.62	18	16.54～18.84	9	224.4～235.4	9
5.03～5.29	24	10.83～12.09	16	46.61～46.08	16	14.23～16.53	8	213.3～224.3	8
4.76～5.02	21	9.56～10.82	14	46.07～45.54	14	11.92～14.22	7	202.2～213.2	7
4.49～4.75	18	8.29～9.55	12	45.53～45.00	12	9.61～11.91	6	191.1～202.1	6
4.22～4.48	15	7.04～8.28	10	44.99～44.46	10	7.30～9.60	5	180.0～191.0	5
3.95～4.21	12	5.77～7.03	8	44.45～43.92	8	4.99～7.29	4	168.9～190.9	4
3.68～3.94	9	4.50～5.76	6	43.91～43.38	6	2.68～4.98	3	157.8～168.8	3

Ⅳ级性状													
径高比/%	评分	果实开裂难易	评分	果实成熟的一致性	评分	种子树上自然脱落	评分	分枝性	评分	皮脂颜色	评分	健康状况	评分
≥5.0	5	容易开裂	5	同时成熟	5	无	5	强	5	白色	5	无病虫害	5
4.0～4.9	4	一般,少量不开裂	4	相差 1 周	4	极少量	4	较强	4	淡黄色	4	病虫害危害较轻	3
3.0～3.9	2	大部分难开裂	2	相差 2 周	3	少量	3	一般	3	黄褐色	2	病虫害危害严重	1
2.0～2.9	1	极难开裂	0	相差 3 周	2	严重	1	较差	2	霉变、灰黑色	0	病虫害危害极严重	0
≤1.9	0			相差 4 周	1	极严重	0	差	1				

* 本标准适用于树龄 15～40 年的乌桕盛果期的优良单株选择,树龄小于 15 年植株,单位面积种子产量和单位面积产油量可按树龄减少 2 年降低一个标准差要求进行评分。

三、综合评分法选优的方法和步骤

以乌桕综合评分法选优为例。

乌桕现存的资源状况、分布特点，适合采用综合评分法进行优良单株的选择。下面介绍课题组在 2004 年 11—12 月开展的乌桕综合评分法优良单株选择的步骤：

1. 通过与当地林业部门电话了解，走访调查，了解各地的乌桕资源分布基本情况(包括相对集中分布的地点、树龄的大小、结实状况、起源)。

2. 根据了解的基本情况，到相对集中分布的地点及周边进行踏查，目测种子产量、结实密度，选定种子产量、结实密度明显高于周围树木，树冠匀称的植株作为候选树。

3. 用测高仪测定候选树的树高，用围径尺测定胸径并记录在优树登记卡上。观察候选树的结果枝分布情况、果序大小，选定 5 个标准枝。

4. 用高枝剪剪下标准枝，调查各标准枝的单序果数并记录；调查树冠上的结果枝数量并记录，采集 5 个标准枝上的全部果实，混合装在塑料袋里，袋内放置一标注有候选树编号、采种地点、时间、采种人姓名的厚卡片，袋口扎紧，袋外贴上同样填写有候选树编号、采集时间、地点、采种人姓名的标签。

5. 用生长锥在候选树树干 1.3 m 位置钻取木芯，调查其树龄并记录。

6. 用方格法按 1∶50 绘制树冠投影图，并标注候选树编号。

7. 登记候选树所在位置(详细记录地名：××市××县(市、区)××乡××村××小地名)，绘制候选树位置示意图，在图上标明明显地物标，有 GPS 的可以进行卫星定位，记录坐标。对单序果数、种子自然脱落情况、径高比、果实开裂情况、果实成熟的一致性、分枝性、皮脂颜色、健康状况等性状表现按评分标准进行评分，并对候选树进行形态特征的文字描述。

8. 登记周围植被类型、土壤类型、乌桕种苗来源(起源)，收集当地历史气象资料，人工栽培的林木还应该收集栽培管理技术资料。采集土样。将优树登记表、果实样本、土壤样本带回。

9. 在实验室内进行果实样本脱粒、干燥，测定千粒重、种子含油率，估算单株(干)种子产量(单株种子产量=5 个标准枝干种子总重×结果枝数/5)。计算树冠投影面积、单株种子产量，计算单位面积种子产量(即单位面积种子产量=单株种子产量/树冠投影面积)。根据单位面积种子产量、种子含油率估算单位面积产油量(即单位面积产油量=单位面积种子产量×种子含油率)。

10. 根据测定结果，对千粒重、种子含油率、单位面积产量、单位面积产油量按评分标准进行评分，并填写在优树登记表上。优树登记表参见附表 6-1。

11. 统计总评分数，如果总评分不低于 120 分(总基本分 125 分)，即可入选。填写评定结论。

四、乌桕优良单株选择及遗传测定

目前为止，生物质能源用途的优良单株选择及遗传测定工作才刚刚起步，与杉木、马尾松等主要用材树种相比较，落后了许多。根据选优标准选定的优良单株，还仅仅是表型优株。树种的经济性状表现，既受到遗传控制，也受到环境因素的影响。通过遗传测定，可以从入选群体中进一步选择获得遗传型优株，并建立优良无性系。同时，可以估算遗传参数，了解各主要经济性状的遗传传递能力。

福建林业职业技术学院开展了乌桕的优良单株选择及遗传测定(选择的部分优良单株图片见附图 6-1)。现以此为例，来说明优良单株遗传测定、遗传型优株选择的方法。乌桕扦插、嫁接育苗技术成熟，使用无性系造林，可以保持所选优株的优良特性，缩短投产期，提前开花结果，应在能源林建设中推广应用。通过优良单株的无性系测定，可以选择优良无性系。

乌桕为异花授粉植物，通过基因重组、不同品种群间杂交，自然界中变异类型十分丰富，不同类型和单株之间的经济效益差异悬殊，因此，选择优良单株，发展优良无性系，充分利用个体间的遗传差异，对于提高乌桕油料能源林的产能，具有重要意义。但到目前为止，福建省乌桕能源树种用途的经济性状研究及优良无性系选择均未见报道。本课题组通过对乌桕表型优株无性系测定，探索单位面积种子产量、单序果数、千粒重、种子含油率等经济性状的遗传参数，为进一步的性状遗传改良提供理论依据；同时，根据初选优良无性系的综合表现，选择遗传型优良无性系，为实现乌桕优良无性系造林奠定基础。

(一)材料与方法

1. 试材来源和试验设计

试验材料来源　2004 年 11—12 月，根据单序果数、千粒重、单位面积种子产量、种子含油率、皮脂与种子的比率等主要经济性状的综合表现，采用综合评分法，在福建南平、三明两地区树龄 20～35 年的乌桕行道树中进行优良单株选择。共调查 6 800 多个乌桕植株，选择获得表型优株 16 株，其中南平地区 12 株、三明地区 4 株。从初选优株树冠上部采集健壮枝条，湿沙埋藏，作为嫁接材料。2004—2007 年各表型优株经济性状平均表现统计结果见表 6-5。

试验地概况与田间试验设计　嫁接育苗在福建林业职业技术学院林业综合实训基地进行。无性系测定在福建省南平市延平区夏道、峡阳、西芹 3 个试验点进行。试验点 1 为Ⅰ类地，前身为荒废果树林，阳坡地，黄红壤，土层深厚，土壤 pH 值 6.03，腐殖质含量 1.226～2.934 $g \cdot kg^{-1}$；试验点 2 为Ⅱ类地，前身为杉木人工纯林，阳坡山地，红壤，土层较厚，土壤 pH 值 6.24，腐殖质含量 0.841～1.328 $g \cdot kg^{-1}$；试验点 3 为Ⅲ类地，前身为杉木人工纯林，阳坡山地，红壤，土层约 50 cm，土壤 pH 值 6.12，腐殖质含量 0.225～0.683 $g \cdot kg^{-1}$。2005—2008 年间，延平区年降水量 1 271～1 897 mm，极端最高温 42.8 ℃，极端最低温 −1.5 ℃，年均温 19.8～20.4 ℃。

无性系测定试验采用完全随机区组试验设计，3 次重复，16 个水平(无性系)，3 个处理(试验点),6 株单列小区,试验区周围种植 1 排千年桐一年生苗木作为保护行。种子含水率、含油率测定每样本各重复测定 5 次,千粒重测定每样本重复测定 8 次,以多次测定数据平均数作为该样本的种子含油率、千粒重数值和种子含水率数值。

2. 试验处理

参试苗木选择与定植 2005 年 2 月,通过切腹接繁殖建立无性系。砧木为 2 a 生乌桕实生苗,在根茎嫁接,接穗长 5～7 cm。2005 年 12 月选择各无性系中生长健壮的苗木参加无性系测定试验。带土团移植,土团规格为 35 cm 左右。定植前伐除杂灌,挖净树根、草皮和石块,挖明穴回表土,穴规格 60 cm×50 cm×40 cm,施足基肥,施肥量为每穴腐熟鸡粪约 0.5 kg。株行距 4 m×3 m。

抚育管理 2006 年 3 月、9 月对参试苗木进行 2 次整型修剪,促进分枝;2007—2008 年 3 月分别修剪 1 次,5 月结合除草松土,各扩穴施肥 1 次,每株施放磷肥 0.1 kg,腐熟鸡粪约 0.5 kg。

数据收集与分析方法 2008 年 11 月中旬,在各参试小区中选择小区标准木,用方格法计算标准木树冠投影面积;从标准木上选择 5 个标准枝,以标准枝平均种子重量测算标准木种子产量,以标准枝平均单序果数测算标准木单序果数;采集标准木上的果实,作为标准木种子产量估算和种子含水率、含油率、千粒重测定样本。种子含油率测定采用残渣法,溶剂选用乙醇。从种子各样本中随机抽取 10 g 作为种子含油率测定试样,每份样本抽取 15 份,其中总含油率测定 5 份,梓油含量测定 5 份,含水率测定 5 份。将参试样品置于 y-z 型脂肪抽提器内,用 95%乙醇循环浸提脱脂,再将脱脂后的样品重新烘干至恒重,减轻的重量为样品中油脂含量。种子含水率测定采用烘干法,千粒重测定采用百粒法。以小区标准木数据作为小区平均值。

小区单位面积种子产量计算公式为 $Y_{ij}=y_{ij}\times A_{ij}/M_{ij}$,其中 y_{ij} 为小区标准木种子产量,A_{ij} 为小区标准木种子含水率,M_{ij} 为小区标准木树冠投影面积;皮油率=种子总含油率−梓油率;单位面积产油量=单位面积种子产量×种子总含油率。统计各试验小区单位面积种子产量、平均千粒重、单序果数和种子含油率。各无性系平均表现统计见表 6-6。采用方差分析法,以小区平均值为单位计算单位面积种子产量、单序果数、千粒重、皮油率、梓油率、种子总含油率等性状的无性系广义遗传力。

无性系广义遗传力求算公式:

广义遗传力 $H^2=(V_1-V_2)/[V_1+(n-1)V_2]$ (1)

其中,V_1 为无性系间方差,V_2 为无性系内小区间方差,n 为重复数(区组数)。

通过双因素方差分析,检验无性系间和不同试验点间各经济性状的差异显著性。单序果数、皮油率、梓油率和种子总含油率数据在参与方差分析前先反正弦转换。方差分析及广义遗传力估算结果见表 6-7。聚类分析采用 DPS 系统聚类分析软件计算。选择响应的计算公式:

选择响应 $R=SH^2$ (2)

其中 S 为选择差,H^2 为无性系广义遗传力。

遗传增益计算公式:

$\Delta G=R/\overline{X}$ (3)

其中，R 为选择响应（选择效果），$\overline{X}$ 为表型优良单株群体平均值。

（二）结果与分析

1. 无性系间性状表现比较

无性系间结实状况比较 从表 6-6 可以看出，乌桕初选的 16 个无性系在单序果数、单位面积种子产量、千粒重等性状表现上存在较大差异。各无性系平均单序果数变动范围为 24.0～32.6 个，其中 PC_{03}、PC_{06}、PC_{02}、JY_{01} 等 4 个无性系单序果数较多，其平均单序果数分别超过参试群体平均水平 15.0%、14.3%、13.6%、6.5%，是单序果数最少无性系 YP_{01} 的 35.8%、35.0%、34.2%、20.0%；千粒重变动范围为 233.5～258.8 g · m^{-2}，其中 PC_{04}、PC_{06}、SY_{01}、PC_{03} 的无性系千粒重较大，分别超过参试群体平均水平 5.4%、5.3%、3.8%和 3.2%，超过千粒重最小无性系 JL_{01} 10.8%、10.7%、9.2%和 8.6%；单位面积种子产量变动范围为 2.36～7.18 kg · m^{-2}，其中 PC_{03}、PC_{05}、JY_{01}、PC_{06}、SY_{01} 产量较高，分别超过群体平均水平 40.2%、29.7%、28.3%、26.4%、24.6%，是产量最低无性系 JL_{01} 的 304.2%、281.4%、278.4%、274.2%和 270.3%。

从果序、花序发育特征上看，PC_{05}、SC_{01} 为葡萄桕，只具一种花序，开一次花，雌雄同穗，下部为雌花，上部为雄花，果实在果梗顶端排列紧密成串，形似葡萄，其余均为鸡爪桕，具两种花序，开两次花，第一次开的为雄花序，当第一次花序即将凋萎时，再在上一次花序基部直接抽出数个两次花序，基部着生雌花，上部着生雄花，由于在这种两次花序上结果，形成多杈果序，状如鸡爪。PC_{04}、MX_{01}、TN_{01} 果实呈扁圆形，果实顶端无明显突起，果壳略厚，种子长宽比小，近为半圆形，其余无性系果实为桃形，顶端有明显突起，种子长宽比大，较瘦长。表 6-7 方差分析结果表明，初选群体 16 个无性系之间在单序果数、千粒重、单位面积种子产量等经济性状表现上，都存在极显著差异。不同试验点间，即不同环境条件下，单位面积种子产量达到极显著的差异水平，单序果数达到显著水平，环境条件的改变，对初选群体种子生产能力、单序果数有较大影响；不同试验点间千粒重性状未达到显著水平，对环境变化的反应不敏感，表现出一定的性状稳定性。单位面积种子产量在无性系试验点的交互作用水平差异极显著，不同无系单位面积产量对不同环境反应不同；单序果数、千粒重等性状在无性系、试验点的交互作用水平差异不显著。

比较表 6-5、表 6-6 数据，各无性系单位面积种子产量均与原株（初选优株）差异悬殊，这与树高和树冠高度差异有密切关系。当树木年龄增大，植株长高，树冠高度也随之增高，结实层增厚，产量也随之增加。同时，初选单株大多为公路两侧行道树，营养空间较大，光照充足，立地条件较好，这对单位面积产量也有一定影响。各无性系单序果数、千粒重等性状平均表现与原株也存在一定差异，应与环境条件、发育状况差异，以及砧木影响有关。

无性系间种子含油率比较 从表 6-6 可以看出，乌桕初选的 16 个无性系在皮油含量、梓油含量、种子含油率等性状表现上存在一定差异。参试群体平均皮油率为 29.3%，各无性系变动范围为 28.1%～30.6%，其中 PC_{03}、PC_{04}、PC_{05}、PC_{06} 等 4 个无性系皮油率较高，分别超过群体平均水平 4.5%、3.5%、3.1%、2.8%，超过皮油率最低无性系 TN018.9%、7.8%、28.1%、7.5% 和 7.1%；参试群体平均梓油率为 19.0%，各无性系变动范围为 17.8%～19.7%，其中 PC_{06}、MX_{01}、PC_{02}、PC_{01} 等 4 个无性系平均梓油含量较高，分别超过参试群体平均水平3.6%、2.6%、1.6%、1.6%；群体平均种子总含油率为48.3%，其中PC_{06}、PC_{03}、PC_{05}等3个无性系种子总含油率较高，分别超出参试群体平均水平3.0%、2.6%、2.2%。表5-3方差分析结果表明，各无性系间皮油率、梓油率、种子总含油率等性状表现上均存在极显著差异。蜡皮内油脂含量较种仁高，PC_{03}、PC_{04}、PC_{05}、PC_{06}等4个无性系种子粒白，蜡皮厚，蜡皮与种子比率达到38.6%以上，使种子总含油率显著提高。因此，选优外业调查时，即应重视选择蜡皮厚、蜡皮与种子比率高的植株。不同试验点，同一无性系皮油率、梓油率、种子总含油率无显著差异，无性系试验点间交互作用不显著，说明这些性状对环境变化的反应不敏感，表现出较高的稳定性。

无性系间单位面积产油量比较 单位面积产油量是乌桕作为油料能源树种利用的最终目的性状，根据单位面积种子产量和种子总含油率估算。参试群体单位面积产油量平均水平为2.49 $kg.m^{-2}$，变动范围为1.12～3.56$kg.m^{-2}$，其中，PC_{03}、PC_{05}、PC_{06}、JY_{01}、SY_{02}等5个无性系均达到3 $kg.m^{-2}$以上，分别较群体平均水平高43.0%、31.7%、29.4%、28.8%、25.6%，较单位面积产油量最低的JL_{01}分别高出219.1%、193.9%、188.7%、187.3%、180.1%。方差分析结果表明，各无性系间单位面积产油量存在极显著差异，试验点间单位面积产量差异也达到显著水平。初选的16个无性系在单序果数、千粒重、单位面积种子产量、皮油率、梓油率、种子总含油率、单位面积产油量等经济性状表现上，均存在极显著差异，通过无性系测定，对初选的无性系作进一步选留或淘汰是非常必要的。单位面积产油量是乌桕能源林产能的最终体现，因其由单位面积种子产量和种子总含油率估算，所以在优良无性系选择时，单位面积种子产量、种子总含油率是主要性状指标，应同时兼顾。

2. 同一无性系试验点间种子产量比较

由于单位面积种子产量在不同试验点间存在极显著差异，无性系试验点间的交互作用达到显著水平，因此，有必要对同一无性系在不同试验点间的种子产量进行比较分析，评定各无性系种子产量的稳定性。从表5-4可以看出，YP_{01}、YP_{02}、PC_{01}、PC_{02}、JL_{01}、JY_{02}、SC_{01}、TN_{01}等8个无性系对环境条件变化反应敏感，不同的土壤条件、气候条件对其单位面积种子产量的影响达到极显著水平，其他无性系不同试验点间无显著差异，单位面积种子产量相对稳定。

3. 性状遗传参数估算

乌桕实生苗须生长8～9年后才生理发育成熟，开始开花结实。无性繁殖，特别是嫁接繁殖，是缩短乌桕能源林投产期的重要途径，研究乌桕经济性状的无性系广义遗传力具有重要意义。各经济性状的无性系广义遗传力估算结果见表6-7。从表5-3可以看出，单序果数、千粒重、单位面积种子产量、皮油率、梓油率、种子总含油率等性状都具有较高的无性系广义遗传力，其中梓油率性状的广义遗传力最高，达到0.91，千粒重广义遗传力达到0.89，单位面积种子产量广义遗传力最低，但也达到了0.70。由原株通过无性繁殖方法育成的无性系，属于同一个世代，所估算的广义遗传力也可称为无性系重复力。乌桕单序果数、千粒重影响单位面积种子产量，皮油率和梓油率影响种子总含油率的多少，单位面积种子产量和种子总含油率最终决定单位面积产油量，因此，单序果数、千粒重、单位面积种子产量、皮油率、梓油率、种子总含油率等，都是乌桕树种作为油料能源树种的重要经

表 6-5 乌桕表型优株经济性状表现统计*

代号	单序果数/粒	单位面积种子产量/kg·m^{-2}	千粒重/g	种子含油率/%	代号	单序果数/粒	单位面积种子产量/kg·m^{-2}	千粒重/g	种子含油率/%
YP_{01}	26.4	21.32	248.4	48.1	YP_{02}	28.6	22.75	252.6	48.2
PC_{01}	29.2	20.17	256.8	48.9	PC_{02}	32.0	26.45	251.8	48.1
PC_{03}	34.8	28.58	253.8	49.4	PC_{04}	30.8	22.33	252.9	48.8
PC_{05}	29.2	23.74	251.9	49.8	PC_{06}	34.4	28.16	260.8	49.6
JY_{01}	29.8	23.57	246.5	48.7	JY_{02}	28.6	21.62	246.3	47.6
JO_{01}	28.4	22.62	242.5	48.5	SC_{01}	28.2	22.79	245.5	47.4
MX_{01}	29.4	24.31	251.7	48.6	SY_{01}	28.8	22.46	257.2	48.1
JL_{01}	25.2	22.26	243.3	47.2	TN_{01}	28.2	20.07	240.38	47.1

* 单位面积种子产量计算方法为单株种子产量/树冠投影面积，其中，单株种子产量＝单株鲜果重量×(样品干种子重/样品鲜果重)。以下同。

表 6-6 各无性系经济性状平均表现数据统计

代号	单序果数/个	单位面积种子产量/kg·m^{-2}	千粒重/g	皮油率/%	梓油率/%	种子含油率/%	代号	单序果数/个	单位面积种子产量/kg·m^{-2}	千粒重/g	皮油率/%	梓油率/%	种子含油率/%
YP_{01}	24.0	4.15	236.7	28.6	19.2	47.8	YP_{02}	26.8	4.56	242.1	29.2	18.7	47.9
PC_{01}	29.4	4.38	238.6	29.4	19.3	48.7	PC_{02}	26.0	5.06	240.4	28.5	19.3	47.8
PC_{03}	32.6	7.18	253.5	30.6	19.0	49.6	PC_{04}	32.2	5.67	258.8	30.3	18.8	49.1
PC_{05}	29.6	6.64	250.3	30.2	19.2	49.4	PC_{06}	32.4	6.47	258.5	30.1	19.7	49.8
JY_{01}	30.2	6.57	248.7	29.8	19.1	48.9	JY_{02}	28.2	3.15	240.7	28.4	18.8	47.2
JO_{01}	28.6	5.66	243.5	29.6	19.1	48.7	SC_{01}	26.6	3.72	238.3	28.6	18.5	47.1
MX_{01}	28.9	5.93	251.2	28.9	19.5	48.4	SY_{01}	28.6	6.38	254.9	29.4	18.7	48.1
JL_{01}	26.6	2.36	233.5	28.4	18.9	47.3	TN_{01}	27.8	4.03	240.4	28.1	17.8	46.9

表 6-7 各性状方差分析结果及遗传参数

性状	方差分析										无性系广义遗传力(H^2)
	V_A	V_B	V_{AB}	机误	f_A	f_B	f_{AB}	F_A	F_B	F_{AB}	
单序果数	423.41	32.18	18.03	13.53	15	2	30	15.78**	3.28*	0.31	0.71
千粒重	948.45	13.46	1.04	11.23				47.26**	2.02	0.27	0.89
单位面积种子产量	38.45	6.77	2.52	1.11				15.20**	8.43**	1.70*	0.70
皮油率	7.73	0.44	0.023	0.37				35.57**	0.32	0.02	0.85
梓油率	2.79	0.1	0.019	0.24				61.65**	1.51	0.75	0.91
种子总含油率	6.74	0.57	0.12	0.45				29.77**	2.09	0.42	0.83
单位面积产油量	23.74	6.48	2.15	1.59				12.03**	3.43*	1.14	—

说明：$F_{0.05(15,143)}=1.73$，$F_{0.01(15,143)}=2.16$，$F_{0.05(2,143)}=3.06$，$F_{0.01(2,143)}=4.76$，$F_{0.05(30,143)}=1.53$，$F_{0.01(30,143)}=1.83$

V_A表示无性系间方差，V_B表示试验点间方差，V_{AB}表示无性系、试验点交互作用方差；f_A、f_B、f_{AB}分别表示无性系水平、试验点水平、交互作用水平的自由度。

* * 表示差异极显著，* 表示差异显著，下同。

表 6-8 各无性系在不同试验点种子产量统计分析

代号	单位面积种子产量/kg·m^{-2}			方差分析		代号	单位面积种子产量/kg. m^{-2}			方差分析	
	试验点 1	试验点 2	试验点 3	F 值	显著性		试验点 1	试验点 2	试验点 3	F 值	显著性
YP_{01}	5.22	4.13	3.11	5010.81	**	YP_{02}	5.68	4.32	3.68	48.78	**
PC_{01}	5.36	4.54	3.24	476.17	**	PC_{02}	5.82	5.28	4.08	32.49	**
PC_{03}	7.25	7.22	7.07	0.62		PC_{04}	5.94	5.72	5.49	1.98	
PC_{05}	6.92	6.41	6.6	1.78		PC_{06}	6.72	6.49	6.21	1.83	
JY_{01}	6.56	6.72	6.42	0.64		JY_{02}	4.46	2.83	2.16	116.31	**
JO_{01}	5.63	5.71	5.65	0.07		SC_{01}	4.74	3.43	2.98	57.34	**
MX_{01}	6.06	6.02	5.71	1.24		SY_{01}	6.53	6.48	6.14	1.32	
JL_{01}	3.45	2.03	1.61	132.07	**	TN_{01}	5.06	3.84	3.2	52.85	**

说明：$F_{0.01(2,7)}=9.55$，$F_{0.05(2,7)}=4.74$。种子产量指干燥后的种子的产量。

济性状，其广义遗传力高，说明这些性状的表现中，由遗传所决定的比例较高，同一无性系不同分株间重现的可能性大。因此，根据这些性状表现对乌桕进行的无性系选择，可获得较高的遗传增益。

4. 优良无性系选择

根据各参试无性系单位面积种子产量、单序果数、千粒重、种子含油率等性状的平均表现，进行遗传型优良无性系的选择。将各表型优良无性系单位面积种子产量、单位面积产油量数据，以及单序果数、千粒重、皮油率、梓油率平方根正规化处理后的数据，用DPS系统聚类软件进行聚类分析，并绘制聚类图(见图6-1)。分析结果表明，PC_{03}、PC_{06}、PC_{05}、JY_{01}等4个无性系各经济性状综合表现优秀，且彼此之间密切相关，以相关系数0.7000为相似性水平，可以归并为同一组，即水平Ⅰ；PC_{04}、SY_{01}、MX_{01}、JO_{01}、PC_{01}、PC_{02}等6个无性系归为一组，即水平Ⅱ；YP_{02}、TN_{01}、YP_{01}等3个无性系归为一组，即水平Ⅲ；SC_{01}、JY_{02}、JL_{01}等3个无性系归为一组，即水平Ⅳ。水平Ⅰ的4个遗传型优良无性系单位面积平均种子产量为6.72 $kg.m^{-2}$，比参试群体平均水平5.04高33.2%，比水平Ⅱ高26.7%，比水平Ⅲ高58.1%，比水平Ⅳ高118.3%；单位面积平均产油量为3.32 $kg \cdot m^{-2}$，比参试群体平均水平2.45 $kg \cdot m^{-2}$高35.4%，比水平Ⅱ高28.9%，比水平Ⅲ高64.3%，比水平Ⅳ高128.5%；平均单序果数为31.2个，比参试群体平均水平28.5个高9.6%，比水平Ⅱ高9.5%，比水平Ⅲ高19.1%，比水平Ⅳ高15.0%。由于皮油率、梓油率、种子总含油率、千粒重的无性系广义遗传力高，表型优良单株选择时已将这些性状作为选择因子，所以水平Ⅰ在这4个性状上虽均超过参试群体平均水平、水平Ⅱ、水平Ⅲ、水平Ⅳ，但差异不大。以种子油产量为主要栽培目的时，单位面积种子产量和种子总含油率是最重要的经济性状，直接影响乌桕种植的经济效益。经过遗传测定获得的水平Ⅰ群体，与16个表型优株建立的无性系群体总体水平相比较，种子生产能力的选择响应 $R_1=1.17$ $kg \cdot m^{-2}$，遗传增益 $\Delta G_1=23.3\%$；种子总含油率的选择响应 $R_2=0.83\%$，遗传增益$\Delta G_2=1.9\%$；单位面积产油量的选择响应 $R=0.48$ $kg \cdot m^{-2}$，遗传增益 $\Delta G=19.6\%$。水平Ⅰ PC_{03}、PC_{06}、PC_{05}、JY_{01}等4个无性系在不同试验点的单位面积种子产量均表现稳定，适应性强，适宜推广。

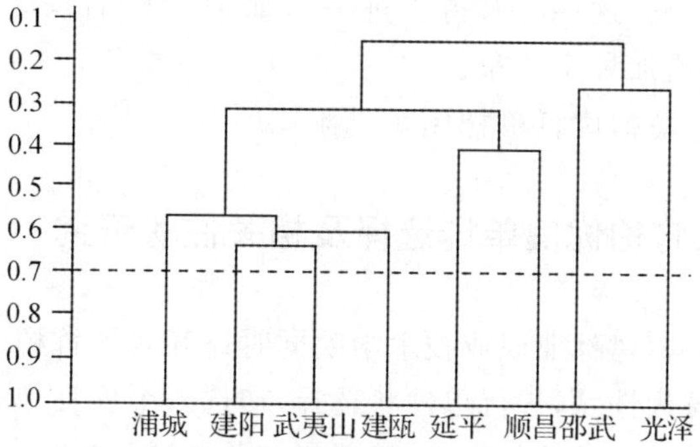

图 6-1　无性系聚类图

PC_{04}无性系单序果数达到32.2个，千粒重达到258.8 $kg \cdot m^{-2}$，皮脂厚，皮脂与种子比率达到38.9%，种子总含油率达到49.1%，不同试验点间表现较一致，但目前种子产量低，也影响了单位面积产油量，因此未被列入水平Ⅰ。SY_{01}无性系虽然种子总含油率较参试群体平均值低，但单位面积种子产量较高，达到6.38 $kg \cdot m^{-2}$，可以作为育种原始材料。4年生乌桕尚未达到盛果期，各无性系的后期表现有待于进一步观察。

(三)结论与探讨

乌柏是福建省优良乡土树种和油料能源树种,具有种子产量和含油率高、种粒大、适应性强等优点,适合于退耕返林地、四旁绿化地等非规划林地造林。本书通过对乌桕初选优良无性系的遗传测定,探明单序果数、千粒重、单位面积种子产量、皮油率、梓油率、种子总含油率和单位面积产油量等性状表现在无性系水平上的差异,估算各性状无性系广义遗传力(重复力),并以单位面积种子产量、单序果数、千粒重、种子总含油率、单位面积产油量等五个重要性状为因子对参试的16个表型优良无性系进行系统聚类分析,将其划分为4个水平,从而选定水平Ⅰ的PC_{03}、PC_{06}、PC_{05}、JY_{01}等4个遗传型优良无性系。精选的4个优良无性系,单位面积种子产量遗传增益可达到23.3%,单位面积产油量遗传增益可达到19.6%,且丰产性稳定。

乌桕属异花授粉植物,有性繁殖后代由于天然杂交导致基因重组,后代群体分化现象比较严重。乌桕扦插、嫁接容易成活,且能够保持原株的优良特性,提前开花结实,因此,选择优良单株,通过无性繁殖建立优良无性系,实现无性系造林,是乌桕能源林的稳产、高产的重要途径。20世纪80—90年代,浙江、湖南等地对乌桕良种选育比较重视,选择了一批性状优良的乌桕无性系。福建省乌桕优良无性系选择未见报道。据报道,乌桕在湖南一带嫁接苗5年开花结果,但在闽北地区嫁接后3年即可挂果,4年树高可达3 m以上,大量投产,这可能与闽北地区受海洋性气候影响,雨水较多,气温较高有关。乌桕丰产除品种选择外,栽培技术是否得当是关键。修剪整型是缩短枝条长度,降低单株占地面积,促进侧枝萌发,增加结果枝数,提高结实密度的有效措施。砧木对不同无性系的影响可能存在差异,不同的父本可能对母本的结实能力、种粒的大小、种子含油率产生一定的影响,这些都有待于进一步研究。乌桕是优良的蜜源植物,放养蜜蜂可提高授粉效果,增加种实产量。

乌桕优良单株图片见附图6-1。

五、竹柏优良单株选择及相关性状研究

福建林业职业技术学院同时还开展了竹柏的优良单株选择,先以单位面积种实产量为选优性状,进行单性状选择,初选8个优良单株,再通过种实含油率、抗寒性、种实产量的稳定性等性状表现,精选优良单株(精选树)。研究方法介绍如下:

(一)试验处理

1. 参试材料选择

初选的8个竹柏优良单株2005年、2007年两年的单位面积干果产量统计见表6-9。从入选植株树冠下、中、上部分别摘取种实,混匀后随机抽取10 g作为试样. 每个植株抽取5份,共有40份种实试样。抗寒性测定试料从各入选植株的扦插苗上获取,每个入选植株选20株扦插苗,从苗木上剪取生长发育较一致的秋梢。

2. 试验材料处理

将滤纸一端用棉线扎紧后制成滤纸袋，编号后加一小团脱脂棉，再 100 ℃下烘干 40 min 后称重(W_0)；将各竹柏入选植株种实试样研磨粉碎，装入烘干的滤纸袋，上面塞上脱脂棉，放在表面皿上，在 80 ℃烘箱内烘 2 h 后备用，将分别置于 0 ℃、−5 ℃、−10 ℃条件下冷冻处理过的枝条用清水洗净，再用蒸馏水冲洗两遍，然后用重蒸馏水冲洗，用清洁纱布擦干后分成 5 组，分别在 3 种低温条件下处理；将处理后的枝条剪成 2 mm 的小段，然后称取 3 g 试样投入三角瓶，并加入 50 mL 的重蒸馏水，浸泡 24 h 备用。

(二)试验数据调查分析

1. 数据调查

将装有竹柏种实样品烘干后的滤纸袋称重，记录重量(W_1)，放入提取器内，用石油醚浸提过液，第二天继续在提取器内回流 4 h，取出滤纸袋放于表面皿上，盖上纱布，让石油醚挥发，放纸包于 80 ℃烘箱内烘 2 h，然后称重，记录称重结果(W_2)。将处理好的抗寒性鉴定试样进行电导度测定(B)，然后将测定过的各样品放在水浴锅内煮沸 1 h，杀死组织，再加重蒸馏水补充到原来溶液的定量，静止冷却后测定其电导度(C)，同时，测定未经低温处理的材料的电导度(A)。

2. 数据整理、统计分析

种实含油率计算公式：含油率% $=[(W_1-W_2)/(W_1-W_0)]\times100$；电导度变化幅度大小，即渗出电解质的百分率计算公式：电解质% $=[(B-A)/(C-A)]\times100$，种实含油率测定和抗寒性电导法测定统计结果见表 6-10。对 8 个入选植株的种实含油率测定结果进行单因素方差分析；抗寒性电导法测定中，渗出电解质越多，说明该个体抗寒能力越差，因此，将电解质计算获得的数据取倒数，再进行种质、不同低温处理下的双因素方差分析；对种实含油率与种实单位面积产量、种实产量与前年降水量和年积温进行相关性分析；聚类分析采用系统聚类法，通过 SPSS 编程计算。

表 6-9　参试竹柏种实产量统计表

代号	单位面积产量(kg/m^2)		代号	单位面积产量(kg/m^2)		代号	单位面积产量(kg/m^2)		代号	单位面积产量(kg/m^2)	
	2005 年	2007 年		2005 年	2007 年		2005 年	2007 年		2005 年	2007 年
NY_1	12.18	12.36	NY_2	12.64	13.54	NY_3	12.33	12.47	NS_1	13.12	13.46
NS_2	12.06	12.43	SS	12.26	11.75	NP	11.02	12.24	NJ	11.58	12.26

注：单位面积产量指单位树冠投影面积干果产量，计算方法为单株产量/树冠投影面积。

表 6-10 数据统计表

代号	入选单株所在地结实前一年的主要气候因子				平均含油率%	0℃电解质%	−5℃电解质%	−10℃电解质%
	2004 年降水量	2004 年均温	2006 年降水量	2006 年均温				
NY_1	1 652.2	19.8	1 824.6	20.6	38.74	3.40	7.85	9.78
NY_2	1 652.2	19.8	1 824.6	20.6	43.16	3.22	6.56	9.16
NY_3	1 651.2	19.8	1 824.6	20.6	34.56	3.32	7.53	9.19
NS_1	1 578.6	18.5	1 844.4	19.8	42.33	3.12	6.93	8.34
NS_2	1 578.6	18.5	1 844.4	19.8	36.12	3.06	6.88	8.38
SS	1 677.1	20.8	1 783.5	20.3	35.18	3.14	8.17	9.94
NP	1 347.2	17.4	1 350.3	17.9	33.46	2.89	6.38	8.58
NJ	1 542.3	18.4	1 562.4	18.7	34.11	3.15	6.74	9.16

(三)结果与分析

1. 试验数据分析与比较

竹柏初选的 8 个植株的种实含油率测定结果表明:不同植株在种实含油率上存在一定的差异,8 个植株平均种实含油率为 37.21%,变异范围为 33.46%～43.16%。其中 NY_2和 NS_1 种实含油率超过 40%,为 43.16%和 42.33%,分别是入选群体平均水平 116.00%和 113.76%,是种实含油率最低的植株 NP 的 128.99%和 126.51%。对 8 个入选植株种实含油率方差分析结果为 $F=10.1924>F_{0.01(7,32)}=3.26$,不同植株间存在极显著的差异。

从不同低温处理下的电解质渗出测定数据可以看出,不同初选植株扦插苗在 0 ℃温度处理下的电解质渗出量差异不大,最高 3.40%,最低 2.89%,总体平均值为 3.18%。−5 ℃、−10 ℃温度处理下,不同试验材料的电解质渗出量有了明显差异。−5 ℃处理的最高渗出率为 8.17%,最低渗出率为 6.38%,总体平均值为 7.13%;−10 ℃处理下,最高渗出率为 9.94%,最低渗出率为 8.34%,总体平均值为 9.07%。双因素方差分析结果为 $F_A=3.576\ 3>F_{0.01(7,49)}=3.03$,$F_B=18.245\ 2>F_{0.01(14,49)}=5.07$,$F_{A\times B}=2.844\ 1>F_{0.01(2,49)}=2.47$,说明 8 个初选植株的扦插苗在电解质渗透率上有极显著差异,0 ℃、−5 ℃、−10 ℃三种不同的低温处理对竹柏苗电解质渗透率的影响有极显著差异,不同的初选植株在不同低温处理下,电解质渗透率有极显著的差异。

从以上结果分析可以得出:8 个入选单株在种实含油率、抗寒性方面具有极显著差异,在以种实产量为指标初步选择后,根据种实含油率、抗寒性进行进一步的选择,具有重要意义。

2. 性状表现的相关分析

(1)年份间单位面积种实产量间相关分析

2005 年、2007 年两个年份的竹柏初选植株单位面积种实产量的相关系数为0.873 9,

线性相关关系很明显，这说明竹柏的单位面积种实产量具有较高的遗传性。

(2)单位面积种实产量与土壤养分、前一年的气候因子间相关分析

将8个入选植株的2005年、2007年单位面积产量调查数据正规化后，求算其与土壤养分、前一年的气候因子间的相关系数，计算结果见表6-11。

从表6-11可以看出，竹柏单位面积种实产量与土壤中的速效P、K之间有着较高的相关性，通过施加P、K肥，可以在一定程度上提高结实密度；与速N之间相关系数为−0.240 3，呈负相关，这可能与N素促进了竹柏的营养生长，从而抑制了生殖生长有关。竹柏单位面积种实产量与前一年的年降水量之间密切相关，年降水量大小会影响第二年的种实产量。竹柏单位面积种实产量与年均温之间相关系数仅为0.001 5，相关程度极低，单位面积结实量的多少，不受年均温因素的影响。

(3)种实含油率与气候因子、土壤养分、种实产量间相关分析

求算各入选植株种实含油率与结实前一年的年降水量、年均温，以及土壤主要养分、种实产量之间的相关系数，结果见表6-11。从表中的数据可以看出，种实含油率与气候因子间无明显相关，与土壤养分、种实产量之间也无明显相关，表现出一定的稳定性。

(4)抗寒性与种实含油率、土壤养分、经纬度间相关分析

电解质渗出率与种实含油率、土壤养分、经纬度之间的相关系数计算结果见表6-11。从表6-11中的数据可以看出，植株所在地的经纬度与抗寒性之间存在较密切的关系，而土壤养分与抗寒性之间相关程度低，说明竹柏的抗寒性强弱是长期环境选择的结果，具有一定的遗传性。竹柏良种选育时，不能忽略抗寒性选择，因为其直接影响了良种的推广范围。

3. 聚类分析

将各入选植株2005年和2007年的单位面积种实产量平均值、种实含油率、电解质渗出率的倒数正规化处理，然后用DPS系统聚类软件进行聚类分析。分析结果表明，NY_2、NS_1 2个植株种实产量高，抗寒能力强，种实含油率高，三性状综合表现优秀，且两者之间密切相关，以相关系数0.700 0为相似性水平，可以归并为同一组，为水平Ⅰ；NY_1、NY_3、NS_2、SS、NP和NJ归为水平Ⅱ。根据以上分析，绘出聚类图(图6-2)。

水平Ⅰ的两优良单株单位面积平均种实产量为13.19 kg，比总体平均水平12.36 kg高出6.75%，比水平Ⅱ平均水平12.08 kg高出9.20%；水平Ⅰ平均种实含油率为42.75%，比总体平均水平37.21%高出14.88%，比水平Ⅱ平均水平35.36%高出20.89%；在0 ℃、−5 ℃、−10 ℃温度处理下，水平Ⅰ电解质渗出率平均值分别为3.18%、6.75%、8.75%，总体平均水平为3.16%、7.13%、9.07%。可以看出，在0 ℃时，水平Ⅰ的抗寒性与总体水平间无明显差别，在−5 ℃和−10 ℃时，表现出一定的抗寒优势。其中尤以NS_1抗寒性强，在−10℃时电解质渗出率为8.34%，为所有8个入选植株中最低。

(四)结论与探讨

竹柏是福建省优良乡土园林树种和油料能源树种，具有种实含油率高、种粒大、种子成熟后易自然脱落、便于采收等优点，适合于四旁绿化等非规划林地造林，或生态林中套种。本文通过对竹柏种实含油率测定、抗寒性鉴定、方差分析、相关分析，了解初选的竹柏单株之间种实含油率、抗寒性差异，以及各性状之间、性状与环境之间的相关程度，并以单

表 6-11 相关系数表

性状	种实含油率	与气候因子间相关系数		与土壤养分间相关系数			与经纬度相关系数	
		年降水	年均温	速 N	速 P	K	经度	纬度
种实产量	0.001 5	0.641 2	0.001 5	−0.240 3	0.483 9	0.431 1	−0.423 6	0.510 3
电解质渗出	−0.000 8			−0.168 1	0.003 1	0.023 6		
种实含油率		−0.004 2	0.001 8	0.125 2	0.013 2	0.000 1		

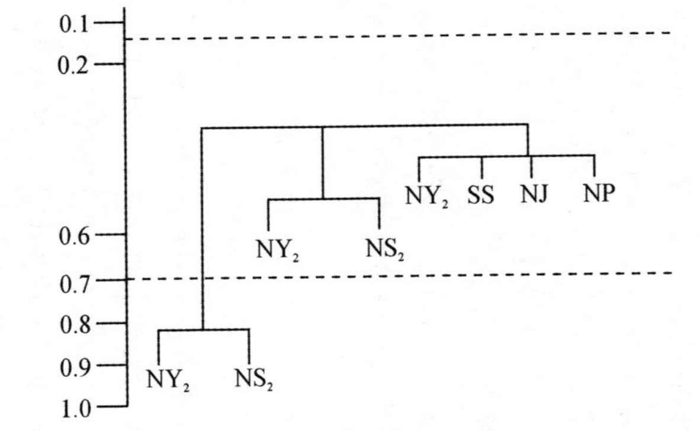

图 6-2 竹柏优良植株聚类图

位面积种实产量、种实含油率、抗寒性等三个重要性状为因子对参试的8个初选植株进行系统聚类分析，将其划分为2个水平，从而选定水平Ⅰ的NY_2（南平延平2号）、NS_1（南平邵武1号）2个优良单株。竹柏作为油料能源树种的选优，单位面积种实产量和种实含油率是重要的经济指标，决定了竹柏单位面积油脂产量；而抗寒性的强弱决定了推广的范围。

竹柏雌雄异株，实生苗必须生长9年后才能开花结实，属单受精树木，种子内富含油脂的部位是胚乳，胚乳染色体数为单倍，来源于胚囊母细胞。因此，种子含油率的高低，主要受母树遗传控制，选择种实产量高，种子含油率高的优良单株，具有重要意义。选择优良单株，通过嫁接手段无性繁殖育苗，实现无性系造林，既可充分利用个体遗传差异，缩短投产期，并控制林分雌雄株比例，提高单位林地面积种实产量。文中通过聚类分析选定了2个优良植株，将为开展无性繁殖育苗提供材料，两植株主要经济性状的遗传性有待于进一步的无性系测定，遗传规律有待于进一步研究。

第四节　子代测定林营建技术

子代测定包括半同胞子代测定（自由授粉子代测定）和全同胞子代测定。本节以福建林业职业技术学院承担国家林业种苗建设工程“闽北乌桕良种繁育基地建设”项目中的乌桕半同胞子代测定林营建方法，说明子代测定林营建技术。

一、建设类型

新建乌桕试验林。

二、建设地点自然条件

（1）位置：建于杨真堂工区，二类班号105－81－08小班。

（2）立地条件：丘陵地貌，海拔180～330 m，坡度23°，坡向东北，坡位中下部，地形开阔，光照充足，通风和排水条件好，土壤红壤，厚土，薄腐，立地质量等级Ⅱ级较肥沃级。

三、苗木数量及来源

（1）选择50～80株表型优良单株自由授粉种子繁殖的苗木。

（2）参试家系数量：参试家系由福建林业职业技术学院及其教学林场根据选优情况具体确定。原选优获得的表型优株参与试验，根据家系数量确定区组内小区数目，本设计以家系数量55个进行设计。

四、半同胞子代测定林营建技术

将入选优良单株(表型优良单株)的自由授粉种子,通过播种育苗建立家系,然后通过苗期试验和造林对比试验,根据各家系表现以及经济性状的早—晚期相关及遗传参数,选出优良家系,并以试验结果为依据对决定优良单株的选留或淘汰,为建立第一代种子园提供建园材料。

(一)种子采收、处理、贮藏及播种育苗

1. 种实采收

用高枝剪剪下入选优良单株树冠上果皮呈黄褐色或果实已开裂露白的果序。将采下的果实收集并装入麻袋;预先填写两张内容一样的种子采收登记小卡片(临时标签),一张放置袋内,扎紧袋口,将另一张卡片别在绑扎袋子的绳子上。填写种子采种登记表中种子采收部分的内容。

2. 种实处理

采集回的乌桕果序要及时处理。将乌桕果序平摊在种子晒场上,让阳光暴晒。经常翻动轻打,让种子脱粒完全。清理果壳,将种子收集。乌桕播种用的种子,需去除外层白色的皮脂层,方法是将种子与草木灰混合,堆积数天后,将种子与粗沙混合搓揉。然后,将种子浸泡水中 2 小时,待饱满种子下沉后,将上层空粒及杂质清出。将净种后的乌桕种子阴干后贮藏。将干燥后的乌桕种子装入麻袋,放进正式标签,并在袋子外也挂一个标签,置放在阴凉的种子贮藏库,补充完整乌桕种子采种登记表后存档。标签的编号应与种子采种登记表上编号一致。因种子将用于子代测定,所以可不必进行种子分级。

3. 播种育苗

(1)播种技术

播种前用高锰酸钾溶液浸泡种子,进行种子消毒,然后用细沙层积催芽或直接在苗床上播种。经过催芽的种子发芽率较高,且发芽整齐。由于乌桕种粒较大,可用条播或点播,覆土厚度以 2～3 cm 为宜。

(2)苗期管理

幼苗萌发后要分批揭去覆盖的稻草。保持苗圃地土壤湿润,保证养分充足。苗木出土约 20 d 左右,幼苗长出 5～6 片真叶时,可施 45 $kg \cdot hm^{-2}$的氮肥。以后每个月追 1 次肥,在 9 月施钾肥 1 次。在 6—8 月份可结合中耕除草,沟施农家肥 30 $t \cdot hm^{-2}$;9 月份施磷肥 750 $kg \cdot hm^{-2}$,以改善土壤养分结构;10 月份以后停止浇水施肥,以提高苗木的木质化程度,增加苗木的抗寒能力,有利于苗木过冬。为了防止老鼠咬食种子和小地老虎咬食幼苗根茎部位,可用呋喃丹拌种或用锌硫磷、土蚕快杀等喷施防治地下害虫。夏季高温高湿是幼苗立枯病、软腐病发病期,可用 50%多菌灵 1 000 倍液喷洒防治。刺蛾类危害一般发生在 8 月中旬至 9 月下旬,主要是 2 代幼虫为害较重。在 8 月下旬的低龄幼虫期做好化学防治工作,选用的化学药剂有 25%灭幼脲 3 号或 20%杀灭菊酯 2 000 倍液。

(3)苗期调查

各家系按随机区组设计进行分区播种，调查、比较各家系发芽率、苗木适应性、物候期、形态特征等。

4. 造林对比试验设计

规划用于乌桕半同胞子代测定林建设的林地现为马尾松纯林，近熟林，按计划将于2010年度采伐，采取皆伐方式采伐。伐后炼山，并于秋季沿等高线带状整地，带宽1 m。造林对比试验采用完全随机区组试验设计，5个区组(重复)，每个区组内含有2N个小区(N为入选表型优良单株个数，即待测家系数)，5株单列小区。每个小区面积6 m×6 m，四方形种植。造林技术要求与基因库造林技术部分相同。挖穴大小、基肥种类、数量，以及造林技术、管理措施，同一区组内必须尽量一致，但区组间可以有区别。每一个小区安排一个家系。每个家系在同一区组内出现两次。这是因为山地上立地条件变化大，以同一区组内同一家系的两个小区内植株的总体表现，当作该区组内该家系的表现值，有利于减少因环境差异造成的误差，提高试验精确度。5株单列小区统一从各家系中选择中等苗木或超级苗，在造林季节起苗，种植到试验地。每个家系在一个区组内出现两次，但位置是随机安排的。试验地周边设置隔离行，每个区组间设置隔离带，隔离带树种选择杉木。家系位置图必须存档，各家系最好挂牌标记，以防弄错。经营管理措施必须详细记载。

通过调查、统计、聚类分析，估算各重要经济性状的家系遗传力、单株遗传力和一般配合力；根据各家系单位面积种实产量、种子含油率等重要经济性状的综合表现，按相关系数0.700 0为相似性水平，进行归并，选择出优良家系。

表6-12　半同胞子代测定参试乌桕家系编号

编号	田间编号	编号	田间编号	编号	田间编号	编号	田间编号	编号	田间编号
1	YP_{01-1}	12	PC_{06-1}	23		34		45	
2	PC_{01-1}	13	JY_{02}	24		35		46	
3	PC_{03-1}	14	SC_{01-1}	25		36		47	
4	PC_{05-1}	15	SY_{01-1}	26		37		48	
5	JY_{01-1}	16	TN_{01-1}	27		38		49	
6	JO_{01}	17		28		39		50	
7	MX_{01}	18		29		40		51	
8	JL_{01}	19		30		41		52	
9	YP_{02-1}	20		31		42		53	
10	PC_{02-1}	21		32		43		54	CK1
11	PC_{04-1}	22		33		44		55	CK2

参试家系数量：参试家系由福建林业职业技术学院及其教学林场根据选优情况具体确定。原选优获得的表型优株参与试验。根据家系数量确定区组内小区数目。我们以家系数量55个进行设计。

区组 1:
48,15,19,42,47,40,45,39,9,31,53,50,21,49,52,20,25,28,4,18,38,6,8,46,55,7,23,12,17,44,5,36,14,41,10,11,37,54,30,29,16,27,33,34,43,22,26,2,1,3,51,13,24,35,32 ‖ 14,38,40,13,29,19,55,41,27,28,1,12,15,25,42,53,3,52,48,51,10, 24,35,5,46,2,4,9,43,11,39,31,21,47,36,30,22,33,18,49,7,26,23,8,37,54,16,6,17,20,32,44,45,34,50
区组 2:
14,38,40,13,29,19,55,41,27,28,1,12,15,25,42,53,3,52,48,51,10, 24,35,5,46,2,4,9,43,11,39,31,21,47,36,30,22,33,18,49,7,26,23,8,37,54,16,6,17,20,32,44,45,34,50 ‖ 11,25,40,41,3352,18,1,30,31,36, 32,24, 26,53,14,2,51,12,47,22,35,29,4,42,28,5,34,43,54,44,,9,23,20,6,55,21,45,10,15,16,17,37,38,39,48,11,1,49,7,13,19,8,46,50,3,27
区组 3:
38,48,50,30,31,16,13,5,34,33,6,12,22,32,24,11,35,47,51,7,26,10,14,55,17,18,3,21,49,42,37,4,44,41,23,2,8,45,1,40,15,36,27,29,53,52,19,20,54,43,28,39,25,46,9 ‖ 29,4,42,28,5,34,43,54,44,,9,23,20,6,55,21,45,10,15,16,17,37,38,39,48,11,1,49,7,13,19,8,46,50,3,27,11,25,40,41,3352,18,1,30,31,36, 32,24, 26,53,14,2,51,12,47,22,35
区组 4:
重复 4:28,18,11, 26,49,1,51,44,2,31,41,50,32,55,4,21,29,53,30,34,9,22,42,47,36,14,16,13,3,8,46,40,52,17,37,27,43,48,45,19,54,20,10,39,12,38,6,7,23,33,25,35,15,5,24 ‖ 14,38,40,13,29,19,39,31,21,47,36,30,22,33,18,49,7,26,23,8,37,54,16,6,17,20,32,44,45,34,50,55,41,27,28,1,12,15,25,42,53,3,52,48,51,10, 24,35,5,46,2,4,9,43,11
区组 5
31,22,40,33,45,5,32,47,24,12,2,19,4,14,50,37,48,49,43,46,28,54,20,30,11,53,39,29,7,36,35,6,25,13,17,51,34,42,15,18,55,27,41,16,38,26,1,52,23,3,21,8,10,44,9 ‖ 34,9,22,42,47,36,14,16,13,3,8,46,52,17,37,27,43,45,19,54,20,10,39,12,38,6,7,23,33,25,35,15,5,24,28,18,11, 26,49,1,51,44,2,31,41,50,32,55,4,53,30,21,29,48,40

图 6-3 子代测定林山场配置图

共包含:55 个处理、5 个区组(重复)、5 株单列小区,每号 50 株。

5. 主要技术措施

(1)林地选择

选择交通便利,林地内立地条件差异小,便于管理、观测、调查又不易被人畜危害的地段。

(2)林地准备

于定植前一年秋季进行全面劈草、清杂、堆烧,要求清除干净所有的剩余物。

(3)整地

采用水平带垦复方式，带宽 1.5 m，带内定点挖穴，穴规格 50 cm×50 cm×40 cm，穴内回表土，整地要在定植前 3～5 个月内完成。

(4)基肥

每穴施基肥(钙镁磷 0.1 kg，农家肥如厩肥、堆肥等 2 kg)，后回表土，基肥与表土混合，再回表土，待雨后土壤湿润后种植。

(5)栽植密度

根据乌桕生长特性，设计乌桕 1 110 株/ hm^2。

(6)造林

12 月至第二年 3 月苗木处于休眠状态，芽未萌动时是乌桕适宜的造林时期，以 2 月份最佳。选择雨后阴天栽植，要求"三埋两踩一提苗"，防止窝根。如土壤较干燥，应浇足"定根水"。如有缺苗，应及时补植。补植一般在 4 月份进行。

(7)抚育

每年全面锄草 2 次，分别在 5—6 月和 9—10 月进行，第 1 次锄草时结合扩穴培土。第二年—第四年，每年 2—3 月份新梢萌动前，在树冠投影边缘开沟，施放 N、P、K 复合肥，每株 0.2 kg。进入开花结实发育阶段，在果实形成期，可追施一次 P、K 肥。同一区组不同试验小区的施肥措施应尽量一致。

(8)树形管理

造林成活后第二年即可进行修剪。第一次在早春，天气回暖，乌桕春芽未萌发时进行。剪掉细弱侧枝，主干在 1 m 处截断，促进侧芽的萌发。第二次在 10 月份进行，修剪细弱枝条，保留 3～5 个骨干枝条，培养成为主干。第三年在同样的时间进行修剪，培养 3 级主干，促使形成低矮、宽冠的自然开心型树形。实生苗造林由于结实迟，可以先培养粗壮的主干，然后在 1.5～2 m 处截干，并对侧枝进行高强度的修剪(短剪)，促进宽冠的形成。

(9)调查

每年年底调查 1 次，内容包括经济性状调查，如单位面积果实产量、单序果数、种子千粒重、种子含油率等；生长性状调查，如新叶颜色、分枝性、物候期、花期、果实成熟期等，以及病虫害监测、抗性调查。调查结果应详细记录并存档备查。

第五节　无性系测定林营建技术

无性系测定是优良单株、无性系选择的重要内容。通过无性系造林对比试验，可以从表型优株中进一步筛选出遗传型优株，并繁殖成优良无性系，推广应用于生产。无性系测定是为了选择优良无性系，为采穗圃的改良提供理论依据，提高无性繁殖苗木的遗传增益，并估算各重要经济性状的广义遗传力。本书以福建林业职业技术学院国家林业种苗建设工程"闽北乌桕良种繁育基地建设"项目中的乌桕无性系测定林设计，说明无性系测定林营建技术。

一、建设类型

新建乌桕无性系测定试验林。

二、建设地点自然条件

(1)位置:建于杨真堂工区,二类班号105—81—08小班。

(2)立地条件:高丘地貌,海拔120～180 m,坡度23°,坡向东北,坡位中下部,地形开阔,光照充足,通风和排水条件好,土壤红壤,厚土,薄腐,立地质量等级Ⅱ级较肥沃级。

三、苗木来源

(1)福建林业职业技术学院之前选定的16个无性系。

(2)通过选优新获得的表型优良单株,其穗条通过嫁接繁殖的苗木。

(3)湖南等地20世纪70年代选育,目前尚存的优良无性系。

(4)参试无性系:参试无性系由福建林业职业技术学院及其教学林场根据选优情况具体确定。原选优获得的无性系参与试验,根据无性系数量确定区组内小区数目,无性系数量初步确定为60个。

四、无性系测定林营建技术

将入选优良单株(表型优良单株)的穗条,通过嫁接育苗建立无性系,然后进行造林对比试验,根据各无性系表现以及经济性状的无性系传递力,选择出优良无性系,并以试验结果为依据决定无性系的选留或淘汰,为第一代采穗圃提供建园材料。

(一)苗木准备

(1)穗条采集、储运及贮藏

12月—翌年2月,用高枝剪剪下入选优良单株树冠上部向阳面的健壮枝条,将剪下的枝条顶端细弱部分、果柄,按50枝一捆捆扎并挂上标签,标签上必须注明优良单株编号、采集人、采集时间、地点。

穗条采集后用湿布或湿纸巾包裹后放置在纸箱内运回,如不能及时运回,需放置在冷藏室内。穗条运回后用湿藏埋藏至翌年2月份,再取出嫁接。

(2)苗木培育

在2—3月进行扦插或嫁接,建立无性系(乌桕扦插、嫁接技术见本书乌桕繁殖圃营建技术中的扦插技术和嫁接技术)。为缩短育种年限,本书采用嫁接育苗。嫁接方式采用切腹接,待接穗成活后,及时剪去砧木接口以上部位枝条。嫁接育苗时,不同无性系嫁接时间、嫁接技术熟练程度、嫁接方法、砧木质量、接穗质量、采穗部位等,都应该尽量保持一致，提高试验精度。嫁接用的砧木，采用南平市浦城县的优势木上的种子繁殖，繁殖技术同半同胞子代测定播种育苗技术。

扦插、嫁接成活后，对苗木进行适当修剪，剪除多余的侧枝，保留1～2条上部侧枝，培养成为主干。特别是嫁接育苗，应及时剪除砧枝。水肥管理、病虫害防治参见半同胞子代测定林建设中的苗期管理部分内容。

(二)造林对比试验设计

造林对比试验采用完全随机区组设计，5个以上区组(重复)，每个区组内含有2N个小区(N为待测无性系数目)。每个小区面积6 m×6 m，小区内分2排平行种植，4株单列小区。造林技术与基因库造林技术相同。挖穴大小、基肥种类、数量，以及造林技术、管理措施，同一区组内必须尽量一致，但区组间可以有区别。每一个小区安排一个无性系。每个无性系在同一区组内出现两次。小区内种植5株。统一从各无性系中选择中等苗木，在造林季节起苗，种植到试验地。可先定植砧木，然后在3月份进行嫁接，嫁接方法统一采用切腹接。每个无性系在一个区组内出现两次，但位置是随机安排的。试验地周边设置隔离行。无性系位置图必须存档保存，各无性系最好挂牌标记，以防弄错。经营管理措施必须详细记载。无性系山场配置图见附图。

表6-13　无性系测定参试乌桕无性系编号

编号	田间编号	编号	田间编号	编号	田间编号	编号	田间编号	编号	田间编号
1	YP_{01}	12	PC_{06}	23		34		45	
2	PC_{01}	13	JY_{02}	24		35		46	
3	PC_{03}	14	SC_{01}	25		36		47	
4	PC_{05}	15	SY_{01}	26		37		48	
5	JY_{01}	16	TN_{01}	27		38		49	
6	JO_{01}	17	以下待定	28		39		50	
7	MX_{01}	18		29		40		51	
8	JL_{01}	19		30		41		52	
9	YP_{02}	20		31		42		53	
10	PC_{02}	21		32		43		54	
11	PC_{04}	22		33		44		55	

参试无性系：参试无性系由福建林业职业技术学院及其教学林场根据选优情况具体确定。原选优获得的无性系参与试验。根据无性系数量确定区组内小区数目。无性系数量初步确定为60个。

(三)优良无性系选择及遗传参数估算

通过方差分析与多重比较等统计分析方法和手段，选择单位面积种实产量高，种实含油率高的优良无性系，并为采穗圃的改良提供理论依据。

区组 1：
39，52,20,25,28,4,18，7,23,12,58,17,44,5,9,31,53,50,21,60,49,36,14,41,38,6,57,8,46,55,10,11,37,54,30,29,16,27,33,59,34,43,22,26,2,1,3,48,15,56,19,42,47,40,45,51,13,24,35,32 ‖ 5,46,2,56,4,31,21,9,43,11,39,47，19,55,59,41,14,38,36,40，27,28,1,57,12,15,25,42,53,3,52,48,51,10,60,58,13,29,24,35，22,33,18,49,7,26,16,6,17,37,54,20,32,44,45,34,50,23,8

区组 2：
14,38,60,40,13,57,29,19,55,41,27,28,1,12,15,25,42,53,3,52,48,51,10，24,35,58,5,46,2,59,4,9,43,11,39,31,21,47,36,30,22,33,18,49,7,26,23,8,37,54,16,6,56,17,20,32,44,45,34,50 ‖ 40，27,28,1,57,12,15,25,42,53,3,52,48,51,10,60,58,13,29,24,35,5,46,2,56,4,31,21,9,43,11,39,47，19,55,59,41,14,38,36,30,22,33,18,49,7,26,16,6,17,20,32,44,45,34,50,23,8,37,54

区组 3：
38,48,50,57,30,31,16,13,5,34,33,59,6,12,22,32,24,11,35,47,51,7,26,10,14,55,17,56,18,3,21,49,42,37,58,4,44,41,23,2,8,45,1,40,15,60,36,27,29,53,52,19,20,54,43,28,39,25,46,9 ‖ 29,57,4,42,28,5,34,58,43,54,44,9,23,20,6,55,21,45,10,15,16,17,37,38,39,48,11,1,49,7,13,59,19,8,46,50,3,60,27,11,25,40,41,3352,18,1,30,31,36，32,24，26,53,14,2,51,12,47,22,35,56

区组 4：
28,56,18,11,26,49,1,51,44,2,31,41,50,32,55,4,58,21,29,53,30,34,59,9,22,42,47,36,14,57,16,13,3,8,46,40,52,17,37,27,43,48,45,19,54,20,10,39,12,38,6,7,23,33,60,25,35,15,5,24 ‖ 14,60,38,40,13,29,19,39,58,31,21,47,36,30,45,22,59,33,18,49,7,26,57,23,8,37,54,16,6,17,20,32,44,45,34,50,55,41,27,28,1,12,15,25,42,53,3,52,48,51,10,56,24,35,5,46,2,4,9,43,11

区组 5
31,24,12,2,19,4,14,50,37,48,49,43,46,28,54,58,20,30,57,11,53,59,22,40,33,45,60,5,32,47,39,29,7,36,35,6,25,13,17,51,34,42,15,18,55,27,41,16,38,26,56,1,52,23,3,21,8,10,44,9 ‖ 8,46,34,9,22,42,57,47,36,14,16,56,13,3,52,17,37,27,43,45,19,54,20,10,39,12,38,6,58,7,23,33,25,35,15,59,5,24,28,18,11，26,49,1,51,44,2,31,41,50,32,55,4,53,30,60,21,29,48,40,16

图 6-4　无性系测定林山场配置图

无性系测定林配置图内小区数量，可以根据最终实际无性系数量，做适当的调整，区组内林地预留 5%。

(四)主要技术措施

(1)林地选择

选择交通便利，林地内立地条件差异小，便于管理、观测、调查又不易被人畜危害的地段。

(2)林地准备

于定植前一年秋季进行全面劈草、清杂、堆烧，要求清除干净所有的剩余物。

(3)整地

采用水平带垦复方式，带宽 1.5 m，带内定点挖穴，穴规格 50 cm×50 cm×40 cm，穴内回表土，整地要在定植前 3～5 个月内完成。

(4)基肥

每穴施基肥(钙镁磷 0.1 kg，农家肥如厩肥、堆肥等 2 kg)，后回表土，基肥与表土混合，再回表土，待雨后土壤湿润后种植。

(5)栽植密度

根据乌桕生长特性，设计乌桕 1 110 株/公顷。

(6)造林

12 月至第二年 3 月苗木处于休眠状态，芽未萌动时是乌桕适宜的造林时期，以 2 月份最佳。造林前 1 天傍晚起苗，根系、枝条适当修剪后马上蘸黄泥浆，黄泥浆内加 0.05%的 ABT6 生根剂。选择雨后阴天栽植，要求“三埋两踩一提苗”，防止窝根。如土壤较干燥，应浇足“定根水”。如有缺苗，应及时补植。补植一般在 4 月份进行。

(7)抚育

每年全面锄草 2 次，分别在 5—6 月和 9—10 月进行，第 1 次锄草时结合扩穴培土。第二年—第四年，每年 2—3 月份新梢萌动前，在树冠投影边缘开沟，施放 N、P、K 复合肥，每株 0.2 kg。进入开花结实发育阶段，在果实形成期，可追施一次 P、K 肥。同一区组不同试验小区的施肥措施应尽量一致。

(8)树形管理

造林成活后第二年即可进行修剪。第一次在早春，天气回暖，乌桕春芽未萌发时进行。剪掉细弱侧枝，促进保留的 2～3 个侧枝形成二级主干。第三年在同样的时间进行修剪，培养三级主干，促使形成低矮、宽冠的自然开心型树形。

(9)调查

每年年底调查 1 次，内容包括经济性状调查，如单位面积果实产量、单序果数、种子千粒重、种子含油率等；生长性状调查，如新叶颜色、分枝性、物候期、花期、果实成熟期等，以及病虫害监测、抗性调查。调查结果应详细记录并存档备查。

第六节　其他育种技术

现在科学研究表明，通过控制生物的光合作用和代谢过程，或利用遗传育种和生物工程技术，可以改变现有能源生物的遗传性状及其代谢过程，改善能源生物的光合利用率，抗逆性及其他生理代谢过程，从而改良能源生物的品质并提高其生物量，选育出符合生产要求能源生物新品种。现代生物遗传改良技术大致可分为4种，即杂交育种、诱变育种、细胞工程育种和分子育种。在具体操作上，这些方法和技术往往都是相互渗透，共同发挥作用的。

一、杂交育种

(一)杂交育种的概念

遗传性不同的类型和个体间雌、雄配子的有性结合叫做杂交。根据育种目标选择亲本进行杂交，并对杂交所获得的杂种后代培育、选择，以获得新品种的方法，就叫做杂交育种。根据杂交亲本双方亲缘关系的远、近，有性杂交又可区分为近缘杂交和远缘杂交两大类。

(二)杂交育种的意义

近缘杂交是指同一种内的品种间或类型间的杂交。而远缘杂交则是指不同种间，甚至不同属以上的种间，或地理上相距很远的不同生态型间的杂交。近缘杂交的亲合力较高，杂种后代优良性状表现的稳定比远缘杂交快，选育新品种的时间短，是杂交育种中最常用的方法。它主要用于提高后代生活力和选育新品种。远缘杂交由于亲缘关系较远，亲本之间的亲合力较弱，并且有时会出现杂交不孕、杂种不实、杂种分离等现象，其育种难度较大，但往往后代会出现较明显的杂种优势，所以，它可用于创造更丰富的变异类型。

杂交是基因重组的过程。通过杂交可以把亲本双方控制不同性状的有利基因综合到杂种个体上，使杂种个体不仅双亲的优良性状，而且在生长势、抗逆性、生产力等方面超越其亲本，从而获得某些性状都更符合要求的新品种。因此，它比单纯的选择育种更富于创造性和可预见性。杂交育种是国内外广泛应用且卓有成效的选育新品种(尤其是农林作物新品种)的主要途径，是近代育种工作最重要的方法。20世纪50年代，杂交育种仅占育种品种总数的14.8%，60—70年代占35.5%左右，到80年代则达到了79%，杂交育种育成的品种呈直线上升。

杂交会引起基因重组，后代出现组合由亲代控制的优良性状基因型，可以为新品种的选育提供物质基础。杂交是促进亲本基因组合的手段，由于杂合基因的分离和重组，育种工作必须选择出符合育种目标的而且纯合定型的重组类型；再通过一系列的试验，鉴定所筛选的品系的生产能力、适应性和品质等，使之成为符合育种目标的新品种。因而，杂交、选择和鉴定是杂交育种中不可或缺的重要环节。杂交育种通过杂交、选择和鉴定，不仅能够获得融合亲本优良性状于一体的新类型，而且由于杂种基因的超亲结合，尤其是那些和经济性状有关的微效基因的分离和累积，在杂种后代群体中可以产生加性效应，出现性状超过任何一亲本的个体，或通过基因互作产生亲本所不具备的新性状的类型。在杉木、构树等主要造林树种和园林树种上，育种工作者已经开展了大量的杂交育种工作，选育了许多优良的杂种后代个体。能源树种因为开发利用时间较短，尚未见有关的杂交育种成功的报道。从长远看，要不断提高能源树种的遗传品质，利用现有的种质资源材料，开展杂交育种工作，是创造新品种的最经济最便捷的途径之一。

(三)杂交育种的方法和步骤

1. 确定杂交育种目标

育种目标必须从生物质能源生产的实际需要出发，目标要规定得具体，有针对性，重点突出，使育种工作有目的地进行。一般杂交中，一次只要求解决一个重点问题，切不可面面俱到。

几个主要油料能源树种目前主要杂交育种目标见下表：

表 6-14 杂交育种目标

树种	杂交育种主要目标			
乌桕	提高种子含油率	提高单位面积种实产量	提高单序果数	提高种粒大小(千粒重)
麻风树	提高种子含油率	提高单位面积种实产量	降低毒蛋白含量	
黄连木	提高种子含油率	提高单位面积种实产量	树体矮化	
三年桐、千年桐	提高种子含油率	提高单位面积种实产量	果壳厚度降低	

2. 选择亲本的原则

育种目标确定之后，就需要根据育种目标收集原始材料，正确选择杂交亲本。杂交亲本选择是否得当，是杂交育种成败的关键。为了选配优良亲本，必须对育种原始材料进行深入的观察研究，并在安排时应遵循以下原则：

(1)亲本应该具备育种目标所要求的目标性状

亲本在主要目标性状上应表现十分突出，遗传力大。此外，选择的亲本应具有综合性状好、优点多、缺点少的特点，两个亲本的优缺点能够互相弥补，使亲本一方的优点在很大程度上克服对方的缺点。亲本双方可以有共同的优点，但绝不可能有共同的缺点。

(2)选用地理上起源较远，生态型差别较大和亲缘关系较远的材料作为亲本进行杂交。

这些杂交组合可以丰富杂种的遗传组成，获得更多的变异类型和超越双亲的有利性状，增强杂种优势。由于双亲处于不同生态环境条件下，有利于选出适应性广泛和抗逆性强的优良新品种。

(3)应选择当地的推广品种或本地种质作为亲本之一

因为当地推广品种一般对环境的适应性强，以它为亲本之一，就可使选出的杂交后代在抗逆性、适应性等方面表现优良，避免当地自然灾害对新品种产生巨大影响。

(4)应选择遗传力强，一般配合力好的材料为亲本

一般讲，野生种比栽培种、老的栽培品种比新的栽培品种、当地品种比外来品种、纯种比杂种、成年植株比幼年实生苗、自根植株比嫁接在其他砧木上的植株遗传力要强。另外，母本对杂种后代的影响比父本大，因此要选择优良性状多的作母本。

一般配合力是指某一亲本品种与其他若干品种杂交后，杂种后代在某个性状上表现的平均值与群体平均值的离差。用一般配合力好的品种作亲本，容易选出好的品种。一个品种具有优良性状和具有好的配合力虽有联系，但不是一回事，在某些情况下，亲本虽有优良性状，但由于配合力不强，杂种后代表现也不好。配合力的好坏要杂交以后才能测知。

(5)应选择雌性器官发育健全、结实性强的种类作母本，而以花粉多、育性正常的作父本。

这样选择亲本，有利于获得杂种种子。而对于一些奇数多倍体，非整倍体和雄雌器官极度退化以及开花而不结实的类型，都不能选作杂交亲本。

此外，杂交中还应考虑到选择的亲本双方杂交亲合性要好。所谓杂交亲合性又称为杂交可配性，是指杂交取得有生命的杂种种子的几率。有时父母本性器官均发育健全，但由于雄、雄配于间互相不适应而不能结籽，这种现象就称为杂交不亲合性。当选择亲缘关系较远的亲本进行杂交时，易出现杂交不亲合现象。

3. 花粉处理

(1)花粉的收集和贮藏

花粉收集：为了保证父本花粉的纯度，在授粉前对将要开放的发育好的花勒或花序必须先套袋隔离，以免掺杂其他花粉，待花粉成熟散粉时，可直接采摘父本花朵，对母体进行授粉。也可以把花朵或花序剪下，在室内阴干后，收取花粉。杨树、柳树等种子小、成熟期短的植物可预先剪取花枝，进行水培，待散粉时可轻轻敲击花序，使花粉落于光滑洁净的纸上，进行去杂收集。

花粉贮藏：对于双亲花期不能相遇或亲本相距很远的植物种类，如果父本花先于母本花开放，可将父木花粉收集后，妥善贮藏或运输，待母本花开放时再进行授粉，从而打破杂交育种中双亲时间上和空间上的隔离，扩大杂交育种范围。

花粉贮藏原理在于尽量创造一个能使花粉代谢强度降低而延长花粉寿命的环境条件。花粉寿命长短与植物种类及所处的环境条件有关。在一般自然条件下，自花授粉植物寿命比常异花、异花授粉植物短。控制温度、温度、光照等条件对延长花粉的寿命有着重要影响。一般低温、干燥、黑暗有利于较长时间保养花粉的活力。

花粉贮藏方法是将花粉采集后先阴干，以不粘为度，再除去杂质，分别装在小瓶里，数量约为小瓶容量的1/5左右，瓶口用纱布或棉球封扎，瓶外贴上标签，注明品种、花粉的采集日期，然后将小瓶置于干燥器内，干燥器内底层可盛无水氯化钙、硅胶或比重1.45的硫酸、醋酸钾饱和溶液或生石灰。将干燥器放于阴凉、黑暗的地方，最好是放置在2～3 ℃左

右的冰箱中。如果没有设备，可把装有花粉的小瓶放在盛有生石灰的箱子里，湿度保持25%以上，放在阴凉、干燥、黑暗的地方，也可达到短期贮藏的目的。

(2)花粉生活力测定

经长期贮藏或从外地寄来的花粉，为保证杂交成功，在杂交前必须对花粉生活力进行测定。

测定花粉生活力的方法主要有以下几种。

直接授粉法：此法是将待测花粉直接授在同样植物的雌蕊柱头上，并做隔离工作。隔一段时间后切下柱头，在显微镜下检查花粉萌发的情况，或看最后的结果、结籽情况。

形态鉴定法：将花粉放在显微镜下观察，失去活力的花粉通常表现为畸形、皱缩等。

染色法：花粉发芽过程中有些酶能引起氧化还原反应，进而使生物染料产生颜色变化。花粉在过氧化氢、取苯胺、a-萘酚的作用下，有活力的花粉呈蓝色、红色或紫红色，没活力的花粉不变色。另外，还可采用氯化 2,3,5-三苯基四唑(TTC)，有活力的花粉能使 TTC 由无色溶液变成红色。

花粉发芽试验：有 1%～2%的琼脂和 5%～20%的蔗糖配制成培养基，将花粉撒播在培养基上，在 25 ℃左右培养，隔一定时间的显微镜下检查花粉萌发情况。如果在培养基本加入 10 ppm 的硼酸对花粉花芽有良好的促进作用。

4. 杂交技术

(1)母株和花朵的选择

根据育种目标的要求，选择生长健壮、开花结实正常的优良单株作为母株。母株数量较多时，一般不要在路旁或人流来往较多的地方选择，以确保杂交工作的安全。去雄的花朵以选择植株中上部和向阳的花为好。

(2)去雄和套袋

两性花需在花开放，花粉散落之前，及时去雄，去雄后套袋。单性花需在花开放前套袋。

(3)授粉

待柱头分泌黏液或发亮时，即可授粉。为确保授粉成功，最后两三天内重复授粉 2～3 次，授粉工具可为毛笔、棉球等。对于风媒花，由于花粉多而且干燥，可用喷粉器授粉。使用喷粉器时，可不解除套袋，而在套袋上方钻一小孔喷入。授粉工具授完一种花粉后，必须用酒精消毒，才能授另一种花粉。授粉后立即封好套袋，并在挂牌上标明杂交组合、授粉日期、授粉次数等。待数日后柱头萎蔫即可将套袋除去，以免妨碍果实生长。

(4)杂交后的管理

杂交后要细心管理，创造良好的、有利于杂种种子发育的条件。有的树种要随时摘心、去蘖，以增加杂交种子的饱满度。同时注意观察记录，及时防治病虫和人为伤害。杂种成熟后，采收时连同挂牌放入牛皮纸袋中，注明收获时期，分别脱粒、贮藏。

二、诱变育种

诱变育种是利用理化因素诱发种子变异，再通过选择而培育新品种的育种方法。20

世纪 20 年代，Muller 在果绳上，Stadler 在玉米和大麦上首次证明了 X 射线可以诱发突变，从而拉开了生物辐射育种研究的序幕。辐射诱变可使生物产生很多变异，提供大量优异的新的种质资源。通过辐射诱变产生的优良突变体作为亲本用于选育杂交品种已经成为诱变育种的重要途径，突变体间接利用育成品种的比例在 1966—1983 年间占突变品种的 16.9%，而在 1984—1991 年间达到了 41.7%。与一般自然诱变相比，诱变育种具有如下特点：诱导的突变率较高，一般诱变率在 0.1%左右，但利用多种诱变因素可使突变率提高到 3%，变异范围较大，可以是自然界尚未出现或很难出现的新基因源；诱变的变异大多是一个主基因的改变，因此，诱变品种性状稳定快，一般 3～4 年就可以基本稳定，育种年限也相应缩短；但是，与常用的杂交育种方法相比较，诱变育种诱发突变的方向和性质较难掌握，必须扩大诱变后代群体，增加选择机会，然而这无疑将增加人力和物力。

物理诱变 很多因素都可以诱发植物发生突变，典型的物理诱变剂是不同种类的射线，常见的有紫外线、X 射线、γ 射线和中子，此外还有 β 射线和 α 粒子等。生物体某些易受辐射敏感的部位受到射线的撞击时发生离子化，可以引起 DNA 链的断裂，当修复不能恢复到原状时就会发生突变。随着辐射诱变技术的不断发展，离子注入诱变育种和太空育种等新的诱变技术不断涌现，发展较快，在生物育种工作中取得显著成果。

离子注入诱变育种 离子注入是近 30 年来在国际上蓬勃发展和广泛应用的一种材料表面改性高新技术。20 世纪 90 年代中国科学院等离子体物理研究所余增亮等首先把离子注入这一高新技术应用到农作物品种改良中，并获得成功。由此开始了注入离子与生物体系相互作用的过程探索，并在生物诱变育种中取得了一系列引人注目的科技成果。其基本原理是：用能量 10～1 000 keV 量级的离子束入射到材料中去，离子束和材料中的分子或原子发生一系列理化作用，入射离子逐渐损失能量，最后停留在材料中，并引起材料表面成分、结构和性能发生变化，从而优化材料表面性能或获得某些新的优异性能。离子注入生物学效应显示出一些不同于辐射生物学的特性，不仅具有物理和化学诱变两者相结合的复合诱变效应，而且还会引起强烈的生物效应，从而促使生物产生各种变异，并从中筛选出所期望的优良变异品种，经过培育而成为一种新品种。

离子注入诱变育种过程中，不仅离子束的能量对生物体有重要作用，而且离子本身最终也停留在生物体中，对生物体的变异也有重要的影响，这是它与一般用射线等进行的辐射育种和利用太空中强烈的宇宙射线进行的太空育种的主要区别与突出优点。离子注入诱变育种的优点，概括起来主要有：变异率高，一般要比自然变异率高 1 000 倍以上；变异谱宽，即变异的类型多，能够产生自然中从来没有见过的新类型；变异稳定快，可以大大缩短育种周期；离子注入诱变育种技术稳定可靠，简便易行。

太空育种 太空育种是将农作物种子搭载到返回式地面卫星或飞船中，借助空间环境技术提供的超真空、微重力、高能粒子及宇宙射线等地面不可模拟的物理诱变因子，使种子发生变异，经过地面几代选育获得的具有稳定遗传性状的新品种。目前，世界上只有美国、俄罗斯和中国成功地进行了卫星或宇宙飞船搭载的“航天育种”研究。我国的“航天育种”研究，已居世界先进水平。太空育种具有诱变作用强、变异幅度大和有益变异多等优点，可从中获得罕见种质材料，特别是对产量和质量产生重大影响的特异性状。宇宙射线引起的基因变异与利用外源基因导入植物和微生物体内而培养出转基因食品、转基因作物是不同的，如转基因大哺养是非大哺养植物甚至动物、微生物的基因导入而产生的变异，而太空育种则是让作物的种子自身发生变异。我国颁布的有关转基因安全管理规定中特别排除了通过对自身突变产生的新物种的管理，这也说明太空育种是非常安全的。

激光辐射诱变和微波电磁辐射诱变 激光是一种量子流、光微粒。激光辐射通过产生光、热、压力、电磁效应综合作用，直接或间接影响生物有机体，引起 DNA 或 RNA 改变，导致酶的激活或钝化，促使细胞分裂和细胞代谢活动变化。微波辐射属于低能电磁辐射的一种，其量子能量为 10^{-28}～10^{-25} eV，对机体的作用机理是场力（非常效应）和转化能（热效应）的协同作用，从而引起生物体突变。

化学诱变 早在 1984 年，Gustafsson 等就用芥子气处理大麦获得突变体。1967 年 Nilan 用硫酸二乙酯处理大麦种子育成矮秆、高产品种 Luther。此后化学诱变剂的研究和应用逐渐发展起来。常用的诱变剂很多，但目前公认的最有效和应用最多的是烷化剂和叠氮化物两类。烷化剂中以甲基磺酸乙酯、硫酸二乙酯和乙烯亚胺等类型的化合物应用较多，烷化剂是指具烷化功能的化合物，它带有一个或多个活性烷基，如—CH_1、—C_2H_5，该烷基转移到一个电子密度较高的分子上，可置换碱基中的氧原子，碱基被烷化后，DNA 在复制时会配对错误，产生突变。叠氮化合物则以叠氮化钠的研究和应用较多，叠氮化钠是一种动植物的呼吸抑制剂，可使正在复制的 DNA 的碱基发生替换，从而导致突变的发生，是目前诱变率高且安全的一种诱变剂。

在诱变育种中要考虑若干因素的影响，如诱变剂的作用是扩大基因突变的频率，因此应选择高效诱变剂如 NTG、$^{60}Co\gamma$ 射线、UV 等；考虑诱变剂的种类、剂量、处理时间等诱变条件；诱变剂对 DNA 的损害类型和损害程度等。根据不同生物，合理采用不同的诱变剂或诱变组合、剂量及诱变条件十分重要。

多年来为提高诱变效率，育种工作者在诱变方法上作了不少改进。例如，利用原生质体对理化因素的敏感性比营养细胞或孢子更强的特点，可以使诱变剂的诱变效率得到提高。此外，在诱变处理时，往往添加一些助变剂，以提高诱变和效果。氯化锂，本身并无诱变作用，但与一些诱变因子一起使用便具有协同作用。

附表 6-1 乌桕优树登记表

树种：________________ 优树编号：________________

1. 选优地点

______省______市______县(市、区)______乡(镇)

______村(林场)______组(工区)______林班______大班

______小班，小地名______，经度______ 纬度______。

2. 自然条件

(1)地形：坡度______，坡位______，坡向______。

(2)土壤状况：土壤类型______，土层厚度______m，腐殖质层厚度______cm，土壤有机质含量______mg/g，N 含量______mg/g，P 含量______mg/g，K 含量______mg/g。

(3)植被：____。

(4)温度：年均温______，有效积温______，历史最高温______，历史最低温______。

(5)降水：年降水量______，雨型______。

3. 优树性状表现

(1)主要经济性状：单位面积鲜果产量______kg/m^2，脱籽率______%，单位面积鲜籽产量______kg/m^2，种子含油率______%，单序果数______粒，千粒重______g，单位面积产油量______kg/m^2。

(2)树形：冠幅(南×北)______，树高______m，枝下高______m，胸径______cm，径高比______，冠高比______。

(3)果实：果形______，果序形态______，结果枝数______，脱粒难易______。

(4)种子：种子形态[①]________________________________。

(5)其他：分枝性______，病虫害情况______。

附表 6-2 经济性状调查记录表

标准枝			结果枝数	单位面积鲜果产量	脱籽率/%
序号	单序果数/粒	果实鲜重/g			
1					
2					
3					
4					
5					
平均					

种子含水率/%		单位面积种子产量 kg/m²	种子含油率/g		百粒法测定千粒重		单位面积产油量 kg/m²
重复	含水率/%		重复	含油率/%	重复	百粒重/g	
1			1		1		
2			2		2		
3			3		3		
4			4		4		
5			5		5		
平均			平均		6		
					7		
					8		
					千粒重/g		

注:①种子形态需描述种子性状、皮脂色泽、皮脂厚薄等;②指干种子产量。

附表 6-3 综合评分表

<table>
<tr><td>项目</td><td colspan="2">单位面积产油量 kg/m²</td><td>单位面积种子产量 kg/m²</td><td>种子含油率/%</td><td>单序果数/粒</td><td colspan="2">千粒重/g</td></tr>
<tr><td>性状表现</td><td colspan="2"></td><td></td><td></td><td></td><td colspan="2"></td></tr>
<tr><td>得分</td><td colspan="2"></td><td></td><td></td><td></td><td colspan="2"></td></tr>
<tr><td>项目</td><td>径高比</td><td>分枝性</td><td>果实开裂难易</td><td>果实成熟一致性</td><td>种子自然脱落情况</td><td>皮脂颜色</td><td>健康状况</td></tr>
<tr><td>性状表现</td><td></td><td></td><td></td><td></td><td></td><td></td><td></td></tr>
<tr><td>得分</td><td></td><td></td><td></td><td></td><td></td><td></td><td></td></tr>
<tr><td>总分</td><td colspan="7"></td></tr>
</table>

选优结论及入选理由：____

____

____

____。

调查人员：　　　　　　　　　　　样品测定人员：

评分人员：　　　　　　　　　　　调查日期：

附表 6-4 优树所在位置及明显地物标示意图

绘图人： 调查及绘图人员单位：

附图 6-1　乌桕优良单株图片

附图 6-2　竹柏优良单株图片

第七章

生物质能源树种良种繁育基地建设

第一节　采穗圃营建及管理技术

采穗圃是以优树或优良无性系做材料，生产遗传品质优良的枝条、接穗和根段的良种基地。采穗圃的作用主要有两个：一是直接为造林提供种条或种根；二是为进一步扩大繁殖提供无性繁殖材料，用于建立种子园、繁殖圃或培育无性系苗木。

一、建立采穗圃的意义

采穗圃是良种繁殖的主要形式之一。主要适用于无性繁殖方法进行造林的树种，林业上杉木、马尾松、桉树、杨树等主要造林树种，均已开展了采穗圃建设，以实现优良无性系的规模化生产，促进无性系造林。能源树种方面，麻风树采穗圃已见报道。生产实践证明，采穗圃有下列优点：(1)穗条产量高，成本低；(2)种条健壮、充实，发根率高；(3)遗传品质有保证；(4)经营管理方便，病虫害能及时防治，采穗树矮，操作安全；(5)采穗圃一般设在苗圃附近，安排劳力容易，可以适时采条，避免种条的长途运输，提高育苗成活率。

二、采穗圃的种类

1. 初级采穗圃　从未经测定的优树上采集下来的材料建立起来的，其任务只为提供建立一代无性系种子园、无性系测定和资源保存所需要的枝条、接穗和根段。

2. 改良采穗圃　用经过测定的优良无性系、人工杂交选育定型树或优良无性系、品种的材料建立起来的，其任务是为优良无性系的推广提供枝条、接穗和根段。

三、采穗圃的建立和管理

采穗圃一般设置在苗圃里或附近。在配置方式上，以提供接穗为目的的采穗圃，一般采用乔林式，株行距 4～6 m；以提供枝条和根段为目的的采穗圃，一般采用灌从式，株行距 0.5～1.5 m。更新周期一般 3～5 年。

根据采穗树树种特性，分别采用扦插、嫁接或埋根等方法繁殖。为提高采穗树的质量，要注意选用健壮、充实、侧芽饱满、无病虫害的枝条，接穗或母根，并按无性系分剪、分贮、分插或分接，严防混杂。

灌从式和乔林式采穗圃每年采穗时，要注意保持树形完整，做到合理采穗，剪口要低平，采穗量要适度，以利多产健壮枝条。采集枝条和接穗要分别无性系号，单独采集、包装、贮运，防止混杂和干枯霉烂。

采穗树的树形对生产的种条数量和品质以及对采穗树的经营管理方式，均有直接的关系，所以，采穗树的树形培育是采穗圃营造技术的中心环节，必须认真做好。树种不同常采用不同的措施。

现以乌桕为例，介绍福建林业职业技术学院乌桕采穗圃营建及管理技术。

乌桕属异花授粉植物，花粉主要以蜜蜂等昆虫为媒介进行传播，有性繁殖后代分化程度较大。为充分利用个体间的差异，建立采穗圃，开展无性繁殖育苗，应该是乌桕良种繁育的重要手段。建圃材料为福建林业职业技术学院经过测定选择获得的5个优良无性系材料，通过嫁接方式，培育优良无性系苗木。嫁接砧木使用优良单株的自由授粉子代1年生壮苗。

1. 采穗圃区划

为防治不同无性系间混杂，对采穗圃进行区划，将其划分为10个区，各区间以主道或步道隔离。采穗圃区划设计图见附图7-1。

2. 整地栽植

开带整地，带宽2 m，清除杂草根，施足基肥进行土壤改良，挖大穴，规格60 cm×60 cm×40 cm，株行距2 m×2 m，2500株/ hm^2，面积1 hm^2（15亩）。乌桕砧木定植应在1月份完成，如有苗木死亡应及时补植。

3. 抚育

经常锄草松土，保持圃地无杂草，同时夏季要注意浇水防旱。

4. 施肥

采穗圃每次采穗后要及时施肥，每公顷施复合肥300 kg，腐熟饼肥60 kg，有机肥、化肥结合施，以有机肥为主。

5. 管理措施

乌桕采穗圃经营管理的主要内容有：

(1)土肥管理

包括松土、除草、间作、施肥、灌溉等。改善采穗圃土肥状况，有利于采穗母树生长，提高充实、健壮种条的产量。

(2)树体管理

修枝整形，培育开心式树形。控制树高2～3 m左右。剪除细弱的枝条，减少养分消耗。

(3)病虫害防治

危害乌桕树木的虫害有樗蚕、刺蛾、柳兰叶甲、大蓑蛾等。如有发生，可用20%除虫脲8 000倍液、0.5%蔬果净（楝素）乳油600倍液、Bt乳剂500倍液或灭幼脲3号悬浮剂2 000至2 500倍液喷洒防治。发生大蓑蛾，可用人工摘除结合剪枝的方法防治。

闽北乌桕良种繁育基地采穗圃建设布局图
N
1:1000
Ⅰ区
Ⅱ区
Ⅲ区
Ⅳ区
Ⅴ区
Ⅵ区
Ⅶ区
Ⅷ区
Ⅸ区
Ⅹ区
气象观测站
林道
林道
102.8
103.4
105.8
111.4
1#
2#
3#
4#
5#
6#
7#
8#
9#
10#
急流槽
急流槽
急流槽
排水沟
坡脚线
排水沟分水线
引入场地排水系统
引入场地排水系统

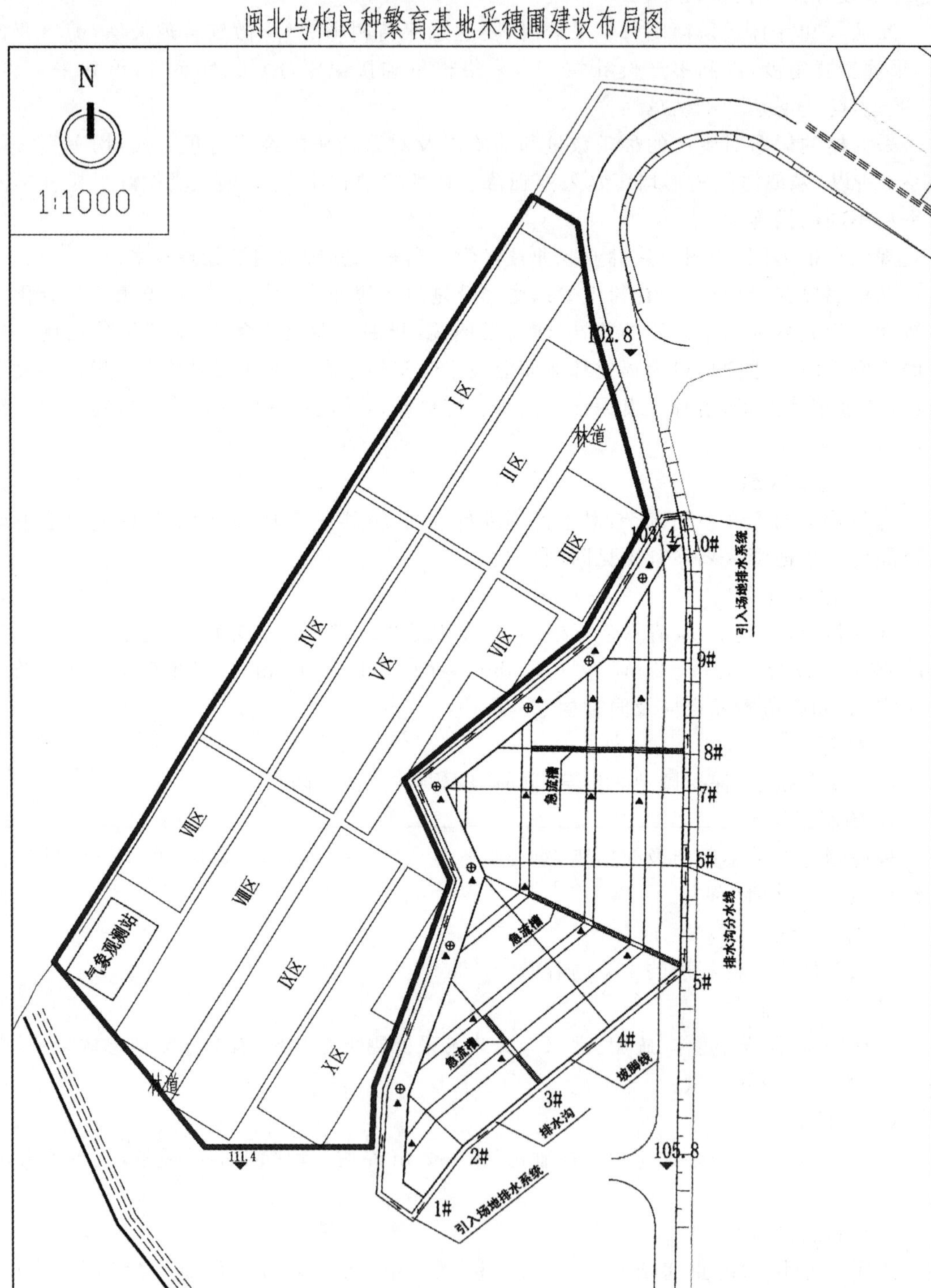

图 7-1

(4)采穗圃的改良

根据无性系测定资料,进行采穗圃采穗母树改造。将淘汰的无性系植株截干后嫁接遗传性优良无性系穗条,提高采穗圃的遗传品质。

(5)采穗圃技术档案

采穗圃技术档案主要内容有:规划设计说明书及区划图;各无性系分布图;种子园营建情况登记表;种子园经营活动登记表;各无性系原株情况一览表等。

第二节　种子园

一、种子园的概念和类型

(一)种子园的概念

种子园,是用优树无性系或家系按设计要求营建的、实行集约经营的、以产生优良遗传品质和播种品质种子的特种林。

(二)种子园的类型

根据建园材料苗木来源,可以分为无性系种子园和实生种子园。无性系种子园根据无性繁殖方式,又可以分为扦插种子园和嫁接种子园。根据建园材料的改良程度,可以分为初级种子园、第一代去劣种子园、第一代改良种子园、第二代种子园、第三代种子园等。

二、建立种子园的意义

1. 种子的遗传品质好,以之造林,可以提高林分质量和经济效益;
2. 种子园树木结实早,能稳定地提供大量遗传和播种品质优良的种子;
3. 种子园面积集中,便于经营管理,控制树冠生长,方便种子采收;
4. 为育种的持续发展准备物质和技术条件。

三、生物质能源树种种子园发展概况

据报道,2008—2009年,按照国家"十一五"科技支撑课题"麻风树高油、高产和多抗性良种选育技术研究"和四川省"十一五"育种攻关课题"麻风树良种选育技术研究"要求,省林科院在攀枝花合作营建了全国第一个麻疯树优树的无性系种子园。种子园面积180亩,园址土地为国有的科研用地,建园材料共收集高油、高产的优良无性系122个。无性系的培育是把优树的芽嫁接到8月龄麻疯树超级苗的砧木上,无性系的嫁接成活率在90%以上。种子园无性系的配置采用分区随机错位排列。该种子园的建立,可以尽快为麻风树能源林基地建设提供经遗传改良的良种，推进基地建设的良种化进程。其他油料能源树种的种子园建设未见报道。木质能源树种中，马尾松已经建立了第二代种子园。总体上，我国生物质能源树种种子园建设规模小，改良程度低，特别是油料能源树种种子园，仅个别树种刚刚起步。种苗是先行工程，重组的良种供应，是提高能源林效益，促进能源林规模化发展的物质基础。因此，要尽快在良种选育的基础上发展种子园，特别是主要油料能源树种，如黄连木、麻风树、乌桕、竹柏、油楠等的种子园，实现良种种子的规模化、基地化生产，尽快解决良种供应不足问题。

四、种子园规划设计

（一）种子园规模

1. 按种子园供种范围的用种量、单位面积产种量确定种子园建设规模。供种范围，对乡土树种，包括优树原产地及与原产地生态条件相似的地区；对外来树种，供应适生地区。

2. 种子园内同一树种的面积应在 10 ha 以上。

（二）园址条件

1. 在适于该树种生长发育的生态条件范围内，选择有利于长期大量结实的地段建园。

2. 种子园要集中成片，避免与农田或其他用地插花。土地使用权明确，没有纠纷。

3. 园址要求海拔适宜，地势比较平缓，坡度不得超过 25°，光照充足；土层厚度大于 100 cm，肥力中等以上、透气性和排水良好的壤质土壤；土壤酸碱度要符合树种特性；在干旱地区，应有一定灌溉条件。排水不良、风口以及易发生冻害、冰雹地段均不能选作园址。

4. 园址应设在该树种病虫害、兽害不严重的地方。

5. 园址交通应较方便、劳力供应较充足。

6. 园址要有扩建的余地。

7. 周边 500～1 000 m 内无一般同树种林分，虫媒花树种要求要更高。

8. 园址选择还应考虑该地区今后建设的发展情况。

乌桕、麻风树可以考虑利用退耕还林、抛荒地等立地条件较好的土地建立种子园。乌桕种子园建设应选择在水源充足的地块。

9. 周边劳力充足，能满足种子园建设及管理的用工需求。

（三）种子园区划

1. 种子园区划为若干大区，大区下设置小区。地势平缓地段可划分成正方形或长方形；山区沿山脊或山沟、道路等划界，不求形状规整或面积一致，但应连接成片。小区按坡向、坡位和山脊等区划，或按栽植年份，栽植材料划分。大区界宽 4～6 m，小区间隔道宽 1～2 m。大区面积为 3～10 ha；小区为 0.3～1 ha。

2. 根据需要，在条件较好的平坦地段或阴坡、半阴坡设置采穗圃；面积约为种子园面积的 5%；同一无性系可集中栽植。

3. 根据种子园的面积、地貌、运输量设置简易公路和林道，构成道路网。

(四)建园材料来源和数量

1. 在了解建园树种地理变异规律的情况下，种子园可采用优良种源区的优树繁殖材料，即经过遗传测定的优良家系或优良无性系。为尽快满足生产用种需要，能够无性繁殖的树种，尽量使用优良无性系。

2. 实生苗种子园大区中使用的单亲或双亲家系间不能有亲缘关系。

3. 面积在10～30 ha的第一代无性系种子园应有50～100个无性系；31～60 ha的应有100～150个无性系；60 ha以上的应有150个以上无性系。实生苗种子园所用家系数应多于无性系种子园所用无性系数。第一代改良种子园所用无性系数量为第一代无性系种子园的1/2～1/3。

4. 雌雄异株的树种，如使用优良无性系建园，应考虑搭配一定数量的雄株无性系。

(五)种子园总体设计方案

建立种子园必须根据建园的需要和原则编写总体设计方案，内容如下。

1. 基本情况：自然条件，包括气候、土壤、植被和水文资料；社会经济条件，包括基本建设、设备、交通条件、四邻和劳力状况。

2. 总体设计各经营区包括种子园、采穗圃、苗圃以及优树收集圃、子代测定林、试验林的设置和布局、道路和防火系统；灌溉系统；基本建设。

3. 建园技术：无性系来源和数量、繁殖方法、栽植密度和配置方法、整地、定植。

4. 经营管理措施：土壤改良、促进结实、预防灾害、去劣疏伐。

5. 经济效益分析和投资预算。

6. 图表包括1/2 000、1/5 000地形图、区划图、无性系植株定植(配置)图等。

五、建园

(一)建园材料的繁殖

1. 接穗要从优树树冠中上部或采穗树上采集1～2年生枝条，松属、云杉接穗要带顶芽。按无性系捆扎包装，运输时要保湿、通风、防压、防高温。接穗贮存于低温处，定期检查，防止干枯或萌动。

2. 砧木由适于本地生长的同种优质种子培育，选用生长健壮、根系发达的1～3年生移植苗。枝接时砧木粗度应稍大于接穗或与接穗相仿。

嫁接成活率高的树种和地区，可采用先定砧后嫁接的办法。

3. 选择建园树种最适宜的嫁接方式，如乌桕2月份采用切接、切腹接。硬枝接穗在早春砧木萌动时嫁接，嫩枝最适宜在生长旺盛期嫁接。大戟科树种一般嫩枝内富含乳汁，可用稀氨水、10%～20%酒精浸泡穗条切口4～5分钟后嫁接。在南方应该避开高温季节。嫁接成活后要适时松带、解带、护梢、砧木去萌。

(二)整地

种子园栽植地段，整地前要分别地类清除植被和采伐剩余物。地势平坦的地方可全面整地。坡度虽较大，但坡面平整的山地可带状整地，修筑水平阶或反坡梯田。挖明穴，定植穴为 60 cm×60 cm×50 cm，穴内回填表土。整地要在定植前 3 个月～5 个月内进行。定植时穴内施用基肥。

(三)栽植密度

根据树种生长特性、立地条件、种子园类型确定栽植密度。乌桕实生种子园适宜的栽植密度为 1 200 株/hm^2，3 年后经一次间伐定型为 900 株/hm^2。乌桕无性系种子园适宜的栽植密度应比实生种子园高 20%左右。

(四)配置设计

1. 同一无性系(家系)植株间应间隔 5 株以上，或大于 30 m；虫媒花树种，同一无性系(家系)植株间间隔应在 50 m 以上。

2. 尽量避免无性系(家系)间有固定邻居，即防止固定搭配，以期获得最广泛的遗传基础。

(五) 配置方式

采用约束的随机小区设计；分组随机排列；计算机程序排列和顺序错位法排列。

(六)补植或补接

不成活的植株要及时按原系号补接或补植，并在配置图上标明。

六、经营管理

(一)松土除草

应有利于植株正常生长和开花结实，有利于水土保持，并要持续进行。南方山地可结合抚育，扩穴成带。

(二)施肥

根据土壤肥力状况、树种特性以及林木生长发育阶段确定施肥种类、数量和时间。追肥以复合肥料或氮肥为主，每年 1～3 次，分别在花芽分化期、幼果发育旺盛期和籽粒饱满期进行。如为 1 次，应在花芽分化期进行。

套种的绿肥植物要在花期压青，适用的绿肥植物有紫云英、铺地木兰、苕子、猪屎豆、日本草及各种豆类等。

(三)灌溉

干旱地区灌溉有利于形成健壮的结实层。生长期间当土壤持水量小于最大持水量的

65％时进行灌溉；但花芽分化期不灌溉。灌水量以浸润范围稍大于根系分布范围为宜，南方山地应采取保墒措施。

（四）辅助授粉

在种子园开花结实初期，或开花撒粉期遇阴雨天气时，应采取人工辅助授粉措施。花粉从10～20个无性系植株或优树上采集，混合均匀后用滑石粉或死花粉按1∶4～1∶5比例稀释。在雌花授粉适期，静风时用喷粉喷洒。乌桕树种是蜜源植物，可以通过园内放养蜜蜂，通过蜜蜂采蜜进行花粉传播。

（五）树体管理

及时清除砧木萌条。开花结实初期，不能修剪树冠下方侧枝。采种必须保护树体。乌桕采种后可以对结果枝适当短剪。

（六）病虫兽害防治

根据种子园病虫害和危害动物的发生、发展和活动规律，采取有效措施及时防治。加强检疫，防止把危险性病虫害引入园内。

（七）护林防火

做好护林防火工作，每年及时清除林道及大区界上的植被。

（八）开花结实习性观察

观测各无性系（家系）雌雄（球）花花期早晚、产量和年变化，了解各无性系（家系）的果实成熟特征、出籽率和种子播种品质。

（九）去劣疏伐

取得子代测定和开花结实习性资料后，要及时对第一代无性系种子园去劣疏伐。

七、技术档案管理

（一）档案内容

种子园档案主要包括：上级下达的计划任务书、总体设计方案及有关图表、种子园基本情况表、种子园小区立地条件登记表、种子园优树登记表、经营活动登记表、种子园定植（嫁接）、初植（补接）登记表、无性系（家系）生长状况调查表、无性系（家系）开花物候调查表、结实量登记表和种子、苗木品质调查表。

（二）建档要求

种子园建档要求做到资料收集完整、记录准确、归档及时、使用方便。

第八章 油料能源树种育苗技术

第一节　林木结实与种实采收

一、林木的结实年龄和花芽分化期

(一)树木的发育周期

树木是多年生多次结实(除某些竹类外)的植物。树木的一生有两个发育周期,一个是大发育周期,一个是小发育周期。

树木的大发育周期,指从种子发芽到植株死亡。一般把实生树木的一生按年龄和发育特点划分为以下三个阶段:

1. 幼年期

从种子发芽到树木开始结实。这个时期树木主要进行营养生长,地上部分和根系迅速扩大,是个体建造的重要时期。开花必须以营养生长和营养物质积累为基础,所以林木一般都有一个较长的幼年期。如麻风树 2～3 年,乌桕 4～5 年,黄连木 6～8 年,竹柏 9～10 年。在这个时期,任何人为的措施都不能使之开花,但这一阶段持续时间可以缩短。幼年期的树木一般叶片较厚,落叶较迟,枝条扦插成活率高。

2. 成年期

从开花结果到盛果期后结实能力开始下降的这一段时期,为树木的成熟期。树木开始开花结实是幼年时期基本结束的标志。进入成年期,树木同时进行着营养生长和生殖生长,在适宜的外界条件下,随时可以开花结果。这一阶段幼年期的一些形态逐渐消失,枝条扦插不如幼年期成活率高,结实能力随年龄逐渐提高,并且在一个相当长的时期中相对地稳定在一定的水平上,是种子经营工作中的重要时期。

3. 衰老期

指营养生长和结实能力逐渐衰弱,直至个体死亡的一段时期。这一时期生长势下降,结实能力下降,抗性较弱,扦插成活率低。

发育龄期的转变是逐渐过渡的,幼年期、成年期、衰老期之间并无截然的界限。在同一个植株上可以看到从幼年状态向成年和老年状态的过渡。一株实生树木的基部表现出幼年型,沿着基轴向上则逐渐增加成熟的水平。也就是说,阶段变化是顺着茎的长度传递的。所以位于茎的不同部位的细胞,各具有它们特有的质量和特性,这就是茎的异质性。

营养繁殖的新个体的发育阶段与母体的发育阶段相同，自此继续它的发育，不必经历最初的发育阶段。所以，无性繁殖可以提前开花结实。

了解树木的大发育周期，在生产中有很大的实际意义。由于树木茎的异质性，不同部位的枝条对结实年龄影响很大。用已达结实的树冠上的枝条扦插或嫁接，早的次年可结实，迟的也不过三四年。但如果用根蘖或树木基部枝条繁殖，其结果年龄则与实生苗同样迟缓。

树木的小发育周期也称为年发育周期。树木每年都有与外界环境条件相适应的形态和生理机能的变化，并呈现一定的生长发育的规律性，即为树木的年发育周期（物候期）。例如一年中，树木经历了发芽、生长、开花、结果、落叶、休眠，一年为一个周期。

小发育周期分为生长期和休眠期。

1. 生长朗

从春季开始进入萌芽以后，在整个生长季节中都属于生长期。

2. 休眠期

到秋、冬季，为适应低温和不利的环境条件，树木处于休眠状态，为休眠期。由于树木年发育周期的存在，树木形成不同年龄的枝条，一般一年生枝条生活力较旺，扦插、嫁接成活率较高。

（二）影响树木结实年龄的因素

树木的幼年期是不能开花结实的，只有结束了幼年期，达到性成熟阶段（即成年阶段）才能开花结实。影响树木的结实年龄主要有遗传因素、树木起源因素、外界环境因素等。

树种不同，结果年龄不相同。例如，油桐中的对岁桐类型 2 年生就能正常开花结果，麻风树 2～3 年生也能正常开花结实，而乌桕实生苗种植 5 年左右时间开花结实，竹柏需 9～10 年方能开花结果。一般喜光速生树种开始开花结实早，树体高大的树木，一般开花结实较晚。

树种起源不同，结实年龄也往往不同。无性起源的树木，开花结实早；有性起源的树木，开花结实迟。例如，乌桕实生苗 5 年，扦插苗一般 3～4 年，嫁接苗一般 3 年开花结实。

树木的环境因子不同，结实年龄也不同。孤立木由于树冠部分能充分接受阳光，其开始开花的年龄比荫蔽的林分中的林木早。

在一些特殊情况下，如土壤瘠薄干旱，或遭受病虫、火灾以后，林木常常过早开始结实，这是营养生长受到强烈抑制，个体早衰的结果，是不正常的现象。

由于林木的结实年龄是可以遗传的，为了保证油料能源林能够尽快投产，应考虑选择早结实的变异类型。

（三）花芽分化和花芽分化期

林木生长到一定阶段，营养物质积累到一定水平以后，在成花诱导激素和外界条件的作用下，顶端分生组织就朝成花的方向发展，开始形成花原基，再逐渐形成花，这一过程称为花芽分化。花芽分化分为生理分化和形态分化两个过程。

花芽形成过程要消耗大量的碳素物质和氮素物质，并且碳、氮必须有一定的比例，蛋白质含量需占总氮量的70%以上，60%以下则不能形成花芽。所以，良好的营养生长可以为转向生殖生长打好物质基础。树木的幼年期是积累营养物质的重要时期，幼年期树木生长健壮，才有希望今后高产优质。花芽在分化过程中，需要大量的高能物质三磷酸腺苷（ATP）、核蛋白以及淀粉和糖类，所以，施磷肥对提高花芽分化有重要作用。

一般来说，在新梢内部，生长素和细胞分裂素、激化素等处于高水平，促进营养生长，抑制花芽分化；乙烯和赤霉素处于高水平时，有利于花芽分化。对于导致树木开花结实的内部生理机制，目前还了解得很少。幼年树木不能开花的根本原因，可能是体内含有某些抑制开花的物质，但更重要的可能，是树木体内的激素还没有累积到足以导致开花的临界浓度。现有的一种看法是，树木在早年将激素优先用于营养生长，经过若干年以后，营养生长迅速下降，分生组织中激素才能积累到足够高的水平，诱导该组织分化成花。据报道，赤霉素诱发早花的效果，还同光周期效应密切有关。总的来说，这方面的试验研究，还处在探索阶段。施用赤霉素，虽然能提高树木体内激素水平，诱发早花，但并没有真正结束植株的幼年时期。

二、树木结实的大小年现象

进入结实阶段的树木，具有生殖器官和营养器官同时发生的能力。但是常常可以看到，已经进入成年时期的很多树种，不同年份结实量差异很大。有的年份结实很多，被称为大年（丰年、种子年），有的年份结实特少，被称为小年（歉年）；此外，还有程度不同的中等年份。各年结实数量的这种波动，称为结实的大小年现象，或叫结实周期。

各个树种的丰年间隔期有着相当大的差异。树木结实的大小年现象，其根本原因是结实母树体内营养的不足。植物开花结实，需要消耗体内大量的碳水化合物。充足的光照，既有利于抑制树木的徒长（即营养生长过于旺盛），也有利于缩短大年间隔期。总的说来，不同年度间，同一树种光照充足地段种实产量较荫蔽地段稳定，喜光树种较中性树种、喜阴树种种实产量稳定。乌桕、麻风树、三年桐、千年桐均为喜光树种，大小年现象有，但不太明显，竹柏属喜阴树种，大小年现象明显。结实的间隔长短，一方面取决于树种的生物学特性，一方面也取决于各年环境条件的组合状况，丰年的出现并没有严格的周期性。加强结实母树抚育管理，丰、歉现象基本是可以克服。值得指出的是，不合理的采种方法，往往人为加剧结实的大小年现象，必须引起重视。

三、种实采集

（一）采集时间

1. 种实的成熟过程

种实的成熟是受精卵细胞发育成完整种胚的过程。包括两个过程：生理成熟及形态成熟。

2. 成熟特征

颜色、气味和果皮方面表现出相应的特征。不同种实类型及树种其特征不同。

3. 采种期确定

主要根据种实成熟期、脱落期、脱落方式等因素来定。

种粒小和易随风飞散的种子，应在成熟后脱落前立即采收；种子成熟后较长时间挂在树上不落，但色泽鲜艳，易招引鸟类啄食的果实，如乌桕、山苍子等，应在形态成熟后及时采集；种子成熟后较长时间不脱落、鸟不喜食的种实，如山桐子、无患子、麻风树等，采种期可适当延长；种子成熟后易脱落的大粒种实，如栎类、三年桐、千年桐等，一般应在种实落地后及时收集。对某些后熟种子或夏熟种子，在生理成熟后形态成熟前采种，采后立即播种，以缩短休眠期，提高种子发芽率。

(二)采集方法

1. 采种前的准备

主要是准备采种所需的各种工具。采种工具有修枝剪、高枝剪、采种镰刀、采种钩、采种布、采种袋、簸箕、扫帚等。安全工具有安全绳、安全带、安全帽、采种梯等。有条件的还可以配备采种机械及运输车辆。

2. 选择优良的采种母树

油料能源树种的采种母树应具备优良品种特性，如种粒大(或果序大)、种实产量高等；尽量选择生长发育旺盛，树体营养状况好，果实饱满，种子大小年现象不明显，抗逆性强，无病虫害发生的壮龄树。

3. 采集方法

(1)树上采集　适于种粒小或成熟后易脱落飞散的种子、成熟后较长时间挂在树上不落的种子、挂果时间长的树种，如乌桕、麻风树等。

(2)地面采集　适于脱落后不易被风吹散的大粒种实，如三年桐、千年桐、竹柏等。

4. 填写种子收集登记表

认真填写种子收集登记表，登记表内应注明种名、采集时间、采集地点、采集方式以及采集人姓名等。

四、种实调制

包括脱粒、净种、干燥、分级等工序。

1. 种实脱粒

油料能源树种种子富含油脂，不能暴晒脱粒。几种主要油料能源树种的种子脱粒方法如下。

阴干脱粒：乌桕、麻风树等。

堆沤后阴干脱粒：果壳坚硬致密的树种，如三年桐、千年桐等。

堆沤后水洗脱粒：山桐子、黄连木等。

阴干后堆积脱粒：竹柏。

如果果实采集后马上播种，则果皮较薄的树种种子，如黄连木、山桐子、竹柏，可不需去除果皮，直接播种。

2. 净种

油料能源树种种子一般较大，常采用筛选、水选、粒选的方法净种。

筛选 先用大孔径的筛子使种子与小杂物通过，大杂物截留，倾出。再用小孔径的筛子将种子截留，小杂物除去。适用于麻风树、黄连木、山桐子等树种的种子。

水选 将种子浸入水中，稍加搅拌后，饱满的种子体积质量大往下沉，而杂物及空、秕、蛀粒均上浮，很易分离。适用于乌桕、麻风树、竹柏等树种的种子。

粒选 从种子中逐粒挑选符合要求的种粒。这种方法适用于油茶籽、三年桐、千年桐等大粒种子的净种。

3. 干燥

一般以干燥到种子的含水量能维持其生命活动所必需的含水量为准，这种含水量称为种子的安全含水量(标准含水量)。种子干燥的方法，根据种实的特性不同，可采用阳干法和阴干法。油料能源树种一般采用阴干法。

4. 分级

种子分级是将同一批种子按种粒大小、轻重加以分类。

五、种子贮藏

将分级后的种子分别贮藏。种子贮藏方法有：堆藏、沙藏、容器储藏，以及窖藏等。油料能源树种一般种子富含油脂，适合采用湿沙层积贮藏。短期贮藏，可在阴凉处装在麻袋内堆藏。

第二节　播种繁殖技术

一、一年生播种苗的年生长规律

苗木的管理必须根据其生长发育规律进行才能收到好的效果。播种苗在一年当中，从播种开始，到秋季苗木生长结束，苗木有不同生长时期及生长特点，不同时期苗木对环境条件的要求不同。一年生播种苗的年生长周期可分为出苗期、幼苗期、速生期和硬化期。

二、播种期

(一)播种期的确定

1. 春播

春播是种苗生产应用最广泛的季节，我国的大多数树木都适合春播。①从播种到出苗的时间短，可以减少圃地的管理次数；②春季土壤湿润、不板结，气温适宜种子萌发，出苗整齐，春季播种的苗木，生长期较长；③幼苗出土后温度逐渐增高，可以避免低温和霜冻的危害；④较少受到鸟、兽、病、虫为害。油料能源树种大部分可在春季播种。

春播宜早，在土壤解冻后应开始整地、播种，在生长季短的地区更应早播。早播苗木出土早，在炎热夏季来临之前，苗木已木质化，可提高苗木抗日灼伤的能力，有利于培养健壮、抗性强的苗木。

2. 夏播

大多数种子可在夏季播种，但夏季天气炎热、太阳辐射强，土壤易板结，对幼苗生长不利。一些夏季成熟不耐贮藏的种子，可在夏季随采随播。

3. 秋播

有些树木的种子在秋季播种比较好，秋季播种还有变温催芽的功能。①可使种子在苗圃地中通过休眠期，完成播前的催芽阶段；②幼苗出土早而整齐，幼苗健壮，成苗率高，增强苗木的抗寒能力；③减免种子贮藏和催芽处理，并可缓解春季作业繁忙和劳动力紧张的矛盾。

4. 冬播

冬播实际上是春播的提早及秋播的延续。福建大部分地区气候条件适宜，可以冬播。

(二)苗木密度

苗木密度是单位面积上种植苗木的数量。一般一年生播种苗密度为 25～120 株/米^2，生长速度中等的树种为 60～160 株/米^2。

三、播种量确定

播种量是单位面积或单位长度播种沟上播种种子的数量。

计算播种量要考虑以下因素：

(1)树种的生物学特性，苗圃地条件，育苗技术水平；

(2)单位面积的产苗量；

(3)种子品质指标，种子净度、千粒重、发芽率等；

(4)种苗的损耗系数。

四、播种前种子处理

(一)精选种子

采用筛选或手选的方法净种、选种，将变质、虫蛀的种子清除，选出新鲜、饱满的种子。湿沙层积催芽的要筛去沙子。未经分级的种子，还需按种粒大小进行分级。

(二)种子消毒

在播种前要对种子进行消毒，一方面消除种子本身携带的病菌；另一方面防止土壤中病虫危害。常用的种子消毒的方法有:紫外光消毒、广谱杀菌剂浸种、药剂拌种等。

(三)种子催芽技术

1. 低温层积催芽

将种子与湿润物质(沙子、泥炭、蛭石等)混合后放置,在 0～10 ℃的低温下,解除种子休眠,促进种子萌发的方法,称为低温层积催芽。山苍子可用此法催芽。

种子预处理 干燥的种子需要浸种,一般浸种 24 h,种皮厚的种子浸种时间可适当长一些。浸种后要对种子进行消毒处理,消毒后需用清水冲洗。

催芽坑准备 选择地势高、地下水位低、向阳的地方挖催芽坑。催芽坑的构筑方法与种子湿藏的方法相同。

种子层积 种子与干净湿润的沙子(或泥炭、木屑)混合,种子与沙子的比例 1∶3,沙子含水量为 60%。按种子湿藏的方法,将种子入坑,保持低温、湿润、通气状态。

2. 水浸催芽

将种子放在水中浸泡,使种子吸水膨胀,软化种皮,解除休眠,促进种子萌发的方法,称为水浸催芽。有冷水、温水和热水浸种法。浸种前种子要进行消毒。

冷水浸种 只需将种子放入冷水中浸泡 1～3 d,即可捞起,作进一步催芽。浸种后的种子催芽方法是:将湿润种子放入容器中,用湿布或苔藓覆盖,放温暖处催芽。发芽困难的种子,可采用前述层积催芽法。

温水浸种 一般用初始温度 40～45 ℃的温水催芽。将种子倒入温水中,不停地搅动,使种子受热均匀,冷却至自然温度。催芽时间一般在 24～48 h,催芽后即可播种。温水处理麻风树、黄山栾树、蓖麻、等种子在 45 ℃温水中浸泡 10 h,滤干催芽,可顺利发芽。

热水浸种 适用于种皮坚硬,含有硬粒的种子,如无患子、乌桕等,可用初始温度 70～90 ℃的热水浸种。浸种时将种子倒入盛热水的容器中,不停地搅动使水和种子在容器中旋转,使种子受热均匀,直到热水冷却,然后捞出装入蒲包中催芽,每天洒水直到种胚露出裂口即可播种。

五、播种操作技术

(一)撒播

撒播就是将种子均匀地撒在苗床上,适用于细小粒种子和小粒种子。特点是产苗量高,播种方式简便;但由于株行距不规则,不便于锄草等管理。另外,撒播用种量较大,不宜大面积播种。油料能源树种种粒较大,不适合采用此法播种。

(二)条播

条播是按一定的行距,将种子撒播在播种沟中或采用播种机直接播种,覆土厚度视树种而定。可采用手工或机具播种。手工条播的做法是在苗床上按一定行距开沟,行间距 10～25 cm,播幅 10～15 cm,播种沟深为种子直径的 2～3 倍。在沟内均匀撒播种子,覆土至沟平。条播一般是南北方向，因有一定的行距，利于通风透光，便于机械作业，省工省力，生产效率高。大多数树种适合条播。条播适用于小粒和中粒种子，如麻风树、乌桕、竹柏等。

(三)点播

首先在平整的苗床上按株行距画线开播种穴或按行距画线开播种沟，再将种子均匀点播于穴内或沟内。一般行距 30～80 cm，株距 10～15 cm。播后立即覆土，覆土厚度中粒种子为 1～3 cm，大粒种子为 3～5 cm。点播适用于大粒种子，三年桐、千年桐、油茶等树种种粒大，宜采用此法。株、行距按不同树种和培养目的确定。点播由于有一定的株、行距，节省种子，苗期通风透光好，利于苗木生长，点播育苗一般不进行间苗。

第三节　乌桕种实采收及播种育苗技术

乌桕种实成熟期因品种、当地气候条件、种植地光照条件的不同存在一定的差异。调查结果表明，福建省乌桕栽培种主要为葡萄桕和鸡爪桕两个农家品种群，另有少量的鸡葡桕(葡萄桕与鸡爪桕的天然杂交种，兼具两亲本的花序、果序形态特征)。同样环境条件下，鸡爪桕较葡萄桕种实成熟期早约一个月；秋、冬季气候温暖地区较气候寒冷地区种实成熟期早；光照充足地带较荫蔽地带成熟期早。乌桕外被的白蜡层假种皮，对种子吸收水分有极明显的阻碍作用，影响了种子的正常萌发。笔者通过对比试验，对乌桕育苗用种的种实采摘时期、种子贮藏、种子预处理、播后管理以及实生苗苗期管理等方面采用了不同的技术措施进行研究。

一、试验地概况与试验处理

(一)试验地概况

种子品质检验在福建林业职业技术学院生理生化实验室进行。乌桕苗圃试验的试验点设立在福建林业职业技术学院峡阳教学实训基地。试验点前身为杉木育苗地，土层厚约 1 m，土壤 pH 值 6.33，腐殖质含量 0.422～0.714 $g \cdot kg^{-1}$，土壤较疏松，团粒结构良好。2008 年延平区年降水量 1 776 mm，极端最高温 42.3 ℃，极端最低温－2.2 ℃，年均温 20.1 ℃。

(二)试验设计及统计方法

种子预处理对比试验、苗期施肥对比试验均采用随机去组试验设计，各包含 3 个处理，5 个重复。种子生活力测定采用四唑染色法，含水率测定采用烘干法，苗木生长状况调查在 2005 年采用样方法，样方面积 0.25 m^2。测定样方内所有苗木的地径、苗高，种子生活力测定按种子品质检验操作规程进行。

统计不同采收时期的干物质含量、发芽率测定。分别对不同种子含水率、不同贮藏方式种子发芽率数据，不同预处理措施下种子发芽率、种子内活性酶含量数据，以及不同施肥措施下苗木的地径、苗高、根系指数数据进行方差分析、比较。根系指数计算公式：根系指数＝平均根条数(条)×平均根长(cm)/100。种子干物质含量％＝100×烘干的种子重量/新鲜种子重量。

二、结果与分析

1. 不同采收时期对种子品质的影响

为探明乌桕适宜的采种时期，对同一时间采摘的不同成熟程度种子进行干物质含量测定、发芽率测定。生活力、圃地发芽率测定在种子自然干燥 50 d 后进行。每份样品重复测定 5 次，测定数据的平均值统计及方差分析、多重比较结果见表 8-1。

表 8-1 不同采收时期种子品质比较[1)]

果实形态特征	种子形态特征	种子解剖形态	干物质含量/％	淀粉含量/％	生活力/％	圃地发芽率/％
绿色未开裂	蜡质层少，未完全凝固，自然干燥后严重皱缩	胚乳软而薄、胚芽极小	38.3a	7.1a	46.7a	38.1a
黄褐色未开裂	蜡质层增厚，未完全凝固，自然干燥后皱缩	胚乳软、胚芽小	56.7b	12.8b	94.7b	82.5b
暗褐色未开裂	蜡质层厚，已凝固，松软，自然干燥后略皱缩	胚乳厚、胚芽较大	62.2c	15.7c	95.2b	93.0c
黑色部分开裂	蜡质层厚，凝固变硬，自然干燥后光滑，无皱缩	胚乳厚而结实、胚芽较大	76.2d	16.2c	96.0b	93.2c

不同果实形态对种子干物质含量、种子的生活力、圃地发芽率存在明显的影响。在果实颜色为绿色时掠青采种，与黄褐色、暗褐色、黑色时采种比较，种子干物质含量分别少17.6％、23.9％、37.9％，淀粉含量少 5.7％、8.6％、9.1％，差异均达到极显著水平；黄褐色、未开裂的果实内种子较绿色果实内种子的干物质含量、淀粉含量均有了较大提高，但与其他两类果实的种子相比较，仍然有一定差距。随着果实成熟程度的提高，种子内积累的淀粉等干物质的量不断增加。种子萌芽发根前的维持生命所需要的营养，大部分依赖于种子内积累的淀粉供应。种子内淀粉含量多少，影响着种子的生活力和发芽能力。不同采收时期种子解剖形态差别较大，绿色果实内种子和黄褐色未开裂果实内种子的胚乳、种胚小，发育未健全，其他两类种子胚乳、种胚发育健全。不同采收时期种子贮藏 100 d 后的生活力、圃地发芽率存在显著差异。绿色果实的种子贮藏 100 d 后的生活力仅46.7％，圃地发芽率仅 38.1％，而黄褐色未开裂果实的种子生活力虽然较高，达到94.7％，但圃地发芽率仅 82.5％。暗褐色、未开裂与黑色、部分开裂果实内种子之间的生活力、圃地发芽率差异均不显著。从以上分析可知，乌桕果实绿色或黄褐色时，种胚发育尚未完成，胚乳中的淀粉、脂肪酸，假种皮上的皮脂等物质还在不断沉淀、积累、固化，即种子发育还在继续，此时不宜采摘，否则，采收的种子品质差，发芽率低。果实颜色呈黑褐

色、黑色，是采收的适宜时期，种子发芽率高。

黑色、部分开裂果实，由于果壳开裂，种子暴露空气中而部分失水，特别是失去假种皮上的水分，或失水的果壳从假种皮上吸收了水分，所以较黑褐色、未开裂的种子的含水率低，干物质含量高。

2. 不同贮藏方法对种子品质的影响

乌桕种子富含油脂，安全含水率在一个较高水平。含水率太低，种子的发芽率将明显受到影响，种子萌芽时间延长，出苗不整齐。准备用于播种育苗的种实采收后，不宜置于强烈阳光下暴晒脱粒，而应该在阴凉处平摊开，一般 2～3 d 后，果壳失水开裂，可以取出种子；种子取出后，可继续放置在阴凉处 8～10 d，风干后净种贮藏，也可以脱去皮脂阴干后贮藏。将同一种批的乌桕种子采用不同的贮藏方法对比试验，调查不同贮藏方法、不同贮藏时间下种子生活力，调查结果统计见表 8-2。脱去皮脂后混沙湿藏处理的种子，在贮藏 30 d 时已经有 48.7％的种子种皮开裂露白，60 d 时除无生命种子外，其余全部发芽，并长出胚根；带皮脂与火烧土混合湿藏处理的种子，在 30 d 时，皮脂自然脱离种皮，有 24.6％的种子露白，60 d 时除无生命种子外，其余全部种皮开裂，并长出胚根。

表 8-2　不同贮藏方法下的乌桕种子生活力测定

贮藏方法	不同贮藏时间时的生活力/％					
	30 d	60 d	90 d	120 d	150 d	300 d
脱皮脂容器密封干藏	96.3	95.7	96.1	95.5	82.3	28.1
脱皮脂混沙湿藏	95.6	95.2	—	—	—	—
带皮脂容器密封干藏	95.2	95.8	94.0	93.7	80.3	32.5
带皮脂麻袋堆放干藏	95.8	95.6	93.8	93.3	92.2	79.6
脱皮脂麻袋堆放干藏	95.2	95.5	90.1	87.3	83.7	48.8
带皮脂火烧土混合湿藏	96.5	96.2	—	—	—	—

试验结果表明：湿藏能够保证种子的水分供应，防止因水分不足而出现强迫性休眠，具有催芽的作用，适于第二年春季 3—4 月份播种的种子贮藏；两种湿藏方法的种子生活力一直保持在较高水平；密封干藏在 30～120 d 内种子生活力没有明显变化，但在 150～300 d 时，生活力急剧下降，这可能与贮藏室的室内气温的变化有关。南平 12—3 月气温较低，室内温度平均 12 ℃，4 月—10 月气温高，室内温度平均 20 ℃以上。乌桕种子内油脂含量高，种仁含水率较高，随着气温的升高，种子内部新陈代谢渐趋旺盛，但由于密封状态下氧气供应不足，种子易发生无氧呼吸，所产生的乙醇等代谢产物对种胚产生毒害，从而导致种子生活力急剧下降。将带皮脂种子装进麻袋后堆放，在 150 d 时种子生活力依然保持在 92.2％的较高水平，贮藏 300 d 时，生活力降低到 79.6％。脱皮脂种子袋装堆放贮藏，随着贮藏时间的延长，生活力不断下降，贮藏 300 d 时，生活力仅 48.8％。种子外层的皮脂在堆放贮藏时会发生一些霉变，但可以减缓种子内部水分的丧失。乌桕种苗生产用种不宜贮藏太久，否则生活力容易丧失。如果要较长时间干藏，应带皮脂装在麻袋中堆放干藏。

3. 不同种子预处理措施对种子萌发的影响

乌桕种子发芽过程 发育正常的乌桕种子，在适宜条件下开始萌发。其胚根先突破种皮向下生长，形成植物体的主根。然后，胚芽突破种皮向上生长，伸出土面形成植物体地上部分的茎和叶，逐渐形成幼苗。该过程可归纳如下：(1)种子从外界环境中吸收足够水分后，原来干燥、坚硬的种皮逐渐变软，水分继续源源不断地向胚乳和胚细胞渗入，整个种子因吸水而膨胀，最终将种皮撑破。吸水后的种皮增强了对氧气和二氧化碳的渗透性，有利于呼吸作用的进行。(2)乌桕种胚细胞内含有淀粉酶等活性酶物质，在一定温度条件下，加强活动，将贮藏在胚乳或子叶中的大分子碳水化合物，分解成简单的小分子可溶性物质，运往胚根、胚芽、胚轴等部分，供细胞呼吸利用。(3)种胚细胞吸收了这部分养料，细胞体积开始增大。经过细胞分裂，细胞数目增多，使胚根、胚芽和胚轴很快生长起来。(4)经过一系列生长过程，种子里的胚根和胚芽迅速伸长，在一般情况下，胚根首先突破种皮向下生长形成植物体的主根。种子萌发过程中先形成根，是具有生物学意义的，因为根发育较早，可以使早期幼苗固定于土壤中，及时从土壤中吸取水分和养料，使幼小的植物很快独立生长。(5)胚根伸出不久，胚轴细胞也相应地生长和伸长，把胚芽或胚芽连同子叶一并顶出土面。胚轴将胚芽推出土面后，胚芽很快发展为新植物体地上部分的茎叶系统。子叶随胚芽一起伸出土面，展开见光后转为绿色，便开始进行光合作用，待胚芽的幼叶张开行使光合作用后，子叶枯萎脱落。

乌桕皮脂脱离与常规催芽技术 乌桕种子外被皮脂，影响种子对外界水分的吸收。因此，去除皮脂，是促进乌桕种子萌芽、出苗迅速整齐的重要措施之一。脱皮脂与带皮脂播种育苗对比试验结果表明，在未催芽的情况下，脱皮脂播种育苗种子平均发芽率较带皮脂播种育苗高出 8.6 %，从播种到出苗的时间平均缩短 11 d，出苗持续时间平均缩短 15 d。种子刚脱粒时，假种皮含水分较高，相对松软，此时脱皮脂相对容易，可采用以下两种方法进行乌桕皮脂脱离。一种是清水加苏打碱浸泡 2 h 后，混沙搓洗；一种是清水浸泡种子 2 h，再与含灰分较多的火烧土、秸秆灰烬混合，浇透水，堆放 8～12 d 后，皮脂轻轻搓揉可脱落。干藏过的种子皮脂中水分基本丧失，皮脂与内种皮紧贴，脱皮脂相对困难。可以用 60 ℃左右的热水浸泡种子，皮脂遇热软化，并吸收水分。皮脂软化后加入苏打碱浸泡 2 h，中和脂肪酸，使皮脂易脱落，或与火烧土、秸秆灰烬混合堆放，使皮脂内脂肪酸与火烧土、灰烬中的碱性物质发生中和反应，油性降低，易脱离内种皮。

乌桕种子吸水过程 将新采收和干藏的乌桕种子脱皮脂后，回干 24 h，与未脱皮脂的新采收种子、干藏的未脱皮脂种子，分别用湿沙层积贮藏，每隔 5 d 抽样一次，调查种子含水率，并测定种子内淀粉酶活力。种子含水率测定调查结果见图 5-1。乌桕自然风干的种子含水量少，一般仅占种子总重量的 10%～11%，在这样的条件下，很多重要的生命活动是无法进行的，所以种子萌发的首要条件是吸收充足的水分，只有种子吸收了足够的水分以后，才能使生命活跃起来。

乌桕假种皮(皮脂)对种子吸水有较大的阻碍作用，乌桕内种皮干燥后坚硬致密，透气性、透水性较差，乌桕胚乳中富含的油脂对种子吸水也有一定的排斥作用。因此，乌桕种子干燥后重新吸水比较困难，速度缓慢。乌桕种子固着在果壳的中轴上，即使果实完全开裂，果壳张开甚至脱落，种子也还大部分挂在枝头，自然干燥。干燥后的种子在自然条件下，种子的吸水过程难以实现，大部分种子难以萌发。这是乌桕自我更新能力较差的根本原因。水在种子萌发过程中所起的作用是多方面的。首先，种子浸水后，坚硬的种皮吸水软化，可以使更多的氧透过种皮，进入种子内部，加强细胞呼吸和新陈代谢作用的进行，同时使二氧化碳透过种皮排出种子之外。其次，种子内贮藏的有机养料，在干燥的状态下是无法被细胞利用的，细胞里的酶物质不能在干燥的条件下行使作用，只有在细胞吸水后，各种酶才能开始活动，把贮藏的养料进行分解，成为溶解状态向胚运送，供胚利用。此外，胚和胚乳吸水后，增大体积，种皮在胚和胚乳的压迫下，易于破裂，为胚根、胚芽突破种皮，向外生长创造条件。

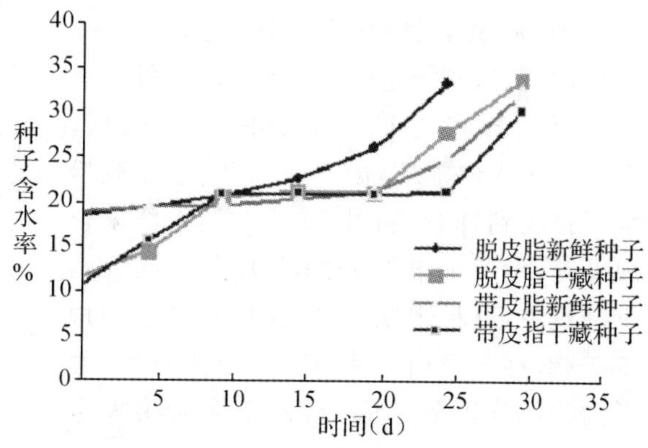

图 8-1　不同类型种子吸水过程

从图 8-1 可以看出，乌桕新采收种子、干藏种子沙藏催芽时水分吸收过程有一定的区别。种子萌发时的吸水可分为三个阶段：(1)由吸胀作用引起的快速吸水。乌桕干藏的种子该吸水过程明显，刚采收的新鲜种子由于原含水率较高，该吸水过程不明显。(2)吸水停滞阶段，此时细胞内各种代谢开始旺盛进行。新采收脱皮脂种子该过程极短，带皮脂干藏种子持续时间最长。(3)再次大量吸水。此时，种子露白，胚根突破种皮。

乌桕种子萌芽过程中淀粉酶活力的变化　用分光光度计法测定 α-淀粉酶、β-淀粉酶活力。测定结果见图 8-2、图 8-3。

一般情况下，α-淀粉酶是在种子吸水后新合成的酶。从图 8-2 可以看出，在吸水膨胀、新陈代谢逐渐旺盛之前，α-淀粉酶已经存在于种子中，不过不同的种子含水率下，α-淀粉酶活力有很大区别。干藏种子的 α-淀粉酶活力较低，新采收种子 α-淀粉酶活力较高。与乌桕种子吸水过程相似，α-淀粉酶活力也有一个急剧升高、趋于平稳、再急剧升高的过程。对比四种不同的种子体内 α-淀粉酶活力随催芽时间长短的变化过程，可以发现，脱皮脂新采收种子升高最快，带皮脂干藏种子升高较慢，且停滞期较长。

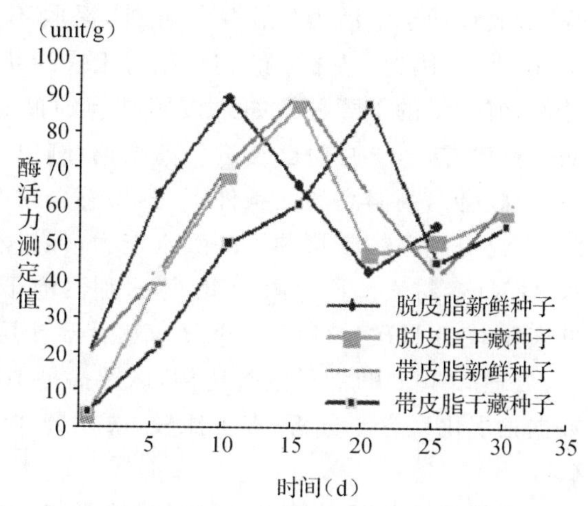

图 8-2　不同处理种子 α-淀粉酶活力变化

大部分的树木种子，在吸水之前就存在着 β-淀粉酶，乌桕也一样。这些 β-淀粉酶在种子吸水后将被活化，催化分解种子内部(胚乳、子叶)所存储的淀粉，释放能量，供细胞生命活动，如胚芽生长的需要。β-淀粉酶含量测定结果见图 8-3。在吸水之前，新采收的种子与干藏种子 β-淀粉酶活力有较大差异，这是因为新采收的种子内含有较多的水分，足以激发β-淀粉酶活性，干藏种子由于水分含量低，β-淀粉酶的活性受到抑制，无法参与呼吸作用过程，种子进入强迫性休眠，所以在催芽吸水膨胀之前，β-淀粉酶活力较低。在种子吸水停滞期，因为氧气不足，β-淀粉酶活性受到抑制，同时，新的β-淀粉酶未合成补充，种子内β-淀粉酶活力出呈现急剧下降现象，这种现象出现的时间长短，与种皮破胸、种子露白早晚有关。种皮开裂，种子内的氧气得到供应，新的β-淀粉酶大量合成，β-淀粉酶活力又开始呈上升趋势。皮脂对种子吸水有明显的阻碍作用，带皮脂的新采收种子、干藏种子，在皮脂未被破坏之前，吸水慢，所以α-淀粉酶、β-淀粉酶的活力上升均较脱皮脂的新采收种子、干藏种子缓慢。

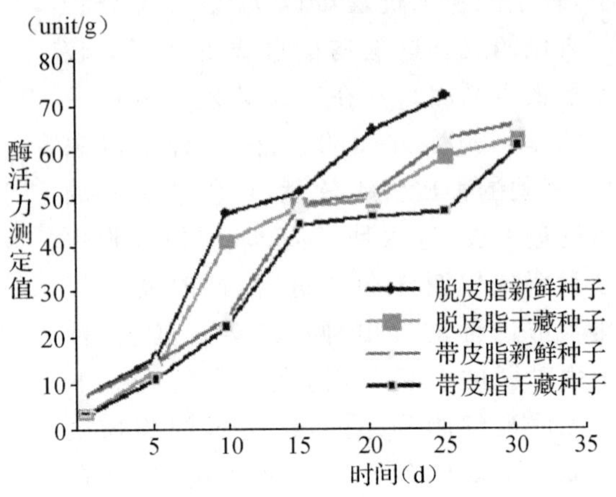

图 8-3　不同处理种子β-淀粉酶活力变化

热水、药剂处理对种子萌发的影响　乌桕种子最好在采收后即进行催芽，干藏处理导致种子内水分大量减少，酶活性被抑制，种子进入强迫性休眠，假种皮、胚乳上的脂肪酸的亲水性减低，内种皮变得坚硬致密，水分难以渗透进入种子内部。但是，乌桕新鲜种子含水率高，呼吸作用旺盛，种子调拨、包装、长途运输过程中极易发生霉变、因无氧呼吸发热等，造成对种子生活力的伤害。此外，采收不及时，也容易发生种子在树上自然干燥（风干、晒干）。因此，乌桕生产用种相对干燥的状态是经常存在的。乌桕播种期一般在2—3月份，前一年的干藏种子如果按照常规的催芽方式催芽后播种，显然会错过适宜的播种期。福建省5—6月份已经进入高温期，刚出土的幼苗很容易被强烈的阳光灼伤，或因木质化程度低，高温高湿的条件下，容易感染软腐病、立枯病等病害，影响苗木的存活率。为此，探讨提高乌桕干藏种子的吸水能力，促进种子的萌芽，具有重要意义。课题组采用热水、GA_3（赤霉素）、KT（激动素）等分别浸泡干藏已去除皮脂的种子（处理时间、药剂浓度见表8-3），5批次处理（5个重复），然后湿沙层积催芽，调查处理后10 d种子内淀粉酶活力、处理后30 d的种子破胸比例，以及播种100 d后苗木的干物质量、根系指数，并将调查数据正规化后方差分析、多重比较，选择最佳的催芽技术。试验结果统计及分析结果见表8-4。

不同催芽处理对种子破胸时间的影响　种子吸收水分，胚与胚乳细胞体积增大，细胞内各种酶活性物质的活性被激发，种胚细胞分裂开始恢复，产生大量的新细胞，胚轴、胚根、子叶等胚的组织不断增大，种皮在种子内部压力的作用下开裂。种子破胸开裂，胚根才能伸出。对于种皮木质、坚硬致密的种子，能否破胸是种子萌发的关键。从表8-4数据及方差分析、多重比较结果可以看出，不同处理对种子破胸比例的影响差异极显著，处理3效果最好，处理2效果次之，处理4效果再次之，处理1效果最差。淀粉酶活力可以作为种子生命活动旺盛与否的指标。处理2和处理3的α-淀粉酶活力差异不显著，但与处理1、处理5、处理4之间均有极显著差异；处理4和处理5较处理1低，差异达到极显著水平；处理 5 较处理 4 高，差异达到极显著水平。处理 3 的 β-淀粉酶活力最高，与其他处理间的差异均达到极显著水平，处理 2 较处理 4、处理 5 的 β-淀粉酶活力差异也达到极显著水平，处理 1 的 β-淀粉酶活力最低。试验结果表明，热水与 KT、GA_3之一结合使用，可以明显提高催芽效果。木质种皮在较高的温度下膨胀，纤维间空隙增大，水分子可以更快渗入，进而种皮中的纤维软化，一些胶质溶解，导致种皮变软。没有热水预先的处理，直接使用 KT、GA_3浸泡处理种子，药剂进入种子内部的量少，种皮软化缓慢，因此其种子破胸比例、淀粉酶活力均较预先热水处理，再用药剂浸泡处理明显降低。KT、GA_3具有提高种子内酶活性物质活力的作用，通过酶物质的作用，种子内部贮藏的高分子碳水化合物，在胚乳中分解为小分子化合物，并被运输到胚根和胚芽中加以利用，促进细胞分裂，加快胚芽组织增长，促使种子尽快破胸。通过浸泡，外源施加 KT、GA_3激素，可以提高催芽效果。

表 8-3　催芽处理试验设计

处理 1	处理 2	处理 3	处理 4	处理 5
60 ℃热水浸泡 8 h	60 ℃热水浸泡 6 h 后，50 mg · L^{-1} GA_3浸泡 2 h	60 ℃热水浸泡 6 h 后，2 mg · L^{-1} KT 浸泡 2 h	50 mg · L^{-1} GA_3浸泡 8 h	2 mg · L^{-1} KT 浸泡 8 h

备注：60 ℃热水浸泡指将种子倒入装有 60 ℃热水的容器，水全部淹没种子，盖上容器盖。

表 8-4　催芽试验数据统计及分析

处理	α-淀粉酶活力/U · g^{-1}	β-淀粉酶活力/U · g^{-1}	种子破胸比例/%	地上干物质量/ g	地下干物质量/ g	地上与地下干物质量比
处理 1	11.43b	20.52e	70.2e	22.6d	10.8c	2.09b
处理 2	19.54a	39.66b	88.7b	32.8b	14.5b	2.26b
处理 3	20.19a	48.93a	92.5a	37.6a	17.2a	2.19b
处理 4	6.48d	24.40d	80.4c	30.7c	11.2 c	2.74a
处理 5	9.72 c	28.63c	75.8d	31.6c	11.5c	2.75a

播种后 100 d 的幼苗干物质量，不同处理间也存在极显著差异。处理 3 地上干物质最大，与其他处理之间存在极显著差异；处理 2 次之，与处理 1、处理 4、处理 5 之间存在极显著差异；处理 4 与处理 5 之间无显著差异，分别与处理 1 差异极显著。地下部分的干物质量，处理 3 最高，与其他处理间差异极显著，处理 2 次之，与其他处理间也存在极显著差异，处理 1、处理 4、处理 5 之间无显著差异。从地上与地下的干物质量比看，处理 4、处理 5 间无显著差异，与其他处理间存在极显著差异，处理 1、处理 2、处理 3 之间无显著差异。分析结果表明，激素处理乌桕种子，不仅可以提高催芽效果，对苗木出土后的生长也有一定的影响。5 种不同的处理中，以处理 3 效果最佳。

4. 播种技术及播后管理

播种季节的选择　乌桕不同季节育苗对比试验结果见表 8-5。经过催芽处理的种子，播种的适宜季节为 2 月—5 月，发芽率高，出苗整齐，苗木因为生长时间较长，健壮，病害少，木质化程度高，对外界环境胁迫的抵抗能力较强。未经催芽的种子直接播种，发芽率明显较催芽处理的种子低，苗木出土慢，适宜的播种时间为2月—3月中旬。

育苗地选择 乌桕育苗地宜选择光照较充足、土层深厚、肥沃、水源充足、排水良好的农田或旱地，沙壤土或轻黏土为佳。

育苗地耕作及基肥 基肥以厩肥、堆肥、饼肥较好，但施用前要充分腐熟，一般每亩可用1 000～2 000 kg堆肥，500～200 kg厩肥，30～50 kg饼肥。基肥施放后整地，耕翻深度以不耕起底土为原则，最好在冬初土壤干湿度适中时耕耙一次，到冬末春初将要播种时进行二犁二耙，做到耙细挡平。整地时，施105～150 kg·hm^{-2}的硫酸亚铁粉剂对土壤进行消毒。苗床高25～30 cm，宽1～1.2 m，最好是南北向，以利于苗床充分接受光照；苗床面上的土块要打碎整平，以利于出苗。

表8-5 乌桕不同季节育苗苗木表现

催芽措施	播种季节	破土出苗时间/d	发芽率/%	苗木表现
火烧土混种催芽30 d	2月下旬	25	95.4	健壮、冬季枝梢受冻枯死少
	4月上旬	18	94.8	健壮、冬季枝梢受冻枯死少
	5月上旬	18	95.6	苗稍弱，冬季枝梢受冻枯死少
	6月上旬	12	90.3	夏季日灼，少量苗木软腐病，冬季枝梢受冻枯死严重。
热水、KT处理后湿沙层积催芽30 d	2月下旬	22	95.2	健壮、冬季枝梢受冻枯死少
	4月上旬	15	95.0	健壮、冬季枝梢受冻枯死少
	5月上旬	15	95.3	夏季日灼，冬季枝梢受冻枯死少
	6月上旬	10	92.7	夏季日灼，少量苗木软腐病，冬季枝梢受冻枯死严重
无催芽，带皮脂直接播种	2月下旬	35	91.2	苗稍弱，冬季枝梢受冻枯死较多
	4月上旬	31	85.7	夏季日灼严重，10.7 %苗木枯萎，冬季枝梢受冻枯死严重
	5月上旬	28	86.5	苗小，细弱，夏季日灼严重，有12.7%幼苗出土后枯萎，冬季枝梢受冻枯死严重
	6月上旬	28	82.4	苗小，细弱，夏季日灼严重，18.2 %苗木枯萎，冬季枝梢受冻枯死严重

播种及播后管理 播种时，用多菌灵或高锰酸钾溶液对种子进行消毒。以条播为宜，条距15～20 cm，深沟2.0～2.5 cm，宽15.0～20.0 cm，每条播种沟内播种15～20粒，如果要幼苗移植，可以适当多些。用火烧土、黄心土等比例混合的土壤覆盖，厚度1.5～2.0 cm。用喷壶浇透水后，苗床上覆盖稻草、芦苇等保湿，晴天每日傍晚淋水一次。

三、结论与讨论

乌桕育苗生产用种应从健壮、无病虫害的20～35年生的母树上采集。果实采集时期应是果实呈暗褐色或黑褐色时，太早采收将影响种子品质。种子采收后可立即采用碱性物质脱蜡后层积催芽，或带皮脂与火烧土等混合层积催芽，也可带皮脂自然风干后装进麻布袋堆放到干燥阴凉地方，不宜容器密封或脱皮脂后麻袋中长时间贮藏。乌桕播种前最好进行种子预处理，通过脱皮脂、热水浸泡、TK、GA_3等处理，促使尽快发芽，提高发芽率，并使出苗整齐，便于管理，保证苗木质量。

根据研究结果，乌桕的播种育苗技术可以归纳如下：

（一）采种母树的选择

乌桕属异花授粉植物，不同种群内不同个体之间，都存在较大的遗传差异。乌桕单位面积种子产量、种子含油率、单序果数、种粒大小等性状，均有较高的遗传力。因此，乌桕苗木生产用种的种子采集，应选择优良林分中结实层厚，单序果数多，种粒大，皮脂厚的优势木作为采种母树。孤立木自交的可能性很大，其种子不宜用于油料能源林的苗木生产。

（二）种子采集

福建地区乌桕果实一般在11—12月成熟，部分品种如“过冬青”，在第二年1月成熟。果实成熟的特征为果实颜色由绿色、黄绿色变为暗褐色、黑褐色，果壳部分开裂。果实采收后置于阴凉处晾干，待果壳开裂后脱粒、净种。掠青采种，种子内营养物质积累不足，种子饱满度差，种胚发育不良，种子发芽率低。

（三）种子贮藏

种子采收后可立即催芽播种，如不能立即播种，应阴干后用麻袋装放在阴凉、干燥的室内贮藏。湿沙层积贮藏也可，兼具催芽作用。干藏不能超过1年。0～5 ℃冷库贮藏，可保存1年以上。

（四）种子预处理

种子采收后可立即采用碱性物质脱皮脂后湿沙层积催芽，或带皮脂与火烧土等混合层积催芽。干藏种子用60 ℃热水浸泡6 h后，再用2 mg·L^{-1}KT（激动素）浸泡2 h，可加快种子萌发，提高发芽率。

（五）播种地准备

选择光照较充足、土层深厚、肥沃、湿润、水源充足、排水良好的农田或旱地，沙壤土或轻黏土为佳。圃地经过翻垦，施足基肥，基肥以厩肥、堆肥、饼肥较好，但施用前应充分腐熟。一般每亩可用1 000～2 000 kg堆肥，500～200 kg厩肥，30～50 kg饼肥。

基肥施放后整地，耕翻深度以不耕起底土为原则，最好在冬初土壤干湿度适中时耕耙一次，到冬末春初将要播种时进行二犁二耙，做到耙细挡平。整地时，施105～150 kg·hm^{-2}的硫酸亚铁粉剂对土壤进行消毒。苗床高25～30 cm，宽1～1.2 m，最好是南北向，以利于苗床充分接受光照；苗床面上的土块要打碎整平，以利于出苗。

(六)播种方法

播种时,用多菌灵或高锰酸钾溶液对种子进行消毒。以条播为宜,条距 15～20 cm,深沟 2.0～2.5 cm,宽 15.0～20.0 cm,每条播种沟内播种 15～20 粒,如果要幼苗移植,可以适当多些。用火烧土、黄心土等比例混合的土壤覆盖,厚度 1.5～2.0 cm。用喷壶浇透水后,苗床上覆盖稻草、芦苇等保湿,晴天每日傍晚淋水一次。

(七)播种量

每公顷播种量为风干种子 250 kg,催芽后播种。

(八)苗期管理

幼苗萌发后要分批揭去覆盖的稻草。保持苗圃地土壤湿润,保证养分充足。苗木出土约 20 d 左右,幼苗长出 5～6 片真叶时,可施 45 kg · hm^{-2}的氮肥。以后每个月追 1 次肥,在 9 月施钾肥 1 次。在 6—8 月份可结合中耕除草,沟施农家肥 30 t · hm^{-2};9 月份施磷肥 750 kg · hm^{-2},以改善土壤养分结构;10 月份以后停止浇水施肥,以提高苗木的木质化程度,增加苗木的抗寒能力,有利于苗木过冬。为了防止老鼠咬食种子和小地老虎咬食幼苗根茎部位,可用呋喃丹拌种或用锌硫磷、土蚕快杀等喷施防治地下害虫。夏季高温高湿是幼苗立枯病、软腐病发病期,可用 50%多菌灵 1 000 倍液喷洒防治。刺蛾类危害一般发生在 8 月中旬至 9 月下旬,主要是 2 代幼虫为害较重。在 8 月下旬的低龄幼虫期做好化学防治工作,选用的化学药剂有 25%灭幼脲 3 号或 20%杀灭菊酯 2 000 倍液。如果苗木密度大,应及时进行间苗,将弱苗、病苗拔除间去。

第四节　其他油料能源树种种实采收及播种技术

一、黄连木

(一)采种

选择 20～40 年生,生长健壮、产量高的结实母树采种。闽南地区 9—10 月,三明宁化 10—11 月间,当核果由红色变为铜绿色时及时采收,否则 10 天后易自行脱落。铜绿色核果内的种子成熟饱满,红色、淡红色果多为空粒,应剔除。

(二)种子处理

将种子浸入混草木灰的温水中浸泡数日,或用 5%的石灰水浸泡 2～3 d,然后搓洗,去除种皮蜡质,捞出种子,用清水洗净,晾干后播种或混沙贮藏。黄连木种子含油率高,不宜干藏,否则容易丧失发芽能力,影响发芽率。据试验,贮藏 1 a 以上的种子,其发芽率不足10%。选择干燥处,挖深宽各1 m的坑,将处理后的种子按1:3的种、沙和适当湿度混合均匀,倒入坑内,距地面15 cm处,全部填进河沙,作成高出地面的土堆,坑内立几束秸秆,以利通气。

(三)播种育苗

秋播或春播。秋季随采随播,种子不进行处理,在晚秋土壤封冻前播下。春播播种前的种子宜采用混沙贮藏,翌年春季播种。春播2—3月间进行,采用开沟条播。行距20~30 cm,沟宽5~6 cm,沟深2~3 cm,将种子撒入沟内,播种量为每亩10 kg左右,播后覆土2~3 cm,并覆草以保持湿润。出苗时揭去覆草,1个月后苗可出齐,发芽率50%~60%。

二、竹柏

(一)采种

竹柏一般4—5月开花,11月果实成熟;有的1年两度开花结果,第一年11—12月开花,次年3月果实成熟。宜选择20~50年生无病虫害的健壮植株作采种母树,当果实外皮由青转黄时即可采收。采集的果实置于阴凉通风处,经10~20 d即可完成后熟。荫蔽、平坦地段的母树,可等果实外皮变成紫色,果柄变黄,果实从树上自行脱落时地面收集,或用摇落法收集。

(二)种子处理

当果皮变紫色、果肉较软时,即可洗去果肉,将种子阴干即可播种。也可用沙藏层积处理:每层厚10 cm,一层种子一层沙,堆高不超过1 m,翌春取种播种。

(三)播种育苗

竹柏种子千粒重360~455 g左右,发芽率90%以上。选择日照较短、水源方便、肥沃湿润、通透性好的沙壤土做床育苗。做成深沟高床,在床上开沟点播,沟距10~20 cm,沟深3 cm,种距5 cm,每亩用种15~20 kg。播种后应搭盖透光度为30%~50%的遮阴棚。经及时除草松土和追肥排灌,当年苗高20~30 cm,可出圃造林;作为行道树用苗,则最好留圃多培育1~2年。

三、三年桐和千年桐

(一)采种

当桐果由绿变黄褐色时,可用高枝剪、采种刀将果序剪下,收集果实,也可等果实成熟自行脱落时地面收集。

(二)种子处理

将采集的果实堆积一周左右,经常往果实上洒水堆沤,一周后将果实平摊阴干,果实开裂后取出种子。种子取出后可直接播种,也可用湿沙贮藏。待胚根伸出 1～2 cm 时,将种子取出播种;也可将种子阴干装袋,摆放在阴凉处,但放置的时间不宜太长,一般不能超过 4 个月。

(三)播种育苗

播种育苗方式有两种,一是用营养袋播种育苗,以土杂肥、林地表土、腐熟饼肥、磷肥 5∶5∶1∶1,充分拌匀作为营养土。将种子用 50～60 ℃温水浸泡 12 个 h 后,取沉底的种子,于 2 月下旬播种入袋,每袋 1～2 粒。当小苗在拱苗期至展叶前,移苗上山定植。这种方法成效较好,可避免伤根。二是大田育苗,低床密播,随采随播。秋季桐籽采收后,选排水良好的砂质土壤,整地作低床,床宽 1 m,深 15～20 cm。将床底部平整后,密播一层种子,(每平方米播种 2.5 kg)不重叠,再覆土 10～15 cm,使床高出两边步道,床面覆盖稻草或杉树枝,以保湿防鼠。苗床四周平沟排水,以防积水。第二年 3 月或 4 月上旬,取已发芽的弓形苗造林。未发芽的种子继续埋入土中,5～7 d 后再挖第二批弓形苗,连取 3 次,第三批后弃之。

四、麻风树

(一)采种

从结实量大,果实大的 5～10 年生结实母树上采集果实。选无病虫害的麻风树果实,取出种子,精选饱满的种子留种备用。

(二)种子处理

用 50%多菌灵 500 倍液浸泡 5～10 min 消毒,取出晾干表面水分待种。

(三)播种育苗

播种一般在 2—3 月间进行,闽南地区可早一些,闽东、闽西不能太早播种,否则出土幼苗容易遭受晚霜危害。采用开沟条播。行距 20～30 cm,沟宽 5～6 cm,沟深 2～3 cm,将种子撒入沟内,播种量为每亩 10～12 kg 左右,播后覆土 2～3 cm,并覆草以保持湿润。出苗时揭去覆草,1 个月后苗可出齐,发芽率 85%～95%。

第五节　扦插育苗技术

扦插也称插条,是一种培育植物的常用繁殖方法,利用植物器官的再生能力,将某些植物的茎、叶、根、芽等，插在扦插基质或水中，使其基部长出新根，成为一个独立的新植株的过程和方法。能源树种扦插育苗技术研究已经开始，部分树种扦插难生根问题已经得到解决。据报道，5 月下旬至 7 月上旬为黄连木嫩枝扦插适期。嫩枝插穗首先用清水浸泡 2 小时，然后再用 NAA，IBA，ABT 等植物生长调节剂处理，窖棚内扦插生根率可达 92%以上，其中以 IBA200 ppm 浓度浸蘸插穗 5 秒，生根率可高达 97%(杨镇等)。山苍子扦插，在春季的 3—4 月剪取 1 年生嫩枝进行扦插，生根率 67%以上。采用植物激素 IBA 的 50 ～500 mg/L、ABT6 的 500 mg/L、200 mg/L 与清水浸泡处理，均有较高生根率，苗木生长良好(赵海浩等)。笔者研究表明，ABT6 号、NAA，IBA 等均有一定的促进乌桕扦插生根作用。

一、扦插育苗的生根类型与影响生根的因素

(一)扦插生根类型

在插穗切口处，形成层细胞和形成层附近的细胞分裂能力最强，能在下切口的表面较快形成半透明、具有明显细胞核的薄壁细胞，即愈合组织。这些细胞一方面保护插穗的切口免受外界不良环境的影响，同时继续分生形成愈伤组织。这些愈伤组织细胞和愈合组织附近部位的细胞，在适宜的温度、湿度条件下能产生大量的不定根。这种生根形式属于愈合生根类型，油茶、竹柏插条生根主要是这种类型，生根较为缓慢。

插条另一种生根类型，叫皮部生根类型，即插穗切口在形成愈伤组织前，从切口上部周围皮部长出不定根。皮部生根类型的根原体，早已在插穗内形成，扦插后在适宜的条件下，根原体即从皮孔处长出不定根，因此，这种生根类型比愈合生根类型发根要快些，大约快 7～10 天。

(二)影响扦插生根的因素

1. 影响扦插生根的内部因素

遗传特性　根据植物插穗生根能力的强弱，可以分为易生根类、较难生根类、极难生根类。油茶属于较难生根类，简单的扦插方法成活率不高。竹柏、麻风树属于易生根树种，竹柏一般扦插后 30～40 天即可在切口处由愈合组织分化形成多个根原基，每个根原基进一步分化出根系，生根成活率高，甚至可达到 100%。油茶属植物、乌桕、黄连木、山苍子属于较难生根树种，需用生根激素处理后，才能达到较为理想的生根效果。三年桐、千年桐，均属于极难生根树种，目前未见扦插成功的报道。

采穗母株的树龄、枝龄及插穗的着生部位　幼龄母株由于其阶段发育年龄较短，细胞分生能力强，有利于生根。因此，从幼龄母株上采下的枝条容易生根。枝龄及其着生部位也是影响插穗生根能力大小的因素之一。一年生的枝条较二年生枝条扦插容易生根，随着枝龄的增加，扦插成活率明显下降。

插穗枝条发育状况　插穗内积累的养分是扦插后形成新器官和最初生长所需营养物质的主要来源，特别是碳水化合物的多少，以能否生根成活关系密切。实践证明，发育充

实，营养物质丰富的插穗容易成活。

插穗的水分状态 穗条采集后，应采取必要的保湿措施，扦插前将穗条基部浸泡在清水中，促使其吸饱水，可以提高扦插成活率。因失水萎蔫皮层皱缩的枝条，不能作为插穗使用。

2. 影响扦插成活的环境因素

温度 油茶扦插生根的适宜温度在15～30 ℃，不同油茶品种的生长或生根的温度不同，这与原产地的气候条件有关。原产南亚热带地区的生长、生根适宜温度较高；原产北亚热带地区的生长、生根适宜温度较低。一般来讲，气温较基质温度低3～5 ℃，会促使插穗贮藏的水分、养分向下部输送，插穗地下根系萌发、伸长速度快，地上部分生长慢，插穗先生根后萌发枝叶，对插穗成活有利。在空气温度较高时，可采用遮荫、喷水等方式来降低气温，使基质温度高于或接近气温，创造出有利于生根的适宜温度。

水分 插穗对水分的要求具体表现在空气湿度和基质湿度两个方面。空气湿度越接近饱和对插穗的愈合越有利。因此保持80％～90％的接近饱和的空气湿度，把插穗水分散失降至最低点，有利于插穗的生根。扦插基质的湿度也要适宜，既保证插穗生根所需湿度，又不至于因水分过多而导致基质通气不良，含氧低，插穗缺氧腐烂。

光照 插穗要插在“见天不见光”的地方，避免强光的直接照射。在扦插前期，尤其在插穗未生根期间，应遮荫降温，通过喷水等来降温增湿，减少水分散失，消除光照对插穗生根产生的不利影响。但随根系生长，也应逐渐延长插穗见光时间。

扦插基质 基质中的水分和氧气常常是相矛盾的，基质中氧气充足而水分往往减少，容易造成插穗失水，水分过多又容易造成通气不良，气体交换受阻，使插穗长期处于无氧呼吸状态，产生酒精和乳酸，影响生根，甚至导致插穗腐烂。为协调好这一矛盾，要求作为插穗基质的材料具有保温、保湿、疏松透气、不带病菌的特点。生产上油茶扦插常选用泥炭土、沙、黄心土等作为扦插基质。黄心土微酸性，具有一定的黏性，扦插后浇透水，可以使插穗的切口与基质密合，伤口不易被氧化。

二、促进扦插生根的方法

(一)环状剥皮法

植物茎的输导作用是通过木质部导管，将根从土壤中吸收的水分和矿物质元素向上运输到叶片，以供应水分蒸腾和光合作用之需。叶片利用光能把从空气中吸收的CO_2和自根系输至的水分、矿物质元素经过复杂的光化学反应，制造成有机养分，然后通过韧皮部的筛管输送到植物体的各部组织和器官，供植物生长发育的需要。如果在枝条的基部采取环状剥皮，割断韧皮部筛管通道，则有机养分不能向下输送而积聚在环状剥皮处的上端，不久该处细胞分裂和生长加快，树皮就形成膨大的节瘤。人们很早就利用这种办法促使果树多结果、结大果。近年来，人们又利用这种生理作用，对一些扦插难以生根的树种，在枝条基部用刀环割去1～1.5 cm宽的表皮，或用铅丝环绕枝条扎紧，以终止养分的输送，使叶片制造的有机养分集结在受伤处，到休眠期时将该处剪下用于扦插。这样由于养分充足，可使难以生根的插条易于生根成活。

(二)黄化促根法黄化法(又称软化法)

人们发现用黄化的枝条作插条比普通枝条容易生根。经研究表明，黄化枝条内木质化迟缓，皮层及髓部增大，厚壁纤维组织不发达，细胞壁薄，而且由于这种枝条组成成分的变化，碳水化合物含量增多，而抑制生根的物质单宁显著减少，生长素的活性也有所加强，有点类似幼树或草本植物的茎，因而易于生根。人们利用这一生理现象，对难以生根的树种进行黄化处理促其生根，效果显著。

黄化处理方法：母株为苗木者，在春季萌芽前，将其斜植，抹去顶尖，促进多发侧枝，在其上做一木框，盖以黑塑料布，防止光线射入，下部留一通气口，保持枝条处于黑暗状态。这样，被覆盖的枝条就会在黑暗中抽出新梢，待其伸长到 6～7 cm 时，可将黑塑料布除去，将黄化新梢基部 3 cm 处用棉花缠裹并以黑塑料布包扎。使上部黄化的叶片缓慢见光(如立即见强光容易造成枯萎)，等见光的叶片绿化后，可自黄化部分剪下扦插。如母株为大树者，可将枝条的一部分用黑纸、黑布或泥土封裹，并用塑料布包扎(以防雨水)，遮去阳光，使枝条内部所含物质因黑暗而起变化。而后剪下枝条扦插。

(三)培育新枝法

如果母树年龄太大，从上采取的枝条多不易生根，主要是因为这类枝条内贮藏的养分较少，或存在的抑制生根的物质偏多。如在此母树上采条，应先将老枝锯断，使之萌发新枝。这样的新枝所含有机养分较多且含抑制生根的物质量少，生根力较强。若同时给以生长素处理，生根效果会更好。

(四)减除树脂、油分法

有些植物如大戟科树种，大多树体内含有丰富的树脂、油分等，可在采剪插穗前给母株遮断日光 1～2 周，剪取的插穗再用温水浸泡 10～24 h 后扦插，这样就能减少树脂或油分，有利于生根。

(五)生根剂促进生根法

凡是具有像内源生长素那样能促进生根的合成物质或者有利于促进内源生长素形成及抑制生长素分解的化合物，以及那些能通过控制叶片水分蒸发，减少叶内水分损失，来增进不定根的形成或促进侧根生长的物质，如脱落酸、丁酰、黄腐酸等抗蒸腾剂都可用作生根剂。吲哚丁酸(IBA)是效果最好、应用最普遍的一种生长素。它不易被酶系统氧化，加之传导扩散性能差，因此，容易保留在被处理的部位，有效地促使形成层细胞分裂。萘乙酸(NAA)与吲哚丁酸相比，稍有毒性，浓度过高容易伤害植物。如用萘乙酸的铵盐代替萘乙酸就会安全得多，应用时如果浓度适当，效果与吲哚丁酸相似，而且成本低廉。因此，萘乙酸的铵盐也被广泛用来促使插枝生根。苯氧化合物如 2,4-D、2,4,5-T、2,4,5-TP 等。由于这类生长调节剂容易传导，浓度稍高就会抑制枝条的发育，使枝条受伤，因此在使用时必须控制浓度。

三、乌桕嫩枝扦插育苗技术

乌桕硬枝扦插比较容易成活，常用的方法是，在果实采收后的 12 月，从已经落叶，进入休眠的母树上采集穗条，沙藏至第二年春季 3 月份，气温回升时扦插，扦插成活率可达到 94%以上。但是，这种繁殖方式存在一些问题。其一，如果大量采条，对结实母树当年的结实能力影响很大，所以此法繁殖系数不高；其二，此时枝条木质化程度较高，主要利用皮孔生根，根条数不多，一般为 3～4 条，影响移植成活率；其三，此时母体已经进入休眠状况，小枝条上的养分结实消耗却得不到补充，扦插成活后萌发的枝条较弱，影响以后生长。基于此，笔者开展了乌桕的嫩枝扦插技术研究。现将试验设计及试验研究结果总结如下。

（一）试材来源和试验设计

1. 试材来源和试验设计

试验材料来源　扦插材料从福建林业职业技术学院峡阳教学林果场 3～5 年生幼树、浦城、建阳原国道两侧乌桕树上获取。2007 年 5—10 月，从 3 年生实生乌桕上采集穗条，混合均匀后，进行不同季节、不同激素处理扦插育苗试验。2007 年 5 月，分别采集 10～45 年生乌桕上枝条，用于叶片叶绿体含量、枝条糖含量测定，按母树年龄、叶绿体含量、糖含量分类后扦插。

试验地概况　扦插育苗试验点设立在福建林业职业技术学院峡阳教学林果场无性繁殖区，2007 年延平区 5 月份、7 月份、10 月份月平均温度分别为 20.4 ℃、24.3 ℃、23.5 ℃。

试验设计　采用随机区组设计。扦插季节、激素处理对比试验 A 因素分 5 月份、7 月份、10 月份 3 个处理，B 因素分 B_1、B_2、B_3、B_4（即 NAA500 mg・L^{-1}、IBA500 mg・L^{-1}、$ABT_6$500 mg・L^{-1}、无激素处理）等四个处理，设置 3 个重复（区组），总体样本 36 个。不同年龄母树枝条扦插成活率研究包括 8 个处理（即 10、15、20、25、30、35、40、45 等 8 个母树年龄），设置 5 次重复。不同叶绿素含量枝条扦插成活率研究包括 6 个处理，5 次重复。不同总糖含量枝条扦插成活率研究包括 7 个处理，5 次重复。

2. 试验处理

扦插基质消毒　扦插基质为黄心土、膨化蛭石、糠谷灰 2∶2∶1 均匀混合，基质厚度 30 cm 以上，用多菌灵 1 000 倍液浇透后覆盖地膜，在扦插前去除地膜，翻松基质透气 1 天，浇透水后备用。

穗条处理　将不同季节采集的枝条，修剪成 6～8 cm 长度的带有 3 个以上侧芽的穗条，基部用锋利刀片斜削成马蹄状，每 20 根一扎，浸泡在生根激素溶液或清水中。浸泡 0.5 h 后扦插。

扦插及插后管理　扦插选择在阴天或晴天的傍晚进行，扦插间距约为 5 cm×5 cm。扦插深度为 3～4 cm。每一个试验小区扦插 120 根，分成 100 根和 20 根两部分，后者作为生根时间调查观察区，不参与成活率、根条数的统计。扦插后浇透水，使穗条插入部分与基质密合，然后搭盖 75%的遮阳网遮挡阳光，遮阳网高度约 1 m。在扦插后 5 d 内，每天朝叶片喷雾1次，以后根据气温高低进行水分管理，保持扦插基质潮湿。及时清除枯萎、腐烂了的穗条，并在腐烂穗条周围基质上喷70%托布津100 mg. L^{-1}消毒，防止感染健康穗条，影响试验结果。

3. 枝条含糖量、叶片叶绿素含量测定设备及方法

测定仪器为721分光光度计。枝条含糖量测定采用蒽酮比色法，在640 nm波长下，用1 cm厚比色杯，以蒸馏水为空白，测定光密度D_{640}，并与标准曲线比对，查出对应的糖含量值。叶片叶绿素含量测定采用魏海姆法，用酒精提取，将提取液在645 nm、663 nm、652 nm波长下测定光密度D_{645}、D_{663}、D_{652}，并根据国际公定法经验公式推算叶绿素a、叶绿素b、叶绿素总量。

4. 试验数据调查分析

调查指标为生根率、生根时间、根条数。30 d后轻轻拨开基质检查穗条生根情况，并做好记录，每次每个小区调查10株，隔5 d调查1次。穗条全部生根成活后，调查成活率，并每个小区随机抽取15株，调查其根条数。

表8-6　不同季节、不同激素处理扦插试验结果统计表

处理		B_1		B_2		B_3		B_4	
		成活率/%	生根时间/d	成活率/%	生根时间/d	成活率/%	生根时间/d	成活率/%	生根时间/d
A_1	5月	93.50	30	95.67	30	94.10	30	89.00	40
A_2	7月	81.67	30	86.67	30	92.33	30	75.33	40
A_3	10月	92.00	50	93.33	50	93.67	50	90.67	60

将试验数据整理汇总并统计（见表8-6、表8-7）。因成活率理论分布为二项分布，且大部分大于70%，不能满足正态、方差齐性的条件，根条数是计数数据，其标准差与平均数易成比例，导致各组标准差的大小差异显著，所以，对扦插成活率数据做反正弦转换，对根条数统计数据做平方根转换，然后进行双因素方差分析和多重比较。多重比较采用HSD法。糖含量计算公式为$X\% = V \times N \times 100/(W \times V_1 \times 10^6)$，其中，$V$为稀释总体积，$N$为光密度$D_{640}$在标准曲线上对应值，$W$为样品重，$V_1$为吸出量。叶绿素a含量计算公式为$Y_a = (12.7 \times D_{663} - 2.69D_{645}) \times V/(1\,000W)$，叶绿素b含量计算公式为$Y_b = (22.9 \times D_{663} - 4.68D_{645}) \times V/(1\,000W)$，叶绿素总量$Y = D_{652} \times V/(34.5 \times W)$，其中，$V$为80%丙酮最终稀释体积，$W$为叶片组织鲜重。

（二）结果与分析

1. 季节和生根激素对扦插成活率的影响

扦插试验成活率统计结果见表8-6。从表8-6统计数据可看出，A_1B_2的平均成活率最高，为95.67%，A_2B_4平均成活率最低，仅为75.33%。将各试验小区扦插成活率反正弦转换后的数据进行双因素方差分析，分析结果见表8-7。从表8-7可以看出，$F_A = 143.40 > F_{0.01(2,24)} = 5.61$，表明不同扦插季节对差异达1%显著水平，B因素$F_B = 19.84 > F_{0.01(3,24)} = 4.72$，不同生根激素对扦插成活率的影响差异达1%显著水平。而$F_{AB} = 2.18 <$

$F_{0.05(6,24)}$=2.51,则扦插季节与生根激素间的交互效应差异不显著。因为 $F_A > F_{0.01(2,24)}$,$F_B > F_{0.01(3,24)}$,所以分别对不同季节扦插平均值和不同激素处理平均值作 HSD 法多重比较。比较结果表明,A_1、A_2、A_3之间均存在极显著差异;B_3与 B_1、B_2、B_4之间均有极显著差异,B_1与 B_2之间有显著差异,但未达到极显著水平, B_1、B_2均与 B_4存在极显著差异。因此,在 5 月份、10 月份扦插的成活率较高,7 月份扦插成活率最低;在生根激素处理方面,B_2、B_3的处理效果最好,B_4处理效果最差。

表 8-7 不同扦插季节、不同激素处理对扦插成活率和生根时间影响方差分析

方差来源	扦插成活率			生根时间			$F_{0.05}$	$F_{0.01}$
	自由度	方差	F	自由度	方差	F		
A	2	698.36	143.40	2	13.88	30.17	3.40	5.61
B	3	96.6	19.84	3	1.53	3.98	3.01	4.72
A×B	6	10.6	2.18	6	0.75	1.63	2.51	3.67
e	24	4.87		24	0.46			
总和	35			35				

2. 季节和激素对扦插成活时间的影响

不同季节不同激素处理下的生根时间统计结果(见表 8-6)表明:不同季节扦插,插穗生根时间存在一定差异,A_1、A_2扦插生根速度最快,所有成活的插穗在 30~40 d 内全部生根,A_3在 50~60 d 内全部生根,A_3在 50~60 d 内全部生根;不同激素处理下,生根时间也存在一定差异,B_1、B_2、B_3生根时间为 30~50 d,B_4生根时间为 50~60 d,说明激素处理对加快生根速度上有一定作用。

为进一步验证不同处理之间的差异,对试验调查数据平方根转换后进行方差分析,结果见表 8-7。

从表 8-7 得知,A 因素 F_A=30.17>$F_{0.01(2,24)}$=5.61,表明不同扦插季节在生根时间上的差异达 1%显著水平,B 因素 $F_{0.01(3,24)}$=4.72>F_B=3.98>$F_{0.05(3,24)}$=4.72,不同生根激素在生根时间上的差异达 5%显著水平。而 F_{AB}=1.63<$F_{0.05(6,24)}$=2.51,则 A 与 B 的交互效应在生根时间上差异不显著。因为 $F_A > F_{0.01(2,24)}$,所以对不同季节扦插生根时间平均值做 HSD 法多重比较。比较结果表明,A_1、A_2的生根时间最短,与 A_3之间都有着极显著的差异,A_1、A_2之间无显著差异。

3. 季节和激素对根条数的影响

不同季节不同激素处理下的扦插苗根条数统计结果见表 8-8。

从表 8-8 统计数据可以看出,不同激素处理下的根条数有一定差异,其中 B_2为 5.20~5.53 条,B_3为 5.07~5.70 条,都明显较 B_1和 B_4高。为证明其间的差异显著性,进行方差分析和多重比较。

将经过平方根转换后的数据进行方差分析,结果见表 8-8。从表 8-8 得知,A 因素 F_A=2.54<$F_{0.05(2,24)}$=3.40,表明不同扦插季节在根条数上无显著差异,B 因素 F_B=31.73>$F_{0.01(2,24)}$=4.72,不同生根激素处理下根条数的差异达 1%显著水平。而 F_{AB}=6.95>

$F_{0.01(6,24)}=3.67$，则A与B两因素的交互效应在根条数上差异达到1%的显著水平。因此，不同生根激素对根条数的多少有明显的影响，扦插季节对根条数没有明显影响，但是，不同季节下使用不同的生根激素处理穗条，其交互作用的结果，对根条数有着极明显的影响。为寻找出最佳的生根激素类型以及最好的季节与激素类型之间的交互作用，我们进行多重比较。比较结果表明，B_2、B_3处理效果最好，与B_1、B_4之间存在着极显著差异。A×B交互作用多重比较结果表明：$A_1\times B_3$对促进根系生长效果最好，其次为$A_1\times B_2$、$A_2\times B_2$、$A_2\times B_3$，其与其他的大部分组合在扦插季节与激素类型间交互作用上存在着极显著差异。

表8-8　不同处理下根条数统计及方差分析

根条数统计					方差分析						
处理	B_1	B_2	B_3	B_4	方差来源	离差平方和	自由度	方差	F	$F_{0.05}$	$F_{0.01}$
A_1	4.43	5.53	5.70	3.60	A	0.02	2	0.012	2.54	3.40	5.61
A_2	4.70	5.50	5.43	4.60	B	0.43	3	0.144	31.73	3.01	4.72
A_3	4.50	5.20	5.07	4.90	A×B	0.19	6	0.032	6.95	2.51	3.67
					e	0.11	24	0.005			
					总和	0.75	35				

4. 穗条质量与扦插生根效果相关分析

穗条体内糖含量变动范围为70.16～133.84 $g\cdot kg^{-1}$，以10 $g\cdot kg^{-1}$为分组单位，与对应的扦插成活率、扦插苗根条数作相关分析。分析结果表明，穗条体内糖含量与扦插成活率、扦插苗根条数之间相关系数分别为0.553和0.436，存在着一定的正相关。乌桕生根时间较长，插穗体内糖含量高，能保证插穗生根之前有足够的糖分用于新陈代谢，避免因养分消耗殆尽而死亡，从而提高扦插成活率；插穗体内糖含量，对根条数有一定影响。因此，在乌桕采条扦插繁殖前，应加强采穗母株水肥管理，提高采穗母株光合作用效率，增加体内碳水化合物的积累，同时，应通过修剪，去除内膛枝、细弱下垂枝，调整树形，以提高穗条质量，从而提高扦插成活率。

穗条叶片上的叶绿素a含量、叶绿素b含量、叶绿素总含量变动范围分别为4.26～7.12 $mg\cdot g^{-1}$、3.66～8.53 $mg\cdot g^{-1}$、8.97～13.53 $mg\cdot g^{-1}$，叶绿素总含量与扦插成活率之间的相关系数分别为0.543，与根条数间相关系数分别为0.577，都存在较密切的线性相关。选择叶色浓绿、叶绿体含量高的枝条作为插穗，有利于提高扦插的成活率。

采穗母树年龄与扦插成活率之间呈负相关，相关系数为−0.303，与根条数之间相关系数为0.008，无明显线性相关。随着采穗母树年龄的增长，其树冠上采集的穗条，扦插成活率呈下降趋势，但采穗母树年龄大小对扦插苗根条数没有影响。乌桕扦插苗一般在2～3年就能开花结实，因此，采穗母树树龄不宜太大，以免影响扦插的成活率。

（三）结论与探讨

本文通过扦插育苗试验，研究乌桕在南平地区不同季节和不同生根激素处理下的成活率、生根时间和扦插苗根系发育情况，统计分析结果表明：不同季节、不同激素处理下，乌桕扦插的成活率有极显著的差异，其中以5月份扦插最好，10月份次之，7月份成活率最低；扦插生根成活的时间也有着极显著差异，5—7月份扦插生根时间短，在生根激素处理下仅需30 d即可生根成活，10月份扦插生根时间长。扦插季节对根条数没有明显的影响，但其与生根激素的交互作用，对根条数有明显的影响。使用生根激素处理穗条，可以提高扦插的成活率，缩短生根时间，增加根条数，其中，尤以IBA和ABT_6效果最好。相关分析结果表明，穗条糖含量、穗条上叶片叶绿素含量、采穗母树年龄等，对扦插生根效果都有一定影响。

乌桕在南平地区3—4月份抽萌新梢，5月份恰好处于半木质化程度。5月份进行乌桕扦插育苗，成活率高，生根快，但因为在南平地区此时已是高温季节，必须做好遮阴、通风、基质消毒灭菌和水分管理，防止高温高湿导致穗条霉变、腐烂。7月份气温高，有利于尽快生根，但容易因为病菌滋长而染病死亡。

四、乌桕扦插育苗技术总结

根据试验结果和前人经验，将乌桕扦插技术（硬枝扦插、嫩枝扦插）总结如下：

（一）乌桕硬枝扦插

硬枝扦插营养积累比较充分，可供插穗生根之前体内的营养需要。

穗条选择与插穗制取 在果实采收后的12月，从已经落叶，进入休眠的母树上，采集当年春梢长成的，生长健壮的，粗0.5～0.8 cm的枝条，穗条长度6～8 cm。将穗条50～100枝扎成一捆，用湿沙埋藏至第二年春季3月份，气温回升时扦插，也可直接扦插。

扦插苗床准备 硬枝扦插可在扦插床上进行，也可直接大田扦插育苗。扦插床扦插基质可用园土与细沙按2:1配比，混合均匀。大田扦插可选用水稻田，深耕，翻晒，整成高25～30 cm，宽1 m的长畦，土块打碎，开沟下基肥，沟深10 cm以上，畦面整平。扦插前1～2 d，用50%多菌灵或70%甲基-托布津500～1 000倍液浇灌扦插床或畦面，消毒灭菌。

扦插 用锋利刀刃将穗条基部削成马蹄形，削后马上扦插，或先用清水浸泡基部，待全部穗条处理完毕集中扦插。ABT6号、7号和NAA、IBA有促进乌桕穗条生根的作用，可制成万分之一浓度的粉剂蘸插，或千分之一的浓度的溶液快蘸后扦插，扦插后浇透水。扦插后立即搭盖弓棚，覆盖薄膜、遮阳网。

插后管理 扦插后每15天检查一次，发现霉变的枝条及时清除，基质发白时要及时浇灌，补充水分。大田扦插间距10 cm×10 cm。扦插床上扦插，间距5 cm×5 cm，成活后萌发的枝条长7～10 cm时要及时移植。

（二）嫩枝扦插

在5月份和10月份，采集当年生枝条制穗，穗条规格为粗0.3～0.5 cm，长6～8 cm。穗条下切口离最下面的芽0.2～0.5 cm，用锋利刀片削成45°斜角的斜面，保留上部1～2片叶片，其余摘除。穗条制好后，用500 $mg \cdot L^{-1}$浓度的IBA或ABT_6浸泡基部0.5 h后扦插。

扦插基质

黄心土、膨化蛭石、糠谷灰 2∶2∶1 均匀混合后，做为扦插基质，基质厚度 30 cm 以上。用多菌灵 1 000 倍液浇透后覆盖地膜，在扦插前去除地膜，翻松基质透气 1 天，浇透水后备用。

扦插及插后管理

扦插选择在阴天或晴天的傍晚进行，扦插间距约为 5 cm×5 cm。扦插深度为 3～4 cm。扦插后浇透水，使穗条插入部分与基质密合，然后搭盖 75%的遮阳网遮挡阳光，遮阳网高度约 1.8 m。在扦插后 5 d 内，每天朝叶片喷雾 1 次，以后根据气温高低进行水分管理，保持扦插基质潮湿。及时清除枯萎、腐烂了的穗条，并在腐烂穗条周围基质上喷 70%托布津 100 mg・L^{-1} 消毒，防止感染健康穗条。

(三)苗木成活后管理

扦插成活后，对苗木进行适当修剪，剪除多余的侧枝，保留 1～2 条上部侧枝，培养成为主干。水肥管理参见播种育苗部分。

五、其他树种扦插育苗技术

主要油料能源树种中，除乌桕可以扦插育苗外，竹柏、麻风树也可以进行扦插繁殖。

(一)麻风树扦插育苗

麻风树可以扦插繁殖，选 2～4 年生，直径 1～3 cm、长 20～30 cm 的枝条，剔除叶片，扦插端削成马蹄形，先用 50%多菌灵 500 倍液浸泡插口 5～10 分钟，再用多菌灵生根粉 400 倍液浸泡插口 5～10 分钟，取出，晾干表面水分待插。扦插全年都可进行，但以当年的 3～8 月为最佳时期。

(二)竹柏扦插育苗

竹柏冬季、春季、夏末季节都可以扦插，成活率比较高，其中以 6 月份扦插生根最快。扦插基质黄心土:河沙＝1∶1，插穗 6～8 cm，用 ABT 6 号 1%或 IBA1%浓度快蘸后扦插，可有效提高生根率和生根效果。

第六节　嫁接育苗技术

一、嫁接的概念和嫁接成活的原理

(一)概念

嫁接，就是将植物的枝、芽等营养器官或组织，接到另一个带有根系的植株上，使其愈合生长成为一个完整植株的过程。

(二)原理

苗木嫁接后能够成活，主要是依靠砧木和接穗结合部分形成层的再生能力。嫁接后首先由形成层的薄壁细胞进行分裂，形成愈伤组织，进一步增生，充满结合部空间，并进一步分化出结合部的输导组织，与砧木、接穗原来的输导组织连通成为一体，从而保证了水分、养分的上下沟通，这样两者在嫁接时被暂时破坏的平衡得到恢复，砧木与接穗从此结合在一起，成为一个新的植株。

(三)嫁接的意义及在能源林培育中的应用

1. 扩大繁殖系数，保持优良种性，促进能源树种高效栽培

异花授粉植物用种子繁殖后代，一般不能保持母本原有的特性。因为种子是父本和母本的基因重组，其后代性状会发生变化。采用嫁接苗造林，可以保持原株的优良特性。目前，乌桕、黄连木、竹柏等油料能源树种，均已开展了优良单株选择。可以将选择获得的遗传型优株，通过嫁接建立无性系，实现无性系造林，促进能源林的高效栽培。

2. 缩短育种年限

实生苗必须生长发育到一定的年龄后，才能进入开花结果期。由于嫁接树所采用的接穗，都是从成年树上采取的枝和芽，把它们嫁接在砧木上，成活后的枝条已具有成年树的发育特点，故能提早结果。如果接穗带有花芽，那么嫁接的树当年就能开花结果。另一方面，嫁接和环状剥皮一样，可使输导组织受阻，有利于地上部分营养物质积累，因而也能提早开花结果。因此，在无性系测定中，采用嫁接苗作为试验材料，可以缩短测定时间，尽快对各无性系的经济性状表现作出评价，从而缩短良种选择年限。

3. 缩短油料能源林投产期，降低生产成本，提高能源林的社会经济效益

使用优良无性系嫁接苗造林，可以提早开花结果，实现早期、丰产，是油料能源林建设需要的。例如，乌桕实生苗造林，需要 5 年以上才能开花结实，10 年以上才能达到盛果期。使用嫁接苗造林，2～3 年开花，4～5 年即可进入盛果期，实现稳产、高产。使用嫁接苗造林，可以为生物柴油生产加工企业尽快提供乌桕种子油，社会经济效益显著。

4. 建立嫁接种子园，可以为社会较快提供优质的能源树种种子

例如，为满足社会对能源树种良种需求，需要发展能源树种种子园，即把选择获得的优良单株集中起来，使不同优良单株之间互相自由授粉结籽。但是把这些高大的树木移栽到一起是很困难的，每种基因型个体仅一个，显然不能满足建园需要。用嫁接法既能达到将优良个体集中种植，促进彼此间相互授粉，获得优良子代群体之目的，又能提高有优良遗传基因的种子量，尽快满足能源林规模化发展对良种种苗的需求。

5. 矮化树冠，调整树姿

嫁接苗一般分枝较多，树体矮化，树冠宽大。油料能源林，主要利用部位为果实或种子，使用嫁接苗造林，可以提高林地光的利用率，增加结实层厚度，提高单位面积的种实产量。

6. 提高抗性

使用抗性强的品种为砧木，进行嫁接，通过砧木对接穗生理上的影响，可以提高接穗

及其以后生长的树体的抗性。如用耐寒的野生种为砧木，嫁接不耐寒的优良无性系穗条，可以提高抗寒能力。

二、影响嫁接成活的因素

1．嫁接亲和力

嫁接亲和力就是接穗与砧木经嫁接而能愈合生长的能力。具体地说，就是接穗和砧木在形态、结构、生理和遗传性彼此相同或相近，因而能够互相亲合而结合在一起的能力。嫁接亲和力的大小，表现在形态、结构上，是彼此形成层和薄壁细胞的体积、结构等相似度的大小；表现在生理和遗传性上，是形成层或其他组织细胞生长速率、彼此代谢作用所需的原料和产物的相似度的大小。

嫁接亲和力是嫁接成活最基本条件。不论用哪种植物，也不论用哪种嫁接法，砧木和接穗之间，都必须具备一定的亲和力。影响嫁接亲和力的因素主要有以下两点：

(1)亲缘关系。一般来说接穗和砧木的亲缘关系愈近，二者的亲和力便愈大。所以品种间嫁接最易接活，种间次之，不同属之间又次之，不同科之间则较困难。这是因为亲缘关系愈近，彼此的生理遗传性愈是相近，所以亲和力愈大。

(2)生长习性。接穗与砧木的生长习性愈相似二者的亲和力愈大。如草本与草本、木本与木本之间的亲和力，要比草本与木本之间大。这是由于草本、木本间在形态、结构乃至对外界条件的要求上，相差很大的缘故。

2．接穗和砧木的营养状况

植物生长健壮，营养器官发育充实，体内贮藏的营养物质多，嫁接就容易成活。所以砧木要选择生长健壮、发育良好的植株，接穗也要从健壮母树的树冠外围选择发育充实的枝条。

3．接穗和砧木的水分状态

接穗的含水量也会影响嫁接的成功。如果接穗含水量过少，形成层就会停止活动，甚至死亡。一般接穗含水量应在50%左右。所以接穗在运输和贮藏期间，不要过干过湿。嫁接后也要注意保湿，如低接时要培土堆，高接时要绑缚保湿物，以防水分蒸发。

4．环境条件(嫁接的季节)

环境条件也是影响嫁接成活的一个重要条件，其中温度最为重要。因为形成层要在一定温度下才能活动。如乌桕形成层开始活动的适宜温度是10～15 ℃，所以在我国南方春季二、三月份嫁接，愈合快，最易成活；气温偏高时，芽的顶端分生组织细胞分裂速度快，芽的伸长、枝叶生长快，容易出现假活现象。接穗上的芽的过快、过早伸长，展叶，容易造成接穗因蒸腾作用失水严重，最终死亡。

5．嫁接方式

不同的嫁接方式在不同的植物、不同的季节下嫁接效果又明显差异。因此，应根据树种特性，选择适宜的嫁接方式。

6．嫁接质量(嫁接技术)

(1)接穗的削面是否平滑。嫁接成活的关键因素是接穗和砧木两者形成层的紧密结合。这就要求接穗的削面一定要平滑，这样才能和砧木紧密贴合。如果接穗削面不平滑，嫁接后接穗和砧木之间的缝隙就大，需要填充的愈伤组织就多，就不易愈合。因此，削接穗的刀要锋利，削时要做到平滑。

(2)接穗削面的斜度和长度是否适当。嫁接时，接穗和砧木间同型组织接合面愈大，二者的输导组织愈易沟通，成活率就愈高；反之，成活率就愈低。

(3)接穗、砧木的形成层是否对准。如上所述，大多数植物的嫁接成活是接穗、砧木的形成层积极分裂的结果。因此，嫁接时二者的形成层对得越准，成活率就越高。

对一些依靠薄壁细胞分裂进行嫁接的植物，一定要使接穗和砧木的同型组织靠紧，以使二者愈合在一起。

此外，处理接穗、砧木，以及完成嫁接的整个过程动作要熟练，要快，尽量减少接穗、砧木的切面暴露在空气中的时间，避免伤口被氧化；嫁接时为防止对准的部位发生偏移、错位，需用塑料带(嫁接带)等进行绑扎，绑扎要紧。

三、嫁接的方式

嫁接分为枝接法和芽接法，枝接法有切接、劈接、皮下枝接(拉皮接)、腹接、舌接法、根接、茎尖嫁接等；芽接发有 T 形芽接、块状芽接等。下面介绍油料能源树种中常用的几种嫁接方式。

(一)切接

此法适用于根茎 1～2 cm 粗的砧木坐地嫁接，是枝接中一种常用的方法。乌桕、麻风树、黄连木、油楠等树种嫁接可用此法。

1. 削接穗

接穗通常长 5～8 cm，以具 2～3 个饱满芽为宜。把接穗下部削成一长一短二个削面，长面在侧芽的同侧，削掉 1/3 以上的本质部，长 2～3 cm 左右，在长面的对面削一马蹄形小斜面，长度在 1 cm 左右。

2. 砧木处理

在离地面 5～8 cm 处剪断砧木。选砧皮厚、光滑、纹理顺的地方，把砧木切面削平，然后在本质部的边缘向下直切。切口宽度与接穗直径相等，深一般 2～3 cm。

3. 接合

把接穗大削面向里，插入砧木切口。使接穗与砧木的形成层对准靠齐。如果不能两边都对齐，对齐一边亦可。

4. 绑缚

用塑料袋缠紧，要将劈缝和截口全都包严实，并埋土保湿。注意绑扎时不要碰动接穗。接穗外露 1～2 个芽眼。

(二)切腹接

切腹接是秋季不截头的一种树木嫁接方法，常用于果树嫁接，小苗嫁接和大树高接均可采用。本法适用于无患子、乌桕、黄连木等大部分阔叶油料能源树种嫁接。

下面，重点介绍乌桕切腹接技术和接后的苗木管理技术。

1. 嫁接时间

在福建省，乌桕嫁接时间以树液流动的 3 月，或者夏季的 6 月至 7 月初为好，即用春梢和夏梢都可以进行嫁接。

2. 接穗的采集

嫁接的第一步工作就是要选择品种优良的乌桕母树，采集接穗。接穗采集应注意品种群差异。比如，要将嫁接苗培育成葡萄桕，就要选择长势好，生长旺盛的葡萄桕母树。母树要生长在向阳的地块儿，树冠的中、上部枝条一定要健壮，无病虫危害，芽眼要饱满。我们从中选择当年生长的春梢，用剪刀采集这样的枝条。这些枝条顶端部分组织幼嫩，贮藏的养分少，不能作为接穗；而枝条基部芽的萌发能力较弱，也不能用作接穗。必须选用枝条的中段。接穗的粗度以直径在 0.7～1.0 厘米之间为好。

3. 接穗的修剪

采下的接穗要修剪。准备好湿毛巾和装接穗的工具，将湿毛巾铺平整。用修枝剪修剪掉枝条上的叶片，不要伤害芽眼。修剪完了将接穗放在湿毛巾上包好，保持水分。这样就可以嫁接了。如果放于阴凉处可保存 5～7 天等待嫁接。以随剪随接为最好。

4. 嫁接

育好砧木苗；嫁接前，准备好修枝剪、锋利干净的嫁接刀、绑扎的薄膜带。嫁接最好选在阴天。晴天嫁接最好在上午 10 点之前，或下午 3 点之后进行，这样的天气可以减少接穗水分丧失，利于提高成活率。嫁接时，用修枝剪在砧木离地面大约 10～12 厘米处剪顶，再将砧木苗的叶片去除掉，留下砧木苗茎作为嫁接苗茎。嫁接刀以 30 度角回削砧木茎。然后从砧木的木质部下切。刀面与砧木心呈 10 度角，使切口倾斜向砧木心。切口的深度在 2～3 厘米之间。这样的切口，使接穗插入后有足够大的夹力。

接穗的切法，从长接穗上剪下有 2～3 个眼芽饱满的短接穗。芽眼朝上，将插入砧木的一端，削成一长一短的两个斜切面。长切面与接穗中心呈 15 度的夹角，短切面与接穗心呈 30 度的夹角。两个切面呈厚薄不一，呈一个偏楔形。

砧木和接穗都削好后，将接穗插入砧木中，使它们的形成层对齐。像这样，借助砧木向中心的压力，可以保证砧木和接穗的密切接触。迅速地用薄膜带将砧木和接穗绑扎好。薄膜要包住接穗的上端。接穗上要露出 1～2 个芽眼。

嫁接技术的正确熟练与否，是嫁接能否成活的关键。砧木和接穗接口切削平滑，形成层密接、砧木和接穗结合牢固，成活率高。砧木和接穗切削面凹凸不平、形成层错位、砧木和接穗结合松弛，成活率就低。嫁接前后的天气对成活率也有很大的影响。嫁接时和嫁接后的几天内，阴天天气有利于嫁接的成活。

5. 嫁接苗的管理

夏季嫁接的苗木，生长速度比春季更快。如果保持苗床土壤的湿度，在 45～60 天内，嫁接苗茎上已经生长出 20～30 厘米那么长的侧枝。这时，一系列的管理工作需要做好：

(1)除萌　一些苗茎上会生长出二三个或者更多的新梢，应用修枝剪将砧木茎上的侧枝全部剪除掉，这叫做除萌。除掉砧木侧枝，有利于营养集中供应愈合了的接穗生长，使嫁接苗的生长健壮。

(2)水肥管理　在7—10月这四个月中，每个月施1次肥。肥料要选用尿素等氮肥，每次每亩地撒施20千克。还可以喷施1次0.2%的磷酸二氢钾800倍液。最好保持每10天左右喷施一次。以保证养分充分地供应。在7月、8月和10月这三个月，施肥之后都要淋水，以溶化肥料，促进吸收。而9月份施肥以后停止喷水，以提高苗木的木质化程度，增强苗木的抗寒能力，有利于苗木过冬。嫁接苗圃地要注意常除草，南方的夏秋季节，保持每个月除草1次。除草可以与中耕相结合。苗行之间的杂草要除掉，厢面边缘的杂草也要铲除，以免虫害的侵入。

(3)解绑　到了秋末，嫁接苗基本木质化，当嫁接苗的嫁接部位完全愈合之后，我们要给它解绑。操作时，只要用嫁接刀将绑扎的薄膜划开，去掉薄膜带就可以了。

到了冬季，苗株叶片全部脱落。嫁接苗在苗圃地自然越冬，不用任何人工管理。出圃的苗木必须生长健壮、无病虫害、嫁接部位愈合良好，高度在100厘米以上，苗茎粗度在1.2～1.5厘米之间，直立。根系发达，保留主根长20厘米以上，侧根完整。

第七节　油料能源树种组织培养

一、植物组织培养的概念和意义

植物组织培养是以植物生理学为基础发展起来的一项新兴技术，是现代生物技术的基础和重要组成部分，也是现今植物生物技术中应用最广泛的技术。现已逐渐形成产业化，在种苗快繁、脱毒苗培育、突变筛选培育、药用植物工厂化生产、种质保存和植物基因库建立等方面开辟了新途径，并广泛应用于工、农、林、医等领域，取得了显著的成效。

(一)植物组织培养的概念

植物组织培养是指在无菌条件下，将离体的植物器官、组织、细胞或原生质体，培养在人工配制的培养基上，人为控制培养条件，使其生长、分化、增殖，发育成完整植株或生产次生代谢物质的过程和技术。由于组织培养是在脱离植物母体的条件下进行的，所以也称为离体培养。凡是用于离体培养的细胞、组织或器官(如茎尖、叶、花粉等)统称为外植体。

(二)植物组织培养的类型

植物组织培养有多种分类方法。其中，根据培养材料即培养对象，将植物组织培养分为植株、胚胎、器官、组织、细胞和原生质体五个水平上的培养类型，是比较常用的分类方法。

1. 植株培养

是对完整植株材料的无菌培养。一般多以种子为材料(如春兰诱导种子萌发成苗)的无菌培养。

2. 胚胎培养

指从胚珠中分离出来的成熟或未成熟胚为外植体的离体无菌培养。

3. 器官培养

指以植物的根、茎、叶、花、果等器官为外植体的离体无菌培养，如根尖、根段、茎尖、茎段、叶片、叶柄、子叶、花器、果实、种子等外植体的离体无菌培养。

4. 组织培养

指以分离出植物各部位的组织（如分生组织、形成层、薄壁组织等）或已诱导的愈伤组织为外植体的离体无菌培养，是狭义的组织培养。

5. 体细胞培养，简称体培

指对单个细胞或较小细胞团的离体无菌培养，获得单细胞无性繁殖系。

6. 原生质体培养

指以除去细胞壁的原生质体为外植体的离体无菌培养。通过原生质体融合即体细胞杂交，能够获得种间杂种或新品种。

（三）植物组织培养的意义

由于科学技术的进步，尤其是外源激素的应用，使组织培养不仅从理论上为相关技术研究提供可靠的试验证据，而且一跃成为一种大规模、工厂化生产种苗的新方法。植物组织培养之所以发展迅速，应用广泛，是由于其具备以下几个特点：

1. 培养材料经济

由于植物细胞具有全能性，通过组织培养手段能使植物体的单个细胞、小块组织、茎段等离体材料经培养获得再生植株。这不但在生物学研究上保证了材料来源单一和遗传背景一致，有利于试验成功，而且在生产实践中，以茎尖、根、茎、叶、子叶、下胚轴、花芽、花瓣等材料进行培养时，只需要几毫米甚至不到 1 mm 大小的材料，做到了材料经济使用。单靠常规的无性繁殖方法，需要几年或几十年才能繁殖一定数量的苗木，采用植物组织培养方法可在 1～2 年内就可生产数以万计苗木。由于取材少，培养效果好，对于新品种的推广和良种复壮更新，尤其是名、优、特、新的品种保存、利用与开发都有很高的应用价值和重要的实践意义。

2. 培养条件可以人为控制

组织培养技术含量高，所采用的植物材料完全是在人为提供的培养基和小气候环境条件下进行生长，摆脱了大自然中四季、昼夜的变化及灾害性气候的不利影响，且条件均一，对植物生长极为有利，便于稳定地进行组培苗的周年生产。

3. 生长周期短，繁殖系数大

植物组织培养由于人为控制培养条件，且是根据培养对象的不同要求而提供适宜的培养条件，因而生长快，往往 1 个月左右为 1 个周期，大大缩短了生长周期。虽然植物组织培养需一定设备及能源消耗，但由于植物材料能按几何级数繁殖生产，故繁殖率高，且能及时提供规格一致的优质种苗和无病毒种苗，这是其他方法无法比拟的。

4. 管理方便，利于工厂化生产和自动化控制

植物组织培养是在一定的场所和环境下，人为提供一定的温度、光照、湿度、营养、激素等条件，既利于高度集约化的工厂化生产，也利于生产与管理的自动化控制，具有现代

农业的典型特点。它与盆栽、田间栽培等相比,省去了中耕除草、浇水施肥、防治病虫等一系列繁杂劳动,客观上省地、省力、省工,便于管理。

二、植物组织培养操作步骤

(一)培养基的配制与高压消毒

1. 贮备液的配制与保存:

在植物组织培养工作中,配制培养基是日常必备的工作。但每种培养基往往含有一20种化合物,配制起来不仅繁琐,还很难达到准确和精确,尤其是生长调节物质和微量元素用量较少,难于准确称量,稍有偏差,就会影响试验结果及试验的重复性。为解决这一问题,可先配制一系列母液,按培养基配方中的试剂种类和性质将其分别称量、分别溶解、分别配制、单独保存或几种混合保存,配制培养基时再按比例吸取即可。母液一般配成大量元素、微量元素、铁盐、植物生长调节物质、有机物等,其中维生素、氨基酸类可以分别配制,也可以混在一起。贮备液配好后贴上标签,保存在冰箱中。以MS培养基为例,其各种元素的成分及配法如下:

(1)MS大量元素的成分组成及配制:

表 8-9　MS 大量元素的成分组成

序号	汉语名称	化学式	用量(mg/L)
1	硝酸钾	KNO_3	1 900
2	硝酸铵	NH_4NO_3	1 650
3	二氯化钙	$CaCl_2 \cdot 2H_2O$	440
4	硫酸镁	$MgSO_4 \cdot 7\ H_2O$	370
5	磷酸二氢钾	KH_2PO_4	170

贮备液的配制:

①用精度为1 mg电子天平按表列顺序依次称量,分别溶解在少量蒸馏水中。

②依次混合在一起,并定容到规定的体积。

③贴好标签,保存在冰箱中。

表 8-10　MS 培养基大量元素贮备液的配制

成 份	用 量(mg/L)	每升培养基取用量(ml)
贮备液Ⅰ(大量元素)		
NH_4NO_3	33 000	
KNO_3	38 000	
$CaCl_2 \cdot 2H_2O$	8 800	50
$MgSO_4 \cdot 7\ H_2O$	7 400	
KH_2PO_4	3 400	

(2)MS微量元素的成分组成及配制：

表 8-11　MS微量元素的成分组成

序号	汉语名称	化学式	用量(mg/L)
6	碘化钾	KI	0.83
7	硼酸	H_3BO_3	6.2
8	硫酸锰	$MnSO_4 \cdot 4H_2O$	22.3
9	硫酸锌	$ZnSO_4 \cdot 7H_2O$	8.6
10	钼酸钠	$Na_2MoO_4 \cdot 2H_2O$	0.25
11	硫酸铜	$CuSO_4 \cdot 5H_2O$	0.025
12	氯化钴	$CoCl_2 \cdot 6H_2O$	0.025

贮备液的配制：

①用精度为0.1 mg的分析天平按表列顺序依次称量，分别溶解在少量蒸馏水中。

②依次混合在一起，并定容到规定的体积。

③贴好标签，保存在冰箱中。

表 8-12　MS培养基微量元素贮备液的配制

成 分	用 量(mg/L)	每升培养基取用量(ml)
贮备液Ⅱ(微量元素)		
KI	166	
H_3BO_3	1 240	
$MnSO_4 \cdot 4H_2O$	4 460	
$ZnSO_4 \cdot 7H_2O$	1 720	5
$Na_2MoO_4 \cdot 2H_2O$	50	
$CuSO_4 \cdot 5H_2O$	5	
$CoCl_2 \cdot 6H_2O$	5	

(3)MS铁盐的成分组成及配制：

表 8-13　MS铁盐的成分组成

序号	汉语名称	化学式	用量(mg/L)
13	乙二胺四乙酸二钠	$Na_2 \cdot EDTA$	37.3
14	硫酸亚铁	$FeSO_4 \cdot 7H_2O$	27.8

贮备液的配制：

①用精度为0.1 mg的分析天平按顺序依次称量，分别溶解在各自的450 mL蒸馏水中，适当加热并不停搅拌。

②然后将两种溶液混合在一起。

③调整pH值到5.5。

④加蒸馏水定容到1 L的体积。

⑤贴好标签，保存在冰箱中。

表 8-14　MS 培养基铁盐贮备液的配制

成 分	用 量(mg/L)	每升培养基取用量(mL)
贮备液Ⅲ(铁盐)		
$FeSO_4 \cdot 7H_2O$	5 560	5
$Na_2 \cdot EDTA$	7 460	

(4)MS 有机物的成分组成及配制：

表 8-15　MS 有机物的成分组成

序号	汉语名称	用量(mg/L)
15	肌醇	100
16	甘氨酸	2
17	盐酸硫胺素	0.1
18	盐酸吡哆醇	0.5
19	烟酸	0.5

贮备液的配制：

①用精度为 0.1 mg 的分析天平按表列顺序依次称量，分别溶解在少量蒸馏水中。

②依次混合在一起，并定容到规定的体积。

③贴好标签，保存在冰箱中。

表 8-16　MS 培养基有机物贮备液的配制

成分	用 量(mg/L)	每升培养基取用量(mL)
贮备液Ⅳ(有机成份)		
肌醇	20 000	5
烟酸	100	
盐酸吡哆醇	100	
盐酸硫胺素	20	
甘氨酸	400	

2. 培养基的配制(每组以配制 1 L 培养基为例)：

(1)先在洁净的不锈钢锅中放入约 750 mL 蒸馏水，加入所需要的琼脂和糖，加热直至琼脂完全溶化。

(2)按需要量加入贮备液中的大量元素、微量元素、铁盐、有机物和各种需要的植物激素。

(3)加蒸馏水将培养基定容到 1L 的量。

(4)用 1NNaOH 或 HCl 调整 pH 值到所需值，通常植物体所需的 pH 值为 5.6～5.8 之间。

(5)趁热将培养基分装到各种培养容器中。分装时注意不要把培养基黏附到瓶口，以免今后引起污染。

(6)封口。培养基分装后，应立刻用封口膜或瓶盖将容器口部封严。已经分装的培养基应该做上标记，注明配制日期和培养基种类。

3. 培养基的高压灭菌

培养基分装封口后应立即灭菌。目前广泛使用的培养基灭菌法是通过高压蒸汽灭菌。其具体操作方法如下：

(1)灭菌锅内添加适量的水，然后将分装好的培养基放入高压灭菌锅的消毒桶内，对角拧紧螺丝，盖好灭菌锅盖；检查一下放汽阀有无故障，然后关闭放汽阀。

(2)接通电源开关使电热管加热，当压力表指针达到 0.05 MPa 时，打开放汽阀，排出锅内的冷空气使压力表指针降到 0，关闭放汽阀，使锅内压力上升。

(3)当高压锅内压力高于 0.11 MPa，温度达 121 ℃时，拉下电源，并开始计时。当压力降到 0.11 MPa，接通电源。如此反复，保持 0.11 MPa 压力灭菌约 20 min 。

(4)当灭菌时间达到 20 min 后，然后切断电源，缓缓打开放汽阀放汽，待高压锅压力表指针恢复到零后，开启压力锅并取出培养基，室温下冷却。

高压灭菌锅的放汽、加压有几种不同的做法，目的都是要使锅内物体均匀升温，排净空气，使压力与温度的关系相对应，保证灭菌彻底：

①打开放汽阀(安全阀总是关闭的)，煮沸 15 min 后再关闭；

②打开放汽阀煮沸至大量热蒸汽喷出再关闭；

③先关闭放汽阀，待压力上升到 0.05 MPa 时，打开放汽阀放出空气，再关闭。

在使用高压蒸汽灭菌锅时应注意以下几点：

(1)锅中应放足量的水，以免造成空烧或干烧；

(2)装锅时培养容器不要过度倾斜，以免培养基粘到瓶口或流出；

(3)装锅不可过满，使锅内具一定的空间，利于热蒸汽的上下回流，达到灭菌效果；

(4)增压前高压锅内的空气必须排尽，否则虽然压力能够达到要求，但温度达不到相应压力所对应的温度，并使锅内升温不均匀，影响灭菌效果；

(5)在高压蒸汽灭菌过程中，应尽量保持压力恒定，严格遵守灭菌时间，压力过高或时间过长会使培养基中的一些化学成分被破坏分解，影响培养基的有效成分，同时也易使培养基 pH 值发生较大幅度的变化，压力过低或时间过短则达不到灭菌效果；

(6)排气降压时应缓慢进行，否则会引起锅内培养基减压沸腾，导致溢出；

(7)只有待高压锅压力表指针恢复到零后，才能开启压力锅，以免产生危险；

(8)高压锅在工作过程中，应有专人看守，如发现异常情况，应及时采取措施，以免发生安全事故。

高压灭菌工作人员应严格按照高压锅操作规程进行灭菌操作，并如实填写高压灭菌锅工作记录单；准备室工作人员如实填写准备室工作人员计时登记表。

(二)外植体的选择与灭菌

1. 不同的培养目的和植物种类，所选择的外植体是不一样的。对无性系快速繁殖来说，多以顶芽或茎段比较适宜。

2. 清洗：将采集来的顶芽或茎段等外植体用浓洗衣粉水浸泡 5～10 min，自来水冲洗干净后备用。

3. 消毒：

(1)将冲洗好的顶芽或茎段剪取置烧杯内。将另一烧杯用70%酒精内外消毒一遍，并将自己的手也用70%酒精消毒干净后，连外植体及烧杯一并带入接种室内。

(2)将顶芽或茎段放入消毒好的烧杯中，倒入70%酒精浸泡30 s后，倒出酒精，倒入无菌水冲洗一遍后，捞出倒入0.1%升汞水中，消毒6～10 min。

(3)将消毒过的顶芽或茎段置无菌水中，振荡数次，再捞出至另一无菌水瓶中振荡冲洗，共5～6遍，沥干，置接种盘内。

4. 接种：

(1)将顶芽或茎段的大叶片切除不用，茎基部切除不用，保留茎尖或茎段5～10 mm备用。

(2)将切好的茎尖或茎段迅速用镊子接入培养瓶内，与培养基紧贴，每瓶培养基接种一个外植体。

5. 培养：

将本人接好的培养瓶取出并标记，全班培养瓶置黑暗条件下培养6 d，培养室内温度25～28 ℃，光照12 h/d条件下培养。

6. 观察：

将暗培养一周后的外植体置于光照下培养，观察培养结果，并将结果及时进行统计。

(三)无菌接种操作

植物组织培养无菌接种操作分为接种前的准备、接种及接种后的封口、记录等三个步骤。

1. 接种前的准备。接种人员在正式接种之前要做好准备工作，包括穿上工作服，戴上工作帽，用肥皂洗净双手，准备酒精灯、75%酒精、灭菌用纱布、接种工具，分取培养基，接种用苗和工作台灭菌等。

(1)酒精灯用95%酒精作燃料，而非75%酒精。工作台上供灭菌用纱布的酒精浓度为75%，用于喷雾降尘的酒精浓度为75%，浸泡接种工具的酒精浓度为95%。

(2)工作台灭菌包括两步：一是上台前用紫外灯照射30 min，二是正式接种前用70%酒精喷雾除尘，再用70%酒精纱布仔细擦一遍。

(3)接种盘的取放：从纸包里取出接种盘时，一定要注意，手不能接触接种盘的内边沿，同时要尽可能减少与接种盘的接触面，一般规定只能用双手的拇指和食指取放。

(4)接种工具灭菌也分两步，一是用灭菌纸包裹好，在高压锅里灭一次，这一步由灭菌人员负责完成；二是在工作台上，从纸包里取出后，先用70%酒精擦拭一下，再浸泡在95%酒精溶液中。每次接种前，先把接种工具放在酒精灯火焰上灼烤2遍，其要求是工具的每一点在火焰上灼烤时间不得少于5 s。在工具灭菌之前，工作人员的手部，包括手腕，都要用70%酒精仔细擦拭一遍。

2. 接(转)苗。包括取苗、切苗和接苗三步。

(1)取苗：先把培养瓶盖口对着风源放在酒精灯的左前方，然后把瓶口在酒精灯上烤7～10 s；正式取苗时，瓶口不要斜向外；一次取苗不可太多，以免风干。

(2)切苗：接种盘放在离风窗10～20 cm处，不可太往外；镊子和手术刀都不可太热，最好是凉的，且在操作过程中，刀和镊子都要在接种盘斜上方操作，不可在其正上方操作；在切苗过程中产生的垃圾可堆放在接种盘内的一侧位置上，若非迫不得已，不可弄到接种盘外。

(3)接苗：培养瓶盖的放置方法及瓶口灼烤方法与取苗时的相同，烤完瓶口后，要先倒掉瓶内多余的水分，然后再接苗；接苗时，镊子最好不要与瓶口接触，一瓶内一般接6～8丛苗，不要放得太多；组培苗在瓶内要排放均匀、整齐、美观。

3. 封口、记录。接完后，瓶盖要及时盖上，其松紧度以用手转不动为准；接种完后应及时填写接种室生产记录表、接种室工作人员填写接种室苗木抽查表、培养室工作人员如实填写培养室继代材料登记表和培养室生根材料登记表。离开之前还要把工作台收拾干净，把接种过程中产生的垃圾应及时清理掉，台上的物品也要摆放整齐。

(四)组培苗的移栽驯化

1. 练苗。将已生根的组培苗从培养室取出，放在自然条件下练苗7～10 d，然后打开瓶盖，再练苗1～2 d。

2. 基质灭菌。将黄心土、粗沙、蛭石或珍珠岩按一定的比例混合分别用聚丙烯塑料袋装好，用0.3‰高锰酸钾溶液淋透或用800～1 000倍百菌清、多菌灵、托布津溶液淋透灭菌。

3. 试管苗清洗。用镊子将试管苗轻轻取出，放入清水盆中，小心洗去根部琼脂，然后捞出，放入干净的小盆中。

4. 移栽。用竹签在基质上打孔，将小苗栽入育苗袋中，轻轻覆盖、压实。栽植深度以泥土盖过芽苗的出根部位为宜，随栽随淋水并覆盖薄膜、遮阳网保湿遮荫。

5. 记录。种植后注意控制好温度、湿度和光照强度，并将种植结果及时统计。

(五)组培年度生产计划的编制与管理

生产计划是根据市场需求和经营决策对未来一定时期的生产目标和生产活动所做的事前安排。根据市场供需情况制定出适宜的生产规模后，按照增殖率计算出需要多少个培养周期及相应的时间，来安排增殖、生根、炼苗、移栽等具体的生产计划。一般来说，工厂化生产试管苗的年增殖率(y)取决于一年内可繁殖几个周期(n)、每周期增殖的倍数(x)、无菌母株数(m)。

年增殖率 $y=m\times x^n$

实际年产苗数量＝全年出瓶苗数×移栽成活率

限制增殖的瓶数，并按具体情况定出增殖与生根的比例，使工作顺利进行。

存架增殖总瓶数(T)＝增殖周期内工作日天数(W)×每工作日需用的母株瓶数(S)

每天接种生根的株数便是今后每天出瓶苗数。

全年出瓶苗数(P)：

P＝全年总工作日×平均每工作日出瓶小植株数×(1－损耗率10％)

按公式计算的数字控制增殖总瓶数，可以使处于增殖阶段的苗子在1个周期内全部更新一次培养基，使苗子全部都处于不同生长阶段的最佳状态。

三、乌桕愈伤化组培技术研究

乌桕为异花授粉植物，通过基因重组、不同品种群间杂交，子代群体参差不齐，不同个体经济效益差异悬殊，扦插或嫁接等繁殖虽可保持原株优良特性，但繁殖系数较低，严重影响良种推广进程。采用组培快繁技术，可在短期内获得大量优良无性系试管苗，满足规模化造林对乌桕优质种苗的需求，具有重要意义。福建林业职业技术学院在2007—2008年，通过对比试验，探索乌桕适宜的愈伤化组培快繁技术，为乌桕优质种苗的工厂化生产提供技术储备。

(一)材料与方法

1. 试材来源与试验设计

试材来源　2007年4—5月从福建林业职业技术学院选育的乌桕优良无性系植株上采集萌蘖条(10～15 cm)作为组培研究材料。

试验设计　采用随机区组试验设计。外植体诱导试验包括3个处理，3次重复；愈伤组织诱导试验包括3个水平、9个处理，3次重复；不定芽诱导与增殖试验包括9个处理，3次重复，各处理、水平代号见表8-17。生根培养包括4个处理，3次重复(见表8-21)。

2. 试验处理

试验材料处理　从野外采集的材料较难消毒，尤其是木本植物。乌桕腋芽具有芽孢片，较易积聚各类杂菌，外植体消毒既要保证能彻底清除各种真菌、细菌，又不至于过度损伤材料。将取回的乌桕茎段在室内剪除叶片，自来水冲洗数次，用软毛刷蘸洗涤液仔细刷洗外植体表面，再在自来水下流水冲洗1～2 h，然后带进无菌操作室备用。

培养基　外植体诱导及分化、增殖基本培养基采用改良MS固体培养基(降低矿质元素浓度)，生根诱导采用1/2MS固体培养基。培养基中加入不同浓度水平的6-BA、2,4-D、IBA、NAA，添加琼脂0.7%、蔗糖3%，调整pH值为5.6～5.8。

接种　将消毒过的试验材料用无菌滤纸吸干表面水分后，接种于经121 ℃、1.1 $kg \cdot cm^{-2}$高温高压灭菌的诱导培养基上，暗培养1周后置于培养室内培养；将培养得到的愈伤组织团切成小块，接种在分化与增殖培养基上，诱导不定芽的形成；将形成的不定芽移至生根培养基上，培养完整植株。

培养条件　培养室内温度25 ℃±2 ℃，光照强度2 000～3 000 lx的培养，光照时数14 $h \cdot d^{-1}$。

3. 数据收集与分析方法

每隔10～15 d调查并记录不同处理下外植体、愈伤组织、不定芽、根系生长情况；对试验数据反正弦转换后进行方差分析，验明不同处理效果的差异显著性。

存活率%＝存活数×100/接种数　(1)

出愈率%＝愈伤组织形成数×100/(接种数－污染数)　(2)

分化系数＝不定芽总数/(接种愈伤组织团块数－污染块数)　(3)

表 8-17　不同处理、水平代号

外植体消毒对比试验		不同种类外植体、激素组合诱导愈伤组织试验					不定芽诱导、增殖试验		
代号	处理	代号	外植体类型	代号	6-BA 浓度 / $mg \cdot L^{-1}$	2,4-D 浓度 / $mg \cdot L^{-1}$	代号	6-BA 浓度 / $mg \cdot L^{-1}$	NAA 浓度 / $mg \cdot L^{-1}$
A_1	6%次氯酸钠溶液消毒 20 min 后 0.1%$Hgcl_2$消毒 8 min	B_1	幼嫩部分	C_1	0.1	0.5	D_1	0.5	0.1
				C_2	0.1	1.0	D_2	0.5	0.2
				C_3	0.1	2.0	D_3	0.5	0.4
A_2	0.1 %$Hgcl_2$消毒 15 min	B_2	中部未木质化部	C_4	0.5	0.5	D_4	1.0	0.1
				C_5	0.5	1.0	D_5	1.0	0.2
				C_6	0.5	2.0	D_6	1.0	0.4
A_3	0.1 %$Hgcl_2$分二次共消毒 15 min	B_3	中下部半木质化部	C_7	1.0	0.5	D_7	2.0	1.0
				C_8	1.0	1.0	D_8	2.0	0.2
				C_9	1.0	2.0	D_9	2.0	0.4

生根率%=生根芽苗数×100/(接种芽苗数-污染苗数)　　(4)

(二)结果与分析

1. 外植体诱导培养

不同消毒方法对外植体存活的影响　将材料按幼嫩程度分为幼嫩部分、中部未木质化部分、中下部半木质化部分等三类，分别剪成带1个腋芽的小节茎段，置于小烧杯中，进行了不同的消毒处理：(1)先用75%的酒精消毒后，转入6 %次氯酸钠溶液消毒20 min，无菌水冲洗2次，再转入0.1 %$Hgcl_2$消毒8 min，无菌水冲洗干净；(2)用75 %的酒精消毒后，直接转入0.1 %$Hgcl_2$消毒15 min，无菌水冲洗干净；(3)用75 %的酒精消毒后，转入0.1 %$Hgcl_2$分2次共消毒15 min，中间无菌水冲洗2次，消毒后再用无菌水冲洗干净。将不同消毒处理的外植体材料接种到添加了6－BA0.5 mg·L^{-1}＋2,4－D 0.5 mg·L^{-1}的MS固体培养基上，接种后10 d后统计不同消毒处理下外植体存活率(见表8-18)。对不同消毒处理下的存活率数据反正弦转换后进行方差分析(见表8-18)。分析结果表明，$F_A=19.63>F_{0.01(2,6)}=10.90$，不同消毒处理下的存活率差异达到极显著水平。

在三种不同的消毒处理中，以6 %次氯酸钠与0.1 %$Hgcl_2$溶液交替使用比单纯用0.1 %$Hgcl_2$消毒效果好，外植体褐化程度轻，存活率高。0.1 %$Hgcl_2$分2次消毒15 min效果次之，单纯用0.1 %$Hgcl_2$消毒15 min效果最差，存活率仅为29.17 %。6 %次氯酸钠20 min ＋0.1 %$Hgcl_2$8 min溶液交替消毒、0.1 %$Hgcl_2$分2次15 min消毒失活的接种体变黑色，大部分周围未见明显菌斑，并非感染细菌死亡；0.1 %$Hgcl_2$消毒15 min失活接种体周围50 %以上有明显的白色菌斑，说明消毒不彻底。结合以上分析，乌桕外植体宜用6 %次氯酸钠20 min ＋0.1 %$Hgcl_2$8 min溶液交替消毒。次氯酸钠、$Hgcl_2$均具有较强的细胞渗透能力，外植体消毒时间不宜太长，否则消毒液对组织细胞有明显的毒害作用，影响外植体存活。失活接种体主要是过于幼嫩的组织，细胞壁薄，消毒液容易渗透进细胞内部，对细胞内的活性物质造成伤害。因此，以幼嫩组织为诱导材料时，理论上应尽量缩短消毒时间，但缩短消毒时间往往导致消毒不彻底，影响消毒效果。所以，过于幼嫩的组织消毒时间长短不好把握。

表8-18　不同消毒方法对外植体存活影响试验结果统计及方差分析

消毒方法	接种数/个	存活数/个	存活率/%	方差分析			
				方差来源	方差	df	F值
A_1	120	93	77.50	消毒处理(A)	48.74	2	19.63
A_2	120	35	29.17	机误	2.48	6	
A_3	120	62	51.67				

注：df表示自由度，下表同。

外植体类别、激素组合对愈伤组织发生的影响　将3种不同外植体接种在9种不同激素组合培养基上，研究不同外植体、不同激素组合对愈伤组织生成的影响。接种后10 d左右外植体切口处开始肿胀并逐渐形成各种类型的愈伤组织。30 d后统计诱导情况，观察愈伤组织生长情况。不同种类外植体、激素组合愈伤组织发生结果统计见表 8-19。

从表 8-19 可知，试验平均出愈率为 69.7％，幼嫩部分外植体出愈率达到 87.5％，未木质化部分外植体出愈率达到 81.6％，半木质化外植体出愈率仅为 40.1％。方差分析结果表明，$F_B=21.26>F_{0.01(2,54)}=5.04$，不同外植体类型之间出愈率达到极显著的差异水平。但是，并非出愈率越高越好，还应该考虑愈伤组织质量。幼嫩部分、未木质化部分外植体的愈伤组织发生能力远比半木质化部分外植体强，但幼嫩部分外植体形成的愈伤组织生长过于旺盛，呈乳白色，质地松散，随着培养时间的延长易褐变、死亡，不易分化出不定芽；由未木质化部分诱导出的愈伤组织颜色呈黄白色，质地紧密，表面光亮。因此，外植体中部未木质化部分是理想的诱导材料。外植体在添加不同浓度的 6-BA、2，4-D 激素组合的改良 MS 基本培养基都能诱导形成愈伤组织，但诱导能力及效果存在较大差异，出愈率变动范围为 39.1 ％～93.3 ％。方差分析结果表明，$F_C=54.59>F_{0.01(8,54)}=2.86$，不同激素组合下出愈率差异达到极显著水平。$C_5$、$C_6$、$C_9$ 等 3 种激素组合出愈率分别为 88.5％、93.3％、89.1％，均在 80％以上。C1 激素组合出愈率最低，仅为 39.1 ％。从试验结果看，6-BA、2，4-D 激素对乌桕的愈伤组织的生成有较大的促进作用。虽然 C_6、C_9 二种激素组合的出愈率较 C_5 高，但其愈伤组织增殖过快，形成乳白色松散的愈伤团，品质反而比激素组合 C_5 差，可能是 2，4-D 用量过大刺激外植体组织高度脱分化和未组织化的细胞生长过旺所致。因此，乌桕外植体诱导培养以 6-BA0.5 mg·L^{-1}＋2，4－D1.0 mg·L^{-1} 激素组合效果最好，不仅有较高的愈伤组织诱导频率，且能保证愈伤组织的诱导质量。$F_{B\times C}=3.52>F_{0.01(16,54)}=2.35$，外植体类型与激素组合之间交互作用达到极显著的差异水平，说明不同的外植体类型在不同激素组合中的愈伤组织诱导率存在极显著差异，选择适宜的外植体类型和适宜的激素组合，将极大提高愈伤组织诱导效果。

综上分析，乌桕用于愈伤组织诱导的外植体宜选用去除幼嫩部分后未木质化部分的材料，改良 MS 基本培养基内添加 6-BA0.5 mg·L^{-1}＋2，4－D1.0 mg·L^{-1} 可获得理想愈伤组织诱导效果。

2. 不定芽诱导与增殖培养

将结构致密的黄白色愈伤组织团分切成 0.5 cm 左右小块接种到不定芽诱导与增殖培养基中。培养基选用改良 MS 为基本培养基，在培养基内添加不同浓度的 6-BA 与 NAA 激素组合，以促进组织分化和不定芽的形成。每种培养基接种 50 块愈伤组织块。30 d 后调查不同培养基的不定芽分化数，统计及方差分析结果见表 8-20。由表 8-20 可知，培养基中添加 6-BA 与 NAA 激素组合可有效促进愈伤组织团块分裂增殖并分化不定芽。不同激素浓度组合下的不定芽的分化系数变动范围为 1.30～4.68，变动幅度较大。表 5-12 方差分析结果表明，$F_D=6.33>F_{0.01(8,18)}=3.71$，不同激素浓度组合下不定芽分化系数存在极显著水平的差异。诱导与增殖培养需要较高水平的细胞分裂素，其中，6-BA 是最普遍使用的有效的细胞分裂素，本试验中，不定芽分化系数随着 6-BA 浓度的增加而增加，当 6-BA 浓度增加到 2.0 mg·L^{-1} 时，不定芽分化系数均达 3.0 以上。生长素 NAA 对不定芽的伸长生长有明显的促进作用，但同时抑制了不定芽的分化与增殖。试

表 8-19　不同种类外植体、激素组合诱导愈伤组织试验结果统计分析

试验结果统计							试验结果方差分析			
代号	出愈率/%	代号	出愈率/%	代号	出愈率/%	平均	方差来源	方差	df	F 值
B_1C_1	63.6	B_2C_1	49.2	B_3C_1	4.6	39.1	外植体种类(B)	462.52	2	21.26 **
B_1C_2	78.4	B_2C_2	68.8	B_3C_2	10.2	52.5	激素组合(C)	1 187.81	8	54.59 **
B_1C_3	87.5	B_2C_3	85.6	B_3C_3	8.7	60.6	外植体、激素组合交互作用(B×C)	76.67	16	3.52**
B_1C_4	92.4	B_2C_4	85.5	B_3C_4	36.8	71.6				
B_1C_5	94.5	B_2C_5	90.3	B_3C_5	80.7	88.5		机误	21.76	54
B_1C_6	95.2	B_2C_6	94.4	B_3C_6	90.4	93.3				
B_1C_7	86.7	B_2C_7	78.8	B_3C_7	16.4	60.6				
B_1C_8	94.6	B_2C_8	88.9	B_3C_8	32.8	72.1				
B_1C_9	94.8	B_2C_9	92.6	B_3C_9	80.6	89.3				
平均	87.5	平均	81.6	平均	40.1	69.7				

注:表内统计数据已将污染数除外;* * 表示差异达到极显著水平,下表同。

验结果表明，不定芽的分化与增殖培养以较高浓度的6-BA与较低浓度的NAA组合为宜，本试验使用的6-BA与NAA激素组合中，以6-BA2.0 mg·L^{-1}+NAA0.1 mg·L^{-1}组合效果最佳，分化系数达4.68，且芽苗生长健壮，有利于下一步的生根培养。6-BA 2.0 mg·L^{-1}+NAA0.2 mg·L^{-1}组合和6-BA 2.0 mg·L^{-1}+NAA0.4 mg·L^{-1}组合虽然分化系数均达到4.0以上，但由于NAA浓度太高，芽苗节间长度大，较6-BA 2.0 mg·L^{-1}+NAA0.1 mg·L^{-1}组合的芽苗纤细瘦长。

表 8-20　不同激素浓度组合诱导不定芽试验结果统计分析

试验结果统计				方差分析			
代号	分化系数	代号	分化系数	方差来源	方差	df	F值
D_1	2.02	D_6	1.92	激素、浓度组合	48.52	8	6.33**
D_2	1.72	D_7	4.68	机误	7.66	18	
D_3	1.30	D_8	4.13				
D_4	3.36	D_9	4.04				
D_5	2.74						

3. 生根培养

将诱导发生的健壮不定芽切下，接种到不同激素组合的生根诱导培养基上。生根培养选用1/2MS作为基本培养基，附加不同浓度的IBA、NAA等生长激素，30 d后统计生根情况。统计及方差分析结果见表8-13。由表8-13可知，四种培养基都能诱导不定芽长根，但生根率及生根质量存在较大差异。IBA与NAA搭配使用，能有效促进芽苗生根，但NAA含量高的K_3(IBA 1.0 mg·L^{-1}+ NAA 0.4 mg·L^{-1})、K_4(NAA 0.5 mg·L^{-1})处理诱导根数少，分支少或无分支。不同生长激素组合类型生根率变动范围为63.3%～91.7%，方差分析结果表明，FK=36.31>F0.01(3,8)=7.59，不同生长激素组合下芽苗生根率差异达到极显著水平，在不同的生长激素组合中筛选最佳生长激素组合，对提高生根率具有重要意义。IBA对根条数增加、根尖伸长、须根萌发有促进作用，NAA则有抑制根萌发，促进根长粗的作用。在试验使用的激素组合中，以IBA 0.5 mg·L^{-1}+NAA0.2 mg·L^{-1}诱导生根效果最佳，生根率达91.67%，且根数适中，较粗壮，具有一定的分支。

表 8-21　不同生长激素诱导不定根试验结果统计及方差分析

试验结果统计				方差分析			
代号	激素组合/mg·L^{-1}	生根率/%	平均根条数及生长情况	方差来源	方差	df	F值
K_1	0.5IBA	70.0	4.8，根细，分支多	生长激素	418.33	3	36.31**
K_2	0.5 IBA+0.2 NAA	91.7	4.2，根粗，分支中	机误	18.52	8	
K_3	1.0 IBA+0.4NAA	86.7	2.4，根粗，分支少				
K_4	0.5NAA	63.3	2.1，根粗，无分支				

4. 炼苗及移栽

组培苗长期在具有优越的温、湿、光条件的培养室生长，且处于无菌状态，比较幼嫩，抵抗力差，如直接移栽，难以适应自然状态下的环境变化，影响成活率，因此，炼苗是组培生根苗移栽前的必要环节。当根长到 2 cm 左右时，将生根组培苗从培养室移入温室内炼苗。经过 3～5 d 的温室炼苗后，打开瓶盖，再炼苗 1～2 d，然后小心取出，洗净根部附着的培养基，移植于经过消毒的珍珠岩、蛭石混合基质中，移栽后浇透水，覆盖塑料薄膜和 75 %遮阳网保温保湿，温度控制在 23～26 ℃，相对湿度 90%以上。1 周后，可揭开薄膜，喷 25%多菌灵溶液杀菌。经过 30 d 精心培育，小苗平均成活率达 90%以上。

(三)结果与讨论

乌桕是福建省优良乡土园林树种和油料能源树种，具有种子产量和含油率高、种粒大、适应性强等优点，适合于退耕返林地、四旁绿化地等非规划林地造林。乌桕组培外植体采用 6 %次氯酸钠与 0.1 %$Hgcl_2$两种消毒溶液交替使用，可有效降低外植体污染率；以乌桕优良单株基部萌蘖条中部未木质化茎段作为外植体，在改良 MS＋6-BA0.5 mg・L^{-1}＋2,4－D1.0 mg・L^{-1}培养中可诱导形成质地致密的愈伤组织团，出愈率高；在改良 MS＋6-BA2.0 mg・L^{-1}＋NAA0.1 mg・L^{-1}培养基中，不定芽分化与增殖效果最佳，分化系数达 4.68，1/2MS＋IBA0.5 mg・L^{-1}＋ NAA0.2 mg・L^{-1}为最佳生根培养基，生根率达 91.67%。

乌桕茎段切口处易分泌乳白色汁液，接种到诱导培养基后容易引起接种体褐变死亡。试验中，我们除采取暗培养外，在培养基中同时加入半胱氨酸、核黄素等抗氧化剂来抑制褐化现象的发生，效果良好。移栽初期，要控制好温度、湿度，温度太高或太低，湿度太低均不利于小苗成活，要注意病虫害防治，特别是病害的发生，如发现有病死植株，应及时拔除。韩珊、石大兴等对红叶乌桕茎段离体培养研究结果表明，NAA 对红叶乌桕芽苗生根促进作用明显，生根效果甚至比 NAA、IBA 配合使用效果更佳，与本研究结论不一致，可能是红叶乌桕、乌桕间的遗传差异和基本培养基不同造成。乌桕品种很多，由于遗传基础差别较大，不同品种、不同无性系对愈伤组织诱导、不定芽诱导和生根诱导的不同激素组合的反应可能存在差异，有待于进一步的研究。

第八节　苗木生产经营管理

一、覆盖与撤除覆盖物

1. 覆盖

播种盖土后畦面一般需要覆盖目的是减少水分蒸发，保持土壤湿润，同时减少浇灌时水流对畦面土壤的冲刷，保持土温，促进种子萌发。覆盖材料可以就地取材，一般用稻草、麦杆、茅草、苇帘、松针、锯末、谷壳、苔藓等。覆盖材料不要带有杂草种子和病原菌，覆盖厚度以不见地面为度。也可用地膜覆盖或施土面增温剂。覆盖材料要固定在苗床上，防止被风吹走、吹散。

2. 撤除覆盖物

种子发芽后，要及时揭去覆盖物。有60%～70%的种子在子叶展开后应将覆盖物揭去，以免幼苗徒长。同时仍然要保持基质的湿度，从而使未发芽的部分种子的子叶从种壳中成功伸出。撤覆盖物最好在多云、阴天或傍晚。阴性树种，如竹柏等，应在覆盖物揭除外，及时搭弓棚并上覆50%左右的遮阳网。

二、遮荫

一些树种幼苗时组织幼嫩，对地表高温和阳光直射抵抗能力很弱，容易造成日灼，幼苗受害，因此需要采取遮荫降温措施。遮荫同时可以减轻土壤水分蒸发，保持土壤湿度。遮荫方法很多，主要是苗床上方搭遮荫棚，也可用插枝的方法遮荫。

三、松土除草

在由灌溉、施肥、雨水冲击等原因引起的土壤板结和圃地有杂草的情况下，需要及时松土除草。幼苗出齐后即可进行松土除草。撒播苗不便除草和松土，可将苗间杂草拔掉，再在苗床上撒盖一层细土，防止露根透风。

四、化学除草剂使用技术

1. 施药器械

(1)喷雾器　一般的农用背式喷雾即可，容易控制喷雾量、掌握喷雾位置，适合在有苗地作业。

(2)微量喷雾器　一般是动力喷雾装置，可均匀喷洒微量药液，适合在有苗地作业。

(3)高压喷雾机　由储液罐、压缩机、动力机械和行走装置如拖拉机等四部分组成，能形成高压水雾，适合在空阔地、播后苗前苗床使用。

(4)喷粉器　一般的农用喷粉器，适用于荒地、休闲地、播后苗前苗床。

(5)其他器械　畜力或机械施药、松土工具，用于施药、拌土等，适用于行距较大的大苗地。

所有的施药器械最好专用，犁耙等用后要及时清洗，防止再作他用时伤害苗木。

2. 施药时期

春季第1次施药，一般在杂草种子刚萌发、出芽时，除草效果好。播种苗床可在播后苗前施药，移植苗床可在缓苗后施药，留床苗可在杂草发芽时施药。

3. 用药量

根据苗木种类、除草剂的种类、杂草种类及环境状况，参考小面积试验取得的数据和他人使用经验，严格掌握用药量。用药量是指单位面积的药量，与施药时的载体关系不大，但载体量小，施药不均匀；载体量大，施药工作量大。防止载体量少，未施完规定的面积造成用药过量。

4. 使用方法

(1)浇洒法　适用于水剂、乳剂、可湿性粉剂。先称出一定数量的药剂，加少量水使之溶解、乳化或调成糊状；然后加足所需水量，用喷壶或洒水车喷洒苗床和道路。加水量的多少，与药效关系不大，主要看喷水孔的大小而定。一般每亩用水量约为 400 千克左右。

(2)喷雾法　适用剂型和配制方法同浇洒法，不同点是用喷雾器喷药。每亩用水量比浇洒法少，约 50 千克左右。喷洒苗床和主、副道。

(3)喷粉法　适用于粉剂，有时也用于可湿性粉剂。施用时应加入重量轻、粉末细的惰性填充物，再用喷粉器喷施。多用于幼林、防火线和果园，亦可用于苗圃地。

(4)毒土法　适用于粉剂、乳剂、可湿性粉剂。取含水量 20%～30%的潮土(手捏成团，手松即散)，过筛备用，称取一定数量的药剂，先加少许细土，充分搅匀，在加适量土(一般每亩 20～25 千克)，粉剂可直接拌土；用乳剂可先加少量水稀释，用喷雾器喷在细土上拌匀撒施，但应随配随用，不宜存放。

(5)涂抹法　适用于水剂、乳剂、可湿性粉剂。将药配成一定浓度的药液，用刷子直接涂抹意欲毒杀的植物。一般用来灭杀苗圃大草、灌木和伐根的萌芽。

(6)除草剂的混用　有些除草剂之间，除草剂与农药、肥料可以混用，混用可以减少劳动工作量，发挥除草剂的效力。但混用要谨慎，特别是与农药和肥料混用更应慎重，不要图省事，忽略了除草剂的药害。多种除草剂的混用，可同时防除多种杂草，提高除草效率。但混用首先要考虑药剂能否混合，有没有反应，混合后药物是否有效、有害。其次是考虑除草剂的选择性，如果混合后既能杀死单子叶杂草，又能消灭阔叶杂草，还能保证苗木不受危害，这种混合是成功的，否则是失败的。应根据除草剂的化学结构、物理性质、使用剂量、剂型及选择性进行试验，选出适合某种或某类苗木的除草剂混合及混合比例。

五、灌溉

1. 合理灌溉

应把握五个时机：一是苗木播种前灌水。此时灌水应观察土壤是否湿润，视墒情灌水。首次水一定要灌足。二是苗木出齐后灌水。此时灌水不宜过大，以保持圃地湿润、提高地温为原则。三是苗木追肥后灌水。此时灌透水，不仅能防止苗木产生肥害，而且能使肥料尽快被苗木吸收。四是苗木封头后灌水。此时灌水有利于提高苗木地径，延长落叶时间。五是苗木冬眠后灌水。此时灌水既能保护苗木根系，使之继续吸收营养，又能渗透于土壤中，使苗木不被冻伤。

2. 灌溉方法

(1)侧方灌溉　适用于高床和高垄作业，水从侧面渗入床、垄中。侧方灌溉优点是土壤表面不易板结，灌溉后保持土壤的通气性；缺点是用水量大，床面宽时灌溉效率较低。

(2)畦灌　一般用作低床和大田平作，在地面平坦处进行省工、省力，比侧方灌溉省水。缺点是易破坏土壤结构，造成土壤板结，地面不平时造成灌溉不均匀，影响苗木正常生长。

(3)喷灌　喷灌与降雨相似,有固定式和移动式两种。喷灌省水、便于控制水量,灌溉效率较高;减少渠道占地面积,对地面、床面平展要求不严,土壤不易板结。缺点是灌溉受风力影响较大,风大时灌溉不均;容易造成苗木"穿泥裤"现象,影响苗木生长;基本建设投资大,设备成本高。

(4)滴灌　滴灌是新的灌溉技术,它是通过管道的滴头把水滴到苗床上。滴灌让水一滴一滴地浸润苗木根系周围的土壤,使之经常处于最佳含水状态,且又非常省水。缺点是管线投资大。

六、间苗与定苗

间苗的原则是"适时间苗,留优去劣,分布均匀,合理定苗"。间苗分次进行,一般二次。阔叶树第一次间苗一般在幼苗长出3～4片真叶,相互遮荫时。第一次间苗后,比计划产苗量多留20%～30%。第二次间苗一般在第一次间苗后的10～20天。间苗后应及时灌溉,防止因间苗松动暴露、损伤留床苗根系。

第二次间苗可与定苗结合进行,确定保留的优势苗和苗木密度,也即是确定了单位面积苗木的产量,定苗时的留苗量可比计划产苗量高6%～8%。

七、合理追肥

1. 土壤追肥

一般采用速效肥或腐熟的人粪尿。苗圃中常见的速效肥有草木灰、硫酸铵、尿素、过磷酸钙等。施肥次数宜多但每次用量宜少。一般苗木生长期可追肥2至6次。第一次宜在幼苗出土后1个月左右,以后每隔10天左右追肥1次,最后一次追肥时间要在苗木停止生长前1个月进行。

2. 根外追肥

根外追肥是将液肥喷雾在植物枝叶上的施肥方法。植物需要量不大的微量元素和部分速效化肥,根外追肥效果好,既可减少肥料流失又可迅速见效。进行根外追肥时,应注意选择适当的浓度。总的原则是薄肥勤施。一般微量元素浓度采用0.1%～0.2%;一般化肥浓度采用0.2%～0.5%。

第九章 油料能源树种造林技术

第一节 造林整地

造林地的整地，又称造林整地，就是在造林之前，清除造林地上的植被、采伐剩余物或火烧剩余物，并以翻垦土壤为重要内容的一项生产技术措施。通过整地，可以改善造林的立地条件、清除灌木、杂草和采伐剩余物。在造林前后的一段时间里，增加直接投射到地面的透光度；还可以改变小地形，使透光度增加或减少。整地清除了地表植被，增加透光度，因而在白天地表层的温度要比有植被覆盖时上升得快，整地后改变了土壤物理性，使土壤温度状况发生变化。整地还能调节土壤水分状况，只要整地方法得当，整地季节适宜，通过整地可以使干旱、半干旱地区造林地墒情改善，使有多余水分的低湿地水分排除。因为整地改变了土壤水分、温度和通气状况，有利于土壤微生物活动，加速营养物质的分解，促进可溶性盐类的释放和各种营养元素有效化。整地还可以使腐殖质及生物残体分解加快，增加土壤养分的转化和积蓄。因而，能提高造林成活率及使幼林的生长情况显著改善。整地还能保持水土、减免土壤侵蚀，同时也有利于造林施工，提高造林质量。

一、林地清理

造林地的清理，是翻耕土壤前，清除造林地上的灌木、杂草等植被，或采伐迹地上的枝丫、伐根、梢头、倒木等剩余物的一道工序。如果造林地植被不很茂密，或迹地上采伐剩余物数量不多，则无需进行清理。清理的主要目的，是为了清除森林病虫害的栖息环境，便于整地，造林等作业。

(一)割除法清理

对造林地上幼龄杂木、灌木、杂草等植被，采用人工或机械(割灌机)进行全面、带状或块状方式割除，然后堆积起来任其腐烂或搬出利用的清理方法。

1. 全面清理

适用于杂草茂密、灌木丛生或准备进行全面翻垦的造林地。这种清理方式工作量大，增加造林成本，但便于小株行距栽植，机械割除。

2. 带状清理

适用于疏林地、低价林地、沙草地、陡坡地以及不进行全面翻垦的造林地。带宽一般1～2 m，较省工，但带窄时不便于使用机械。我国华北石质荒山常采用带状人工割除，将割除物置于未割除带上任其腐烂。

3. 块状清理

适用于地形破碎,不宜进行全面土壤翻垦造林地。较灵活,省工,常在造林前清理。块状清理的作用虽较小,但因有利于防止水土流失,因此,在生产上应推广使用。

(二)火烧法清理

将灌木、杂草砍倒晒干,于无风阴天,清晨或晚间点火烧除的清理方法,多为全面清理。适用于灌木,杂草比较茂密的造林地。

福建省山地杂草灌木较多,常采用劈山和炼山的火烧清理方法,即把造林地上的杂草、灌木或残留木等全部砍下(劈山),除运出利用的小材小料外,余下的晒干点火燃烧(炼山)。

1. 劈山

劈山的季节各地不同,一般以盛夏7—8月间较为适宜。这一时期,杂草灌木生长旺盛,地下部分所积累的养分较少,劈除后可抑制其再生能力;杂草种子尚未成熟,易于消灭;此时阳光强烈,杂草灌木砍倒后易于干燥。

2. 炼山

一般在劈山后1个月左右,杂草灌木适当干燥后进行。炼山之前应将周围的杂草灌木适当向中间堆积,打出8～10 m的防火线,并选择无风阴天,从山的上坡点火,群众称为"烧坐火",周围必须有人看管,严防走火成灾。

以往关于火烧清理的利弊争论主要体现在火烧后土壤肥力、土壤物理性质及水土保持方面。目前对火烧清理的副作用有更深入的研究,如火烧清理法可能不利于保持物种的多样性,包括土壤微生物的类群、数量等。在生产实际中,人们使用火烧清理法,主要在于它具有简单易行,费用较低的优点。因此,就目前的经济技术条件而言,火烧清理看来很难完全摒弃不用,重要的在于如何合理控制其使用范围和条件,避免大面积炼山。

(三)化学药剂清理

采用化学药剂杀除杂草、灌木的清理方法。这是近年来发展起来的高效、快速的新方法。化学药剂清理灭草效果好,有时可达100%,而且投资少,不易造成水土流失,如林地清理常用的化学除草剂有2,4-D、五氯酯钠、西玛津及氨基硫酸钠、亚硝酸钠、氯酸钠等,但在干旱地区药液配制用水困难,有的药剂可能会造成环境的污染,对生物的毒害作用。目前我国应用不多。

二、整地方法和质量要求

造林地的整地指的是造林前翻耕林地土壤的工序。其的是为了改善造林地环境条件,提高造林成活率,促进幼林生长,因此,正确、细致、适时地进行整地,是实现人工林速生丰产的基本措施之一。

(一)整地方法

造林整地和农耕地整地不同。首先,造林地种类多种多样,地域广,面积大,自然条件复杂,立地类型不一。这就决定了整地任务的艰巨性和方法的多样性。由于经济条件的限制,通常只能进行局部整地。其次,林木生长周期长,一般是培育一代只整地一次,这就要求整地的质量要高,作用的时间要长,效果要好。

1. 全面整地

全面翻垦造林地土壤,主要适用于平原,无风蚀的沙荒地和坡度15°以下,水土流失轻微的缓坡地,以及林农间作或用来营造速生丰产林的造林地。翻垦深度一般在25 cm以上。全面整地幼林生长的效果好,但全面整地用工较多,成本高,有条件的地方可使用机械进行全面整地。但山地造林,全面整地易造成水土流失,因此不提倡全面整地。

2. 带状整地

呈长条状隔带翻垦造林地的土壤,在整地带之间保留一定宽度的不垦带。此法改善立地条件的作用较好,有利于水土保持,便于机械化作业,带状整地适用于平原地区水分较好的荒地,风蚀危害较轻的沙地,坡度平缓或坡度虽大、但坡面平整的山地,以及伐根数量不多的采伐迹地和林中空地等。一般带状整地不改变小地形,如平地的带状整地及山地的环山水平带整地。为了更好地保水保肥促进林木生长,在整地时也可改变局部地形,如平地可采用犁沟整地、高垄整地。山地则可采用水平阶、水平沟、反坡梯田、撩壕等整地方法。

3. 块状整地

即在栽植点周围进行块状翻垦造林地土壤。它不受地形条件限制,省工,成本低,是目前普遍采用的整地方法,广泛应用于山区,丘陵或平原、沙荒、沼泽地等。

块状整地面积大小,应根据立地条件、树种特性、苗木规格而定:植被稀疏、土质地疏松,并采用小苗造林,整地规格可小些;反之,宜稍大些。一般边长或穴径都在0.3～0.5 m。

块状整地通常在山地有穴状,鱼鳞坑等整地方法;在平原有坑状,高台等整地方法。

此外,在土层浅薄,岩石裸露,过于贫瘠的石质山地,或土壤较差的平地或山地,可采用客土整地的方法,从其他地方取肥土堆入种植穴内。

(二)造林整地的技术规格的确定

为了保证整地效果,利于幼林生长,除了因地制宜地选择整地方法外,还要强调整地的质量要求,尤其应保证整地深度、宽度和断面形式的规格质量。

1. 整地深度

整地深度是整地各种技术中最重要的一个指标。确定整地深度时,应考虑地区的气候特点、造林地的立地条件、林木根系分布的特点、经济和经营条件等方面。一般来说,在干旱地区、阳坡、低海拔、水肥条件差的地方,深根性树种或速生丰产林,经营强度较大时,整地深度宜稍大,通常在50 cm左右。相反,可适当小些。但整地深度的下限,应超过造林常用苗木根系的长度,一般为20～30 cm。

2. 破土宽度

局部整地时的破土宽度,应以在自然条件允许和经济条件可能的前提下,力争最大限度地改善造林地的立地条件为原则。具体应根据发生水土流失的可能性,灾害性气候条件,地形条件,植被状况以及树种要求的营养面积和经济条件等综合考虑。在风沙地区和山区,容易发生风蚀和水蚀,整地宽度不宜过大,但还应综合考虑其他条件,如山区坡度不大,杂灌木高大茂密,在经营条件可能的情况下,破土宽度可较大。

3. 断面形式

断面形式是指破土面与原地面(或坡面)所构成的断面形式。一般多与造林地区的气候特点和造林地的立地条件相适应。在干旱地区,破土面可低于原地面(如水平沟、坑状整地等),并与地面成一定角度,以构成一定的积水容积。在水分过多地区,破土面可高于原地面(如高垄、高台整地等)。介于干旱和过湿类型之间的造林地,破土的断面也应采用中间类型(如穴状、带状等整地)的形式。

此外,整地时应捡尽松土范围内的石块、草根,地埂或横埂要修得牢固,肥沃的表土要集中在预定的种植点附近等。

造林整地(包括清理)是一项相当繁重的工作,整地的费用在造林总开支所占的比重也很大。因此,为了减轻劳动强度,降低造林成本和提高劳动生产率,需要不断地进行整地工具的改革,逐步实现机械作业,如我国北方使用较多清理机械,如DG2型、DG3型割灌机及FBG-13型软油割灌机;整地机械主要有:ZB-3型穴状整地机、ZW-5型和FW-5型挖坑机等。造林设备如移植桶、北美机械植苗钻等,但在山地采用机械整地的经验还不多,有待于进一步研究发展。

三、造林整地的季节

整地的时间是保证发挥整地效果的重要环节,一般来说,除冬季土壤封冻期外,春、夏、秋三季均可整地,但以伏天为好,既有利于消灭杂草,又有利于蓄水保墒。从整个造林过程来看,一般应做到提前整地,这样有利于土壤充分熟化,杂草灌木根系充分腐烂,增加土壤有机质,改善土壤结构,调节土壤水分状况,发挥较大的蓄水保墒作用,提高造林成活率。同时也便于安排劳力,及时造林,不误林时。提前整地,最好是在整地和造林之间有一个较多的降水季节,如准备秋季造林,可在雨季前整地;准备春季造林,可在头年雨季以前或至少也要在秋季整地。因此,提前整地一般是提前1～2个季节,但最多不超过一年,在实际工作中,进行群众性造林时,整地时间最好与农忙错开。

有风蚀的沙荒地,过早整地易遭风蚀,所以应随整随造。一些新的采伐迹地,土壤疏松湿润,只要安排得好,也可以随整随栽。

第二节　造林方法

种植技术的好坏,同幼树的成活和生长关系很大。在造林的时候,要正确掌握种植技术，切实保证造林质量。现将能源林建设中常见的造林方法介绍如下。

一、植苗造林

植苗造林也称植树造林或栽植造林。即用苗木栽植在造林地上，使其生长成林的方法。目前，能源林的营建主要采用这种造林方法。

(一)植苗造林的特点和应用条件

植苗造林的优点是苗木具有完整的根系，生理机能旺盛，栽植以后容易恢复生长，对不良环境条件有较强的抵抗力，生产较稳定，幼林郁闭早，可缩短抚育年限。另外，使用的苗木经过苗圃培育，便于集约管理，节省种子。但植苗造林工序较复杂，费用较大，特别是带土大苗栽植。

植苗造林工作几乎不受树种和立地条件限制，是一种应用最普遍，效果较好的造林方法。尤其在干旱、水土流失或杂草繁茂、冻害和鸟兽害比较严重的地方，植苗造林都是一种比较安全可靠的造林方法。

(二)植苗造林的技术要点

1. 苗木的准备

(1)苗木种类

木质能源树种植苗造林使用的苗木，主要为播种苗(实生苗)；油料能源树种植苗造林使用的苗木，有播种苗、营养繁殖苗等。

(2)苗木标准

苗木标准包括苗木年龄和苗木品质等几个方面。苗龄大小关系到苗木的适应性和抗逆性，植苗造林所用苗龄的大小，取决于树种的生物学特性、造林地立地条件和苗木生长情况等。山地大面积造林一般多采用1～2年生小苗，因小苗的育苗、起苗、运苗、栽植都比较省工，在起苗过程中根系损伤也少，栽植过程中容易做到根系舒展，苗木地上和地下部分的水分易于平衡，因此，造林成活率高，生长也比较好。但小苗对杂草及干旱的抵抗力较弱，栽后需加强抚育保护工作。在立地条件差的地区造林，用较大的苗木比较适宜。

苗木品质是使用良种培育的符合标准的壮苗。这是保证造林成活、成林、成材的基础。用来造林的苗木，除应具有优良的遗传品质外，还必须是优质的标准壮苗。造林树种不同，其壮苗要求也不一样。目前，油料能源树种的壮苗标准尚未制定。

(3)苗木的保护和处理

植苗造林成活的关键在于苗木体内的水分平衡。如果苗木失水过多，生理机能就会受到破坏，栽植后就不易成活。因此，必须在从起苗到栽植的过程中保护好苗木，尤其是要把苗木的根系保护好，不让它受损伤和干燥。这就要求尽量缩短从起苗到栽植的时间，使起苗与造林紧密衔接。最好是随起随栽，当天起当天栽。在苗木的运输过程中，要保持苗根湿润，不受风吹日晒。运到造林地后，要及时栽植或假植。如果假植时土壤干燥，要适量喷水。从假植沟中取出的苗木，应放到有湿润草的盛苗器中，并加覆盖，及时栽植。

同时，应在栽植前，对不同树种的苗木地上部分可采取截干、修枝、剪叶等方法处理；地下部分可采用修根、浸水、打泥浆等方法处理。还可采用一定浓度的食盐水、草木灰水、尿素、磷肥等浆根，对成活生长具有一定的效果。

2. 造林季节

造林是季节性很强的一项工作，造林季节适宜，有利于苗木恢复生长，提高造林成活率。最合适的栽植季节，应该是种苗具有较强的发芽生根能力，而且易于保持苗木体内水分平衡的时期，即苗木地上部分生长缓慢或处于休眠期，苗木茎叶的水分蒸腾量最少，根的再生能力最强的时候。同时，外界环境应是无霜冻、气温低、湿度大，适合苗木生根所需要的温度和湿度条件。此外，还要考虑鸟、兽、病、虫危害的规律及劳力情况等因素。我国地跨寒、温、热三个地带，各个地区地形、地势不同，小气候千差万别，再加上造林树种繁多，特性各异，因此，在确定造林季节时，必须因地因树制宜。

春季气温回升，土温增高，土壤湿润，有利于苗木生根发芽，造林成活率高，幼林生长期长，是福建省主要造林季节。春季造林宜早，在福建省的大部分地区，立春后就可以开始造林。早春，苗木地上部分还未生长，而根系已开始活动，所以早栽的苗木早扎根后发芽，蒸腾小易成活。但早春时间短，为抓紧时机，可按先栽萌动早的树种，后栽萌动迟的树种；先低山，后高山；先阳坡，后阴坡；先轻壤土，后重壤土的顺序安排造林。

秋季气温逐渐下降，土壤水分状态较稳定。苗木落叶生理活动低，地上部分蒸腾大大减少，而在一定时期内，根系尚有一定活动能力，栽后容易恢复生机，来春苗木生根早，有利于抗旱。因此，在春季比较干旱，秋季土壤湿润，气候温暖，鼠兽等动物危害较轻的地区，可以秋季栽植。但秋植不可过早或过迟，过早树叶未落，蒸腾作用大，易使苗木干枯；过迟则土壤冻结，不但栽植困难，而且根系未能完成恢复生根过程，对栽植成活不利。在秋冬雨雪少或有强风吹袭的地区，秋季栽植萌蘖力强的阔叶树种多采用截干栽植，能提高成活率。

在天气不分寒冷干燥的南方地区，冬季土壤冻结或结冻期很短，可进行植苗造林，它实际上是春季造林的提前或秋季造林的延续。因此，湿润的地方，除冬季存在严寒和土壤干燥时期应停止造林，一般从秋末到早春期间均可栽植。

造林季节确定后，还要选择合适的天气。一般多选择雨前、雨后、阴雨天进行植苗造林，避免在刮西北大风、南风天气造林，因这种天气气候干燥，蒸腾量大，造林成活率低。晴天造林，应尽量避免在阳光强烈，气温高的中午造林。

（三）栽植方法

植苗造林可分为裸根苗栽植和带土苗栽植两大类。大面积栽植主要采用裸根苗。

1. 裸根苗栽植

即苗木根部不带土的栽植方法。目前，除部分平原地区，草原和沙地采用机械化植苗外，大部分地区多用手工栽植。手工栽植常用的方法有穴植法、靠壁栽植和缝植等方法。

（1）穴植法　即在经过整地的造林地上挖穴栽植。它是生产上应用最普通的一种方法。常用于栽植侧根发达的苗木。栽植前，应认真挖好栽植穴，表土和心土分别放置。栽植时根系放入穴中，使苗根舒展，苗茎挺直，然后填入肥沃表土，细土，当填到穴的 2/3 时，将苗木稍向上轻提一下，使苗根伸直，防止窝根和栽植过深。然后踩紧，再将余土填满，再踩实。最后覆盖松土，以减少水分蒸发。这个过程叫"三埋二踩一提苗"。同时，栽时要注意栽植深度适当，不能太深或过浅，一般适宜的深度应比苗木在苗圃地时的根颈处深 2～3 cm，具体栽植深度因树种、苗木大小、造林季节、土壤质地而异。穴植法栽苗成活的技术关键是：穴大根舒、深浅适当、根土密接。

(2)靠壁栽植　又称小坑靠边栽植，类似穴植法。但穴的一壁要垂直，栽植时使苗根紧贴垂直壁，从另一侧填土培根踩实。栽植工序如穴植。此法省工并可使部分苗根与毛细管未被破坏的土壤密接，能及时供应苗木所需水分，有利苗木成活。

(3)缝植法　指在植苗点上开缝栽植苗木的方法。栽植时先用锄头(镐)或植苗锹开一缝穴，并前后推挖，缝穴深度略比苗根长，随手将苗木根系放入窄缝中使苗根和土壤紧贴，防止上紧下松和根系弯曲损伤。缝植法栽植效率高，如按操作技术认真栽植，可保证质量。但缝植法只适用于疏松的沙质土和栽植侧根不多的直根系树种的小苗。

2. 带土苗的栽植

指起苗时根系带土，将苗木连土团(球)栽植在造林地上的方法。由于根系有土团包裹，能保持原来分布状态，不受损伤，且栽植后根系不易变形，容易恢复吸水吸肥等生理机能，所以，苗木成活率高，成林快，能尽快地达到绿化目的。但此法起运苗木困难，栽植费工。以能源树种构建四旁绿化林带、农网防护林带以及城市绿化等，交通方便的地块，可以采用带土团的大苗种植，成活率高，投产期短，见效快。

二、直播造林

直播造林也称播种造林，是将种子直接播于造林地上，使其发芽生长成林的一种造林方法。

(一)直播造林的特点

1. 直播造林的优点

播种造林不经过育苗，省去了栽植工序，是造林方法中操作简便，费用低，节约劳力，易于机械化的一种方法。同时，直播造林与天然下种相似，植株能形成完整而发育均衡的根系，比移植苗自然。幼树从出苗之初就适应造林地的环境，生长良好，能提高林分质量。

2. 直播造林的缺点

直播造林耗种量大、成活率低、成林慢，特别在造林地差，动物危害严重的地方，直播造林难于成功。因此，生产上不如植苗造林应用广泛。

3. 适宜直播造林的能源树种

(1)油料能源树种　三年桐、千年桐、油茶种粒大，种子本身所携带的营养多，可以采用直播造林；竹柏、文冠果移植较难成活，但种子发芽率高，本身在林下自然更新的能力强，可采用直播造林；麻风树耐贫瘠，自然更新能力强，幼苗生长快，也可采用直播造林。

(2)木质能源树种　合欢、栎类、松类等种子发芽力强的树种，可采用直播造林。

4. 适宜直播造林的造林地

土层薄，石粒多的荒山荒地，不便于植苗造林，可采用直播造林；坡度大，植苗整地容易造成严重水土流失的陡坡地，只能采用直播造林；生态林林下套改种能源树种，采用直播造林，可以减少对原植被的破坏。

(二)直播造林的种子准备

1. 种子质量

直播造林所用的种子，必须是优良种源区优良林分中生长健壮，经济性状表现优良的结实母树上采集的，或者良种基地生产的良种。要求种子饱满、发芽力强。

2. 种子预处理

(1)种子消毒　播前要对种子进行消毒，杀灭种粒上所携带的病菌。可用高锰酸钾、光谱杀菌剂浸种消毒。在病、虫、鸟、兽危害严重的地区，为了防治立枯病，常用敌克松(用药量为种子量 0.5％～1.0％)，福尔马林浸种(40％水溶液按 1：300 稀释)，浸种 15～30 min，闷种 2 h；用西维因(50％可湿性粉剂 300～500 倍液喷雾)杀金龟子，步行虫等；涂铅丹防鸟兽；用磷化锌，敌鼠钠盐防鼠害等。

(2)催芽　可根据树种特性，选择湿沙层积催芽、浸种催芽等方法处理种子，当种子破胸露白时，即可用于直播造林。林地环境复杂、条件较圃地恶劣，用经催芽的种子播种，可以缩短种子发芽、幼苗出土时间，提高成活率和保存率。

(三)直播造林

1. 播种季节

(1)春播

春季气温、地温、土壤水分等条件都适于播种造林，特别是松类等小粒种子。春播宜早不宜迟，早播发芽率高，幼苗耐旱力强，生长旺盛。但有晚霜危害的地区，春播不宜过早，应使幼苗在晚霜过后出土。

(2)秋播

秋季气温逐渐下降。土壤水分较稳定，适于大粒种子播种，如核桃、油桐、油茶等秋播不需贮藏种子，种子在地下越冬，具有催芽作用，翌年发芽早，出苗齐。但要注意不宜过早栽种，防止当年发芽越冬遭冻害。此外要防鸟类和鼠类危害。

(3)雨季播种

在春旱较严重的地区，可利用雨季播种。此时气温高，湿度大，播种后发芽出土快，只要掌握好雨情，及时播种，也容易成功。通常较稳妥的办法是用未经催芽的种子，在雨季到来前播种，遇雨则发芽出土。雨季播种还应考虑到幼苗在早霜到来以前就能充分木质化。

某些适宜秋播的树种也可在立冬前后(11 月上旬)进行播种造林。

2. 直播造林方法

直播造林方法有穴播、缝播、条播和撒播等，油料能源树种如麻风树、竹柏、三年桐、千年桐等，种粒大，主要采用穴播、缝播。

(1)穴播　在经过整地的造林地上，按设计的株距挖穴播种，施工简单，是人工播种造林中应用最多的一种。一般穴径 33 cm 见方，深 25 cm 左右，穴内石块草根要拣净，挖出的土要打碎填回穴内。先填入上层湿润肥沃的土壤，播大粒种子填到距地面 7 cm 左右；播小粒种子填到与地面平，整平踩实后播种。小粒种子可适当集中，以利幼苗出土。大粒种子可分散点播，并宜横放，有利生根发芽出土。播种量，大粒种子每穴 2～5 粒；中粒种子每穴 5～8 粒；小粒种子每穴 10～20 粒。覆土后用脚轻轻踩实。

(2)缝播　又称偷播。在鸟兽危害严重，植被覆盖度不太大的山坡上，选择灌丛附近或有草丛，石块掩护的地方，用镰刀开缝，播入适量种子，将缝隙踩实，地面不留痕迹。这样可避免种子被鸟兽发现，又可借助灌丛，高草庇护幼苗，具有一定的实践意义。但不便于大面积应用。

(3)条播　在经过带状或全面整地的造林地上，按一定的行距开沟播种。一般行距 1～2 m，在播种沟内连续行状播种，或断续行状穴播。多用于采伐迹地更新及次生林改造(引进针叶树种)，也可用在水土保持地区或沙区播种灌木树种。但常因受地形限制，一般应用不多。

(4)撒播　是在造林地上均匀地撒播种子的造林方法。可用于地广人稀。交通不便的大面积荒山荒地(包括沙荒、沙漠)及皆伐迹地。此法由于播种前一般不整地，是一种最简单较粗放的造林方法。常用于播种针叶树种和灌木树种。

覆土是影响直播造林成败的重要因素之一。覆土的目的在于蓄水保墒，为种子的发芽出土创造条件，同时还可以保护种子，避免遭鸟兽危害。覆土厚度可根据种子大小，播种季节和造林自然条件来确定。一般大粒种子覆土厚 5～8 cm，中粒种子 2～5 cm，小粒种子 1～2 cm。注意秋播覆土宜厚。春播宜薄；土壤黏重、湿度较大的情况下宜薄，沙质土覆盖时可适当加厚。

第三节　乌桕造林技术研究

福建省乌桕资源较为丰富，人工栽培历史悠久，但大部分是属于房前屋后、乡村公路两旁绿化种植，较多属于大苗移植。能源林的规模化发展，能源林经济效益的提高，良种壮苗和成熟的栽培技术是保证。为此，笔者在 2005—2008 年期间，对乌桕造林技术进行了系统研究，研究内容包括了造林地选择、整地方式、造林密度、造林季节、混交树种选择及混交比例等。作为一个重要的工业油料树种，在 20 世纪 80—90 年代，全国各地对乌桕品种选育、造林技术研究较多，但对乌桕与竹柏树种混交的研究之前未见报道，福建省乌桕造林技术研究之前也未见系统报道。

一、乌桕纯林造林技术研究

2006 年 2 月，开展乌桕造林密度、造林季节的对比试验。乌桕传统栽培方式，主要是四旁绿化，以及田间地头零星种植，利用山地进行造林，在福建省未见报道。笔者对乌桕不同造林季节、不同造林密度下的造林效果进行对比试验。

(一)试验材料与方法

1. 试材来源与试验地概况

参试的苗木为2005年嫁接的表型优良无性系。试验地在南平市延平区峡阳麦源村学院教学林场,属中亚热带,海拔150～300 m,试验期内年平均降雨量1 320～1 895 mm,年均温19.8 ℃～20.4 ℃,极端最高温41.8 ℃,极端最低温－3.5 ℃。共选择3种立地类型作为试验点。试验点1前身为荒废果园,坡度10～20°,东南坡,中、下坡位,试验点2前身为杉木林,坡度20～35°,南坡,中、下坡位。试验点3前身为抛荒山地旱田,中、下坡位,坡度15～30°。

2. 参试苗木选择与定植

炼山后带状整地,挖净树根、草皮和石块,挖明穴回表土,穴规格60 cm×50 cm×40 cm,施足基肥,每穴施肥量为腐熟鸡粪约0.5 kg,回表土后,每穴施钙镁磷约0.1 kg。2005年2月,根据试验设计进行苗木定植,裸根苗造林。2007年3月、9月对所有参试苗木进行2次整型修剪,控制树高,促进分枝,调整树形;2008年2月修剪1次,控制树高在3.0 m左右;5月结合除草松土,各扩穴施肥一次,每株施放磷肥0.1 kg,腐熟鸡粪约0.5 kg。

3. 试验设计及数据处理

采用随机区组试验设计,以3个试验点作为3次重复(区组)。造林季节、造林密度对比试验均包括3个处理(小区),小区面积0.067 hm^2。

2006年5月调查各小区造林成活率,并于5月中旬雨季时补植,2006年12月调查苗木地径、苗高。2008年11月、12月对试验地内树木分树种每木检尺,测定地径、冠幅,统计株数,根据地径、冠幅数据在各参试小区中选择小区标准木;在标准木上选定5个标准枝,根据标准枝的结实量,估算小区单位面积种子产量。采用方差分析、多重比较,分析各处理间的差异性。调查结果见表9-1。

(二)结果与分析

1. 不同造林季节造林效果比较

从表9-1可以看出,不同季节造林,苗木存活率存在差异,其中,2月份造林成活率最高,平均达到96.6%,12月份造林次之,4月份平均造林存活率只有91.1%。方差分析结果表明,$F=11.22>F_{0.01(2,6)}=10.9$,不同季节造林成活率之间存在极显著差异;多重比较结果表明,2月份与12月份、4月份之间均存在极显著差异,12月份与4月份之间也存在极显著差异。南平地区12月份雨水少,应是造林成活率低于2月份的主要原因。4月份雨水虽然较多,但造林前苗木已经萌发新梢,气温也已经升高,在苗木根系创伤未愈合,新根未长出之前,幼嫩组织蒸腾作用丧失的水分无法从土壤中及时得到补充,最终导致造林存活率降低。

表 9-1　数据调查统计分析及比较

试验内容	处理	保存率/%	苗高/cm	地径/cm	冠幅/m^2	结果枝数/枝	单株种子产量/kg	单位面积种子产量/kg. m^{-2}
造林密度	1200 株・hm^{-2}			7.2c	7.52c	52.2c	8.73c	1.16c
	1000 株・hm^{-2}			8.9b	8.64b	63.4b	12.36b	1.43a
	700 株・hm^{-2}			10.6a	10.68a	75.4a	13.75a	1.29b
造林季节	12 月份	93.8b	81.3a	1.86a				
	2 月份	96.6a	82.1a	1.78a				
	4 月份	91.1c	68.4b	1.52b				

不同季节造林苗木调查的地径、苗高之间均存在差异。其中 12 月份、2 月份造林的苗木苗高、地径之间均无显著差异，但与 4 月份苗高、地径之间均存在极显著差异。乌桕苗木一般在 3 月份始萌芽抽梢，随着温度的升高，新陈代谢逐步恢复到最旺盛的状态，此时苗木细胞分裂快，组织生长迅速。12 月份、2 月份造林，乌桕处于休眠状态，3 月份才解除休眠，开始生长。因此，这两个时间造林，苗木生长情况比较相似，无明显区别。4 月份造林的苗木，造林后需要一段时间的根系恢复，才能正常生长，缓苗时间长，所以当年的生长期较其他两个时间造林的苗木短了许多，苗高、地径生长量少。

以上比较、分析的结果表明，乌桕适宜的造林季节应该选择在 1 月—3 月之间，最好在苗木萌芽之前。

2. 不同造林密度对经济性状表现的影响

从表 9-1 数据统计分析结果可以看出，1 200 株・hm^{-2}、1 000 株・hm^{-2}、700 株・hm^{-2} 等 3 种不同的造林密度，对林木地径、冠幅、结果枝数、单株种子产量、单位面积种子产量等性状的表现，均存在较大的影响。

造林密度对地径、冠幅生长的影响　方差分析结果表明，$F_{地径}=25.32>F_{0.01(2,6)}=10.9$，不同造林密度下的地径大小达到极显著的差异水平。造林密度为 700 株・hm^{-2} 的林分，平均地径最高，达到 10.6 cm，与另两种造林密度间均存在极显著差异，1 000 株・hm^{-2} 造林密度次之，与 1 200 株・hm^{-2} 造林密度间存在极显著差异，1 200 株・hm^{-2} 造林密度的林分平均地径最低，仅为 7.2 cm。不同造林密度下的冠幅大小也差别较大，方差分析结果表明，$F_{冠幅}=21.26>F_{0.01(2,6)}=10.9$，达到 1% 的极显著差异水平，其中，造林密度为 700 株・hm^{-2} 的林分与另两种造林密度间均存在极显著差异，1 000 株・hm^{-2} 造林密度与 1 200 株・hm^{-2} 造林密度间也存在极显著差异。随着造林密度增大，各植株的营养空间变小，地径、冠幅大小降低。

造林密度对结果枝数量的影响　造林密度为 700 株・hm^{-2} 的林分平均单株结果枝数为 75.4 枝，较造林密度 1 000 株・hm^{-2} 林分多 18.9%，较造林密度 1 200 株・hm^{-2} 林分多 44.4%。方差分析结果表明，$F_{结果枝}=106.82>F_{0.01(2,6)}=10.9$，不同造林密度林分的平均单株结果枝数量存在极显著的差异。多重比较结果表明，造林密度为 700 株・hm^{-2} 的林分与其他林分间存在极显著差异，造林密度 1 000 株・hm^{-2} 林分与造林密度

1 200株・hm^{-2}林分间也存在极显著差异。乌桕属于阳性树种，开花结实需要较多的阳光。造林密度加大，由于光照不足，影响了单株的结果枝数量。

造林密度对单株种子产量的影响 造林密度为700株・hm^{-2}的林分平均单株种子产量为13.75 g，较造林密度1 000株・hm^{-2}林分多11.2%，较造林密度1 200株・hm^{-2}林分多57.5%。将各小区结果枝数数值正规化后，进行方差分析。结果表明，$F_{单株产量}=23.40>F_{0.01(2,6)}=10.9$，不同造林密度林分的平均单株种子产量存在极显著的差异。多重比较结果表明，与结果枝比较结果一致，造林密度为700株・hm^{-2}的林分与其他林分间存在极显著差异，造林密度1 000株・hm^{-2}林分与造林密度1 200株・hm^{-2}林分间也存在极显著差异。

造林密度对单位面积种子产量的影响 单位面积种子产量由单株种子产量和冠幅投影面积计算出来的数值，可以作为衡量林分种子生产能力的指标。统计结果表明，造林密度1 000株・hm^{-2}林分单位面积种子产量最高，超过造林密度1 200株・hm^{-2}林分23.3%，超过造林密度700株・hm^{-2}林分10.8%。方差分析结果表明，$F_{单位面积产量}=11.02>F_{0.01(2,6)}=10.9$，不同造林密度林分单位面积种子产量间存在极显著差异。多重比较结果表明，造林密度为1 000株・hm^{-2}的林分与其他林分间存在极显著差异，造林密度700株・hm^{-2}林分与造林密度1 200株・hm^{-2}林分间也存在极显著差异。

乌桕不同造林密度下各性状表现的差异性分析结果表明，乌桕造林密度以1 000株・hm^{-2}最适宜。造林密度太大，由于个体间互相竞争，抢夺营养空间，冠幅变小，树木间互相遮挡，影响光照，导致结果枝数量减少，最终导致产量降低；造林密度太小，幼林期间林下杂草多，必须加强抚育管理强度，增加了经营管理成本。而且，乌桕结实主要在侧枝梢头，造林密度小，由于营养空间充足，个体间无明显竞争，冠幅大，侧枝长且舒展，虽然单株产量有所提高，但单位面积产量反而降低。

3. 性状之间的相关分析

将乌桕地径表现与冠幅、结果枝数、单株种子产量、单位面积种子产量之间，冠幅与结果枝数之间进行相关分析。分析结果见表9-2。

表9-2 性状相关分析表

性状	冠幅	结果枝数	单株种子产量	单位面积种子产量
地径	0.751	0.882	0.796	0.641
冠幅	——	0.744	0.716	0.342

从表6-2相关分析结果可以看出，乌桕地径生长与冠幅大小存在较为明显的线性相关，相关系数达到0.751；地径大小与结果枝数、单株种子产量、单位面积种子产量的相关系数分别为0.882、0.796、0.641，线性相关程度均达到0.05的显著水平。冠幅与结果枝数、单株种子产量之间存在明显的线性相关，均达到0.05的显著水平，与单位面积种子产量之间的相关系数仅为0.342，有一定的相关性，但未达到显著水平。

(三)结论与讨论

乌桕造林季节、造林密度对比试验结果表明，不同造林季节造林成活率、当年苗高、地径生长存在极显著差异，乌桕造林的适宜季节为 1 月—3 月之间，宜在雨后造林。乌桕不同的造林密度林分之间，地径生长、冠幅大小、结果枝数、单株种子产量、单位面积种子产量等性状表现均存在极显著差异。乌桕纯林造林密度以 1 000 株 · hm^{-2} 为宜，单位面积种子产量最高。乌桕地径大小与结果枝数、单株种子产量、单位面积种子产量的线性相关明显，冠幅与结果枝数、单株种子产量之间存在明显的线性相关，与单位面积种子产量之间有一定的相关性，但相关程度较低。

乌桕自然生长树高一般在 5～9 m，如果让其自然生长，个体之间互相遮挡阳光，不利于开花结实。因此，有必要对乌桕进行修剪，控制树体高度，增加冠幅宽度，提高树冠受光面，从而提高结实密度。乌桕修剪应在造林后第二年即开始进行，修剪季节应在冬末春初，乌桕枝条上的芽眼未萌动时进行。修剪应剪去徒长枝、细弱的下垂枝、内膛枝，同时对树冠外侧的枝条进行缩剪，剪去细弱的侧枝，健壮枝条保留 5～6 个芽眼，长的部分剪除。在 3 月初，为使新萌发的枝条生长健壮，应及时追肥，此时以氮肥为主，有条件的可以施农家肥，通过扩穴施肥。在乌桕落叶后，最好进行一次土壤垦覆，减少落叶、腐殖质在春季、夏季雨水冲刷流失。6—7 月份为乌桕的花芽分化、开花期，可以适当施放一些 P 肥，促进花芽分化、开花结实，提高产量。

二、乌桕与竹柏等树种混交效果研究

通过对乌桕与竹柏、黄山栾树不同混交比例下的造林效果的分析比较，选择乌桕适宜的伴生树种及其混交比例，可为乌桕、竹柏等树种混交林造林模式的选择提供理论依据。

（一）材料与方法

1. 试材来源和试验设计

试验材料来源 参试的乌桕、竹柏苗木为嫁接苗，黄山栾树为 2003 年培育的 2 年生实生苗。乌桕、竹柏所用砧木为 2003 年春季播种育苗的 2 年生实生苗。

试验地概况及试验设计 试验地设置在福建林业职业技术学院峡阳林果场，属中亚热带，海拔 150～300 m，试验期内年平均降雨量 1 320～1 895 mm，年均温 19.8 ℃～20.4 ℃，极端最高温 41.8 ℃，极端最低温 −3.5 ℃。试验地土壤为山地红壤，土层厚度约 1.0 m，土壤腐殖质含量 1.325～2.932。试验地前身为荒废柑橘园，坡度 20～30°，东南坡，中、下坡位。造林后连续 2 年对林地采取松土除草、垦复施肥等幼林抚育措施。采用随机区组试验设计，包括 5 个处理（10 桕、8 桕 2 柏、5 桕 5 柏、5 桕 5 栾、8 桕 2 栾），4 次重复，中、下坡各安排 2 个区组，每个区组内包含 5 个小区，共 20 个小区。每个小区面积 400 m^2（20 m×20 m）。试验区周围种植 2 排乐东拟单性木兰作为保护行。种植竹柏的小区内配置 4 株雄性竹柏，同样为嫁接苗木。

2. 试验处理

参试苗木选择与定植 炼山后带状整地，挖净树根、草皮和石块，挖明穴回表土，穴规格 60 cm×50 cm×40 cm，施足基肥，每穴施肥量为腐熟鸡粪约 0.5 kg，回表土后，每穴施钙镁磷约 0.1 kg。混交林采用带状混交，株行距 3.0 m×2.0 m，每公顷定植株数 1 600

株。2004 年 3 月，根据试验设计进行黄山栾树苗木、乌桕和竹柏砧木定植，裸根苗造林。2005 年 1 月，从福建林业职业技术学院选择的乌桕优良单株 PC_{03}、竹柏优良单株 YP_{1-02} 上采集 2 年生健壮枝条进行苗木嫁接，2005 年 3 月进行一次补接。乌桕采用腹接，竹柏采用髓心形成层贴接。

抚育管理　2006 年 3 月、9 月对所有参试苗木进行 2 次整型修剪，控制树高，促进分枝，调整树形；2007 年 2 月对乌桕和黄山栾树修剪 1 次，控制树高在 3.0 m 左右；5 月结合除草松土，各扩穴施肥一次，每株施放磷肥 0.1 kg，腐熟鸡粪约 0.5 kg。2007 年 11 月进行了一次间伐，调整林分郁闭度至 0.7，主要间伐被压木、病株和树形差、生长不良的植株。

3. 试验数据调查分析

数据调查　2008 年 11 月、12 月对试验地内树木分树种每木检尺，测定地径、冠幅，统计株数，根据地径、冠幅数据在各参试小区中选择小区标准木；在标准木上选定标准枝，根据标准枝的结实量估算单位面积种子产量。分树种采集各试验小区标准木种子，作为种子含水率、种子含油率测定样本。从各种子样本中随机抽取 10 g 作为种子含油率测定试样，每份样本抽取 10 份，其中含油率测定 5 份，含水率测定 5 份。每个试验小区挖 1 个土壤剖面，按 10 cm 分层取样，采集 0～40 cm 深度土壤，混合均匀后作为土壤肥力分析样本。种子含水率测定采用烘干法；种子含油率测定采用残渣法，将参试样品置于 y-z 型脂肪抽提器内，用 95％乙醇循环浸提脱脂，再将脱脂后的样品重新烘干至恒重，减轻的重量为样品中油脂含量；土壤样本营养元素含量使用 STFW-111 多功能土壤养分测定仪，通过光电比色测定。

数据整理、统计分析　将各小区单位面积种子产量、单位面积产油量、土壤养分含量，以及各树种平均地径、单株种子产量、种子含油率数据分别进行单因素方差分析与比较。

各小区乌桕种子产量计算公式：

$$X_1 = a\times(x_1\times A_1) \tag{1}$$

小区其他混交树种种子产量计算公式：

$$X_2 = b\times(x_2\times A_2) \tag{2}$$

小区单位面积种子产量计算公式：

$$X = 10\,000\times(X_1 + X_2)/400 \tag{3}$$

其中，a 指小区内乌桕株数，b 指小区内其他混交树种株数，x_1 指乌桕标准木单株种子产量，x_2 指小区内其他混交树种标准木单株种子产量，A_1 指小区内乌桕标准木种子含水率，A_2 指其他混交树种标准木种子含水率。

小区单位面积产油量计算公式：

$$Y = 10\,000\times(X_1\times y_1 + X_2\times y_2)/400 \tag{4}$$

其中，y_1、y_2 分别为各小区乌桕、其他混交树种的种子含油率。

(二)结果与分析

1. 不同处理林分地径生长比较

不同林分各树种地径生长量调查数据和方差分析结果见表 9-3。10 柏、8 柏 2 柏、8

柏2栾、5柏5柏、5柏5栾等5种不同树种组成林分中乌柏平均地径生长量存在一定差异。参试群体平均地径为8.4 cm,5柏5柏混交林中乌柏平均地径最大,是总体平均水平的112.1%,是8柏2柏的107.2%,是10柏的108.7%,是8柏2栾的119.4%;5柏5栾的平均地径生长量最小,仅为参试群体平均水平的86.2%,是5柏5柏的76.9%。从表9-3方差分析结果可以看出,不同混交比例林分中,乌柏在地径生长上存在极显著的差异,竹柏、黄山栾树在不同林分中的地径生长差异不明显。竹柏生长较慢,与乌柏混交,常处于下林层,对乌柏的光照条件没有影响;黄山栾树生长较乌柏快,与乌柏混交,常处于林分上层,且树冠宽大浓密,影响了乌柏的正常生长。

表9-3 不同处理林分各树种地径平均值[1)]

不同混交比例各地径平均值/cm				不同混交比例下各树种地径生长量方差分析结果						
混交比例	乌柏	竹柏	黄山栾树	树种	F值	df_a	df_e	$F_{0.05}$	$F_{0.01}$	差异显著性
10柏	8.7			乌柏	25.84	4	15	3.06	4.89	**
8柏2柏	9.2	6.9		竹柏	0.63	1	6	5.99	13.7	不显著
8柏2栾	8.0		10.2	黄山栾树	2.03	1	6	5.99	13.7	不显著
5柏5柏	9.4	7.2								
5柏5栾	7.2	9.6								

1)**表示差异达极显著水平,df表示自由度。

2. 不同处理林分种子产量比较

以同种林分标准木种子产量的平均值作为该种林分的单株种子产量;根据标准木冠幅大小、单株种子产量测算出的各树种单位面积种子产量;以各林分各树种单株种子产量和株数估算单位面积种子总产量,统计及方差分析结果见表9-4。5柏5柏林分中乌柏的单株种子产量最高,达到16.90 kg/株,是参试总体平均水平的127.1%,分别是8柏2柏、10柏、8柏2栾、5柏5栾的110.9%、127.2%、140.7%、186.6%。5柏5栾林分中乌柏单株产量最低,仅为总体平均水平的68.1%。5柏5柏林分中竹柏的单株产量较高,为8柏2柏林分的115.3%。5柏5栾、8柏2栾林分的黄山栾树的单株种子产量相差很小。方差分析结果表明,不同林分间单株种子产量乌柏、竹柏均存在极显著差异,黄山栾树无显著差异。5种林分间各单位面积种子产量变动幅度为4 562.40～19 296.00 kg·hm^{-2},差异极大,其中5柏5柏最高,分别是总体平均水平、8柏2柏、10柏、8柏2栾、5柏5栾的150.9%、110.5%、149.4%、198.4%、424.3%,方差分析结果表明,5种林分间在单位面积种子产量上存在极显著差异(见表9-5)。

表 9-4　不同混交树种、混交比例林分结实状况

混交比例	单株种子产量(kg/株)			各树种株数/株·hm^{-2}			种子含油率/%			单位面积产油量/kg·hm^{-2}	林分单位面积种子产量/kg·hm^{-2}
	乌柏	竹柏	黄山栾树	乌柏	竹柏	黄山栾树	乌柏	竹柏	黄山栾树		
10 柏	12.43			1 042			48.4			6 271.25	12 952.06
8 柏 2 柏	14.85	6.45		984	450		48.4	40.4		8 238.55	17 514.90
8 柏 2 栾	10.85		1.43	863		270	48.4		37.1	4 668.35	9 749.65
5 柏 5 柏	16.90	7.44		816	870		48.6	41.3		8 973.28	19 296.00
5 柏 5 栾	7.20		1.33	545		480	48.2		37.0	2 127.84	4 562.40

表 9-5　经济性状表现方差分析

性状	乌桕		竹柏		黄山栾树		不同处理林分	
	F 值	显著性	F 值	显著性	F 值	显著性	F 值	显著性
各树种单株种子产量	14.52	**		6.32	**	0.22	不显著	
各树种种子含油率	1.73	不显著	16.66	**	0.01	不显著		
林分单位面积种子产量							286.81	**
林分单位面积产油量							37.87	**

从以上统计分析结果可知，乌桕与竹柏种间关系密切，乌桕与竹柏混交，有利于提高乌桕单株种子产量、单位面积种子产量以及林分单位面积种子总产量。乌桕与黄山栾树混交，对乌桕结实能力、林分的单位面积种子总产量均有较大的不利影响。随着黄山栾树比例增加，乌桕的结实密度、单株种子产量、单位面积种子产量以及林分单位面积种子总产量大幅度降低。乌桕属阳性树种，且生长较快，较大的营养空间有利于种子产量的提高；竹柏属阴性树种，特别是幼龄时期，喜阴凉湿润环境，乌桕浓密宽大的树冠，可以满足竹柏早期的生长需求。同时，乌桕大量的落叶，为竹柏创造了良好的营养条件。在同样的造林密度下，乌桕纯林种内个体间营养空间的争夺激烈，树冠伸长受到抑制，单位面积结实母树保留株数减少。乌桕与竹柏混交，由于竹柏较耐阴，且生长慢，可以与乌桕形成复层林，为乌桕提供较多的营养空间和生长空间。较充足的散射光有利于竹柏树体内养分的积累，促进花芽分化、种实发育，过分隐蔽环境不利于竹柏开花结实。因此，8 柏 2 柏混交比例林分结实状况表现比 5 柏 5 柏差。黄山栾树生长较乌桕快，且同样为阳性树种，彼此间营养空间争夺激烈，对乌桕生长、开花结实不利。同时，黄山栾树种子小，种子产量低，影响了林分单位面积种子总产量。

表 9-6　不同处理林分土壤肥力指标统计及比较

混交比例	土壤肥力					
	有机质 /%	全 N $/g \cdot kg^{-1}$	水解性 $N/mg \cdot kg^{-1}$	全 K $/g \cdot kg^{-1}$	速效 P $/mg \cdot kg^{-1}$	速效 K $/mg \cdot kg^{-1}$
10 柏	2.45 e	1.65 c	156 b	10.23 a	4.61 c	128 b
8 柏 2 柏	2.72 c	1.73 b	170 a	10.48 a	4.86 b	143 a
8 柏 2 栾	2.60 d	1.86 a	148 c	10.20 a	4.38 d	115 c
5 柏 5 柏	2.82 b	1.60 c	176 a	10.34 a	5.16 a	158 a
5 柏 5 栾	3. 10 a	1.93 a	160 b	10.61 a	4.43 d	124 b

3. 不同处理林分种子含油率、油脂产量比较

根据各标准木种子含油率、单株种子产量和株数，估算各林分单位面积总产油量，结果见表 9-4。不同混交树种、混交比例下的乌桕种子含油率变动范围为 48.2%～48.6%，黄山栾树种子含油率为 37.0%～37.1%，差异很小；竹柏种子含油率变动范围为 40.4%～41.3%，对各树种种子含油率经反正弦转换后的数据进行方差分析，结果表明，不同处

理林分的乌桕、黄山栾树种子含油率间无显著差异,不同处理林分的竹柏种子含油率之间的差异达到极显著水平,不同处理林分单位面积产油量存在着极显著差异(见表 9-5)。分析结果表明,乌桕、黄山栾树的种子含油率比较稳定,不因混交树种、混交比例的改变而有较大幅度的变化;竹柏种子含油率受混交比例影响较大。5 柏 5 柏林分由于乌桕比重降低,竹柏的光照条件较适宜,体内积累的营养物质丰富,种实发育饱满,因此较 8 柏 2 柏的种子含油率高一些。林分单位面积总产油量变动范围为 2 127.84～8 973.28 kg·hm^{-2},其中 5 柏 5 柏林分单位面积产油量最高,分别是参试群体平均水平、8 柏 2 柏、10 柏、8 柏 2 栾、5 柏 5 栾的 148.2%、108.9%、143.1%、148.2%、192.2%、421.7%。对各试验小区单位面积产油量方差分析,结果表明,不同处理林分的单位面积油脂产量存在极显著差异。5 柏 5 柏由于单位面积种子产量最高,乌桕、竹柏的种子含油率都较高,所以单位面积总产油量最多。乌桕、竹柏混交,对提高林分单位面积种子产量、单位面积产油量等均有较大的促进作用。

4. 不同处理林分土壤养分比较

对各土样进行主要营养元素测定,测定结果按不同混交比例统计其平均值;以不同处理林分为 A 因素对各项土壤肥力进行单因素方差分析和多重比较,多重比较采用 Duncan 法,结果见表 9-6。不同混交比例下,林地土壤中有机质含量存在极显著差异,其中 5 柏 5 栾有机质含量最高,分别是 10 柏、8 柏 2 栾、8 柏 2 柏、5 柏 5 柏的 126.5%、119.2%、114.0%、109.9%,不同处理林分间均达到极显著水平;全 N 含量存在极显著差异,其中 5 柏 5 栾全 N 含量最高,分别较 8 柏 2 栾、8 柏 2 柏、10 柏纯林和 5 柏 5 柏高出 3.8%、11.6%、17.0%和 20.6%,8 柏 2 栾全 N 含量次之,5 柏 5 柏全 N 含量最低;全 K 含量无显著差异。水解性 N、速效 P、速 K 含量均存在极显著差异,其中,5 柏 5 柏土壤水解性 N 含量最高,较 8 柏 2 柏、5 柏 5 栾、10 柏、8 柏 2 栾分别高出 3.5%、10.0%、12.8%、18.9%,8 柏 2 柏水解性 N 含量次之,与 5 柏 5 柏无显著差异,但与 5 柏 5 栾、10 柏、8 柏 2 栾等均达到极显著水平;土壤速效 P 含量 5 柏 5 柏最高,与其他处理林分比较,均达到极显著差异水平,8 柏 2 柏次之,但也与 5 柏 5 栾、8 柏 2 栾、10 柏纯林差异极显著。土壤速效 K 含量,5 柏 5 柏与 8 柏 2 柏之间无显著差异,但与其他处理林分间差异极显著。乌桕与黄山栾树混交林的速效 P、速效 K 含量都较低。乌桕、黄山栾树都是落叶树种,大量的落叶有利于提高土壤有机质、全 N 含量,竹柏落叶量极少,因此竹柏与乌桕混交林的土壤有机质、全 N 含量较乌桕纯林、乌桕与黄山栾树混交林低。但是,竹柏常绿的树冠,在冬季、春季对减少地表径流,防止土壤营养元素流失,减少地表水分蒸发,保持林分的空气湿度和土壤的水分,促进有机质降解和矿物 P 释放,导致乌桕竹柏混交林的土壤水解性 N、速效 P、速效 K 的含量反而较其他林分高。

(三)结论与讨论

乌桕、竹柏种间关系密切,两树种间混交,可以提高能源林单位面积种子产量、单位面积产油量,改善林分结构,构建复层林,提高林地肥力;在混交比例上,5 柏 5 柏较 8 柏 2 柏为好。竹柏属耐阴树种,怕强强光直射,与乌桕混交,乌桕浓密树冠可为其提供必要的遮荫。乌桕在冬季落叶,春季 3 月中下旬始发叶,这段时间因无乌桕树冠遮挡,竹柏可以得到较充足的光照，通过光合作用积累碳水化合物，同时，也有利于 2～3 月份花芽分化、4 月份开花、花粉传播。黄山栾树与乌桕种间竞争激烈，不宜作为乌桕能源林的伴生树种。根据地径、种子含油率、单位面积种子产量、单位面积产油量、土壤肥力等多个因子综合评价，在 10 桕、8 桕 2 桕、8 桕 2 栾、5 桕 5 桕、5 桕 5 栾等 5 种现有造林模式中，以 5 桕 5 桕最为适宜。本文所研究的林分经过一次间伐作业，使混交林中树种组成有所变化，对试验分析结果可能产生一些影响。

植物油脂可以通过酯化制备生物柴油，替代不可再生的石油，发展油料能源林，具有重要意义。乌桕、竹柏种子含油率均在 40% 以上，种实产量高，且为闽北乡土树种，具有广阔的发展前景。黄山栾树种子产量低，种粒小，不便采摘，不适合专门用于营建油料能源林。本文根据随机区组试验设计，对 10 桕、8 桕 2 桕、8 桕 2 栾、5 桕 5 桕、5 桕 5 栾等 5 种林分地径、单位面积种子产量、种子含油率、单位面积产油量、林地土壤肥力等进行统计分析、比较，研究乌桕与竹柏、乌桕与黄山栾树的混交效果，为选择乌桕适宜的伴生树种，并确定适宜的混交比例、选择乌桕造林模式的提供了科学依据。不同混交比例林分的后期表现和后期的经营管理技术，有待于进一步的研究。

乌桕林农套种，乌桕种植密度宜小，可以采用 6 m×6 m、8 m×8 m 株行距，树高宜控制在 4 m 左右。套种的农作物品种可选用花生、大豆、番薯等，均可获得良好效果。此外，在沿海一带，可以用乌桕作为农田防护网树种，在台风频繁的夏季，乌桕宽大的树冠，可以起到良好的防护效果。

三、乌桕造林技术

营造乌桕树种，应考虑坡度、坡位、光照条件、立地位等级等因子。课题组在对福建省乌桕种质资源调查时，同时调查了乌桕在不同环境下的生长表现。调查结果表明，不同的环境条件下，乌桕的性状表现存在较明显的差异。乌桕的千粒重、单序果数、皮脂厚度、单位面积种子产量等性状上，阳坡＞阴坡，平地＞缓坡地＞陡坡地，在光照充足地段，下坡＞中坡＞上坡，立地质量等级Ⅰ＞Ⅱ＞Ⅲ＞Ⅳ。由此可见，营造乌桕树种，应考虑坡度、坡位、光照条件、立地位等级、坡度、坡位等因子。

（一）造林规划设计

(1)造林调查设计执行 DB35/T 84。

(2)造林施工设计。在造林调查设计的基础上进行施工作业设计，编写说明书，报请主管部门批准后施工。造林施工作业设计按建设单位编写，内容包括造林地立地条件(立地分类执行 FDBT/LY2443)、林地清理方式、整地方法及规格、造林方式方法、造林密度、混交技术、幼林抚育年限及技术措施，用工及投资概算等。乌桕在不同的立地条件、坡向、坡位、光照条件下的生长存在显著差异，营造林的技术措施也要有所区别。实行分区造林，分类经营，科学管理，才能获得较高的经济效益、生态效益和社会效益。乌桕林分可以分为乌桕丰产油料林、乌桕中产油料林、乌桕生态保护油料两用林、乌桕绿化油料两用林、乌桕农田防护油料两用林、乌桕林农间作等 6 种经营类型。不同的经营类型中，根据立地质量、坡度、坡位等，划分出不同的造林类型。课题组根据全省乌桕栽培技术调查结果和前人的研究成果，结合造林对比试验结果，总结了乌桕的分区造林技术，为分类经营，科学管理奠定基础（福建省乌桕经营类型表见附表 9-1，福建省乌桕造林类型表见附表 9-2-1、附表 9-2-2）。

（二）造林地选择

山地造林，一般选择阳坡中下部，土层深厚、肥沃、疏松、湿润、排水良好的宜林地，疏林地或低价值次生林，营造丰产林的造林地，应为Ⅰ、Ⅱ立地级。荒废果园、农田土壤肥沃，可以用于营造丰产林。房前屋后等四旁绿化，土质差、土壤瘠薄的，应进行土壤改良。

（三）林地清理

坡度小于 25°的采伐迹地、荒山荒地，应先劈除杂草、灌木、挖净茅草兜，晒干后堆烧清理，并做好防火工作。坡度大于 25°的山地，可将杂草、灌木劈碎后沿等高线平铺在种植行之间成带状。荒废果园，应挖除果树树兜，清理杂草，堆烧做肥。农田应将水排干后深翻，挖断坚硬致密的离层。旱地套种农作物的，应将田间剩余物清理。

（四）整地与基肥施放

山地造林，应开带整地，带宽 1.5～2 m，挖净树根、草皮和石块，挖明穴回表土，穴规格 60 cm×50 cm×40 cm，施足基肥，每穴施肥量为腐熟鸡粪约 0.5 kg 或土杂肥 10 kg，回表土后，每穴施钙镁磷约 0.1 kg。

（五）造林方式与密度

1. 宜林地造林

营造实生纯林，每公顷 622～825 株；无性系造林，每公顷 825～1 000 株，如造林设计中有设计间伐，则初植密度可大些。

2. 疏林地套种

实生苗每公顷 305～500 株，无性系造林每公顷 305～622 株。

3. 混交造林

与阴性树种混交，如竹柏，乌桕无性系苗木每公顷 825～1 000 株，实生苗 622～825 株。

4. 林农套种

无性系苗木、实生苗每公顷 202～285 株。

（六）造林方法

1. 造林季节

12 月至第二年 3 月苗木处于休眠状态，芽未萌动时是乌桕适宜的造林时期，以 2 月份最佳。

2. 种植要求

选择雨后阴天栽植，要求“三埋两踩一提苗”，防止窝根。如土壤较干燥，应浇足“定根水”。

3. 补植

进行造林成活率调查,对死、缺株应及时补植。

(七)幼林抚育

1. 修剪技术

造林成活后第二年即可进行修剪。第一次在早春,天气回暖,乌桕春芽未萌发时进行。剪掉细弱侧枝,主干在 1 m 处截断,促进侧芽的萌发。第二次在 10 月份进行,修剪细弱枝条,保留 3~5 个骨干枝条,培养成为主干。第三年在同样的时间进行修剪,培养 3 级主干,促使形成低矮、宽冠的自然开心型树形。实生苗造林由于结实迟,可以先培养粗壮的主干,然后在 1.5~2 m 处截干,并对侧枝进行高强度的修剪(短剪),促进宽冠的形成。

2. 劈草清杂

造林后前 3 年,每年一次劈草清杂,劈除杂草和灌木。

3. 林地垦覆

造林后每年冬季,对林地垦覆,将清除的杂草、落叶覆盖埋入土中腐烂。

4. 林地间种

造林后前 2 年,可以间种豆类、绿肥、西瓜、薯类、中草药等,以耕代抚,定期压青,改善土壤结构,同时增加经济收入。

5. 开沟施肥

冬季开沟施肥,沟深 20~30 cm,以土杂肥为主,和迟效性的化肥兼用。

6. 病虫害防治

危害乌桕的虫害有樗蚕、刺蛾柳兰叶甲、大蓑蛾等。如有发生,可用 20%除虫脲 8 000倍液、0.5%蔬果净(楝素)乳油 600 倍液、Bt 乳剂 50 倍液或灭幼脲 3 号悬浮剂 2 000 至 2 500 倍液喷洒防治。发生大蓑蛾,可用人工摘除结合剪枝的方法防治。

四、其他油料能源树种造林技术

(一)黄连木造林技术

造林方法有植苗造林和直播造林两种。通常采用植苗造林,采用 1~2 年生苗木,春季或秋季栽植。

1. 造林地选择

黄连木比较喜肥,应选择坡度小,立地条件较好的Ⅰ、Ⅱ类地造林。

2. 整地

整地方式可根据立地条件的不同分别选用水平阶、鱼鳞坑或穴状整地。挖明穴回表土,穴规格 60 cm×50 cm×40 cm,施足基肥,每穴施肥量为腐熟鸡粪约 0.5 kg 或土杂肥 10 kg,回表土后,每穴施钙镁磷约 0.1 kg。

3. 造林方式

在寒冷多风地区,为防止风干与冻害,宜截去部分苗干后种植。造林密度 1 500 株·

hm^{-2}左右。土壤条件较好的地方直播造林较易成功，方法是秋季种子成熟后随采随直播造林，出苗率一般在50%以上，但生长较慢，应加强抚育管理。以营造纯林为主。

(二)竹柏造林技术

1. 造林地选择

在低山或丘陵的阴坡和半阴坡选择土壤肥沃的地块整地栽植，也可在生态林下套种。

2. 整地与基肥

坡度20°以下的地块采用全垦挖穴整地，20°以上的坡地采用带状挖穴整地。穴距1.5～2.0 m，穴长、宽均为70 cm，深50 cm。每穴施入厩肥或土杂肥50 kg，回填表土，拌匀肥料。

3. 造林季节

早春在苗木萌芽前起苗栽植。

4. 造林技术

起苗最好带些宿土，种植要做到苗根舒展、苗身端正、栽植深度适度、根土密接，然后用松土培蔸。用竹柏造林时最好与等量的阔叶树苗混交栽植或行林下套种。阔叶林下、稀疏灌木林地可采用直播造林，穴播，每穴2～3粒种子，播后覆土3 cm左右，并覆盖茅草保湿。

(三)三年桐、千年桐造林技术

三年桐、千年桐造林技术研究较多，先将前人的研究结果总结如下：

1. 整地

栽植三年桐、千年桐，主要工作就是整地。不同的地势、不同的土壤都有不同的要求。梯级整地。三年桐、千年桐丰产林的整地，要求普遍采用梯级整地。用半挖半填的办法，把梯面一次修好，改成若干水平台阶，上下相连，形成阶梯。每一个梯面为一栽植带。梯面距离、梯面宽度因坡度和栽植株行距的不同而不同，一般是坡度越大，梯面越窄。梯壁可采用石块和草皮混合堆砌而成。梯面反坡向内倾在内侧开宽30 cm、深15 cm的竹节沟蓄水。梯级整地适宜在缓坡地进行。坡度25°左右的地区不宜采用梯级整地，因为填挖多，坡面动土太宽、梯壁高、壁埂不牢，容易崩塌，因此应采用等"高带状整地"或"等高沟埂"的方法。等高带状整地是沿山坡等高线按一定宽度开垦，带与带之间不开垦，留生土，每隔3～5带开一等环山沟截水。等高沟埂是沿山坡等高线开沟，将挖出的土堆放在沟的下方，在埂的半壁栽树。沟深30～40 cm、宽40～50 cm，沟距应根据栽植密度而定。在坡度较大、土壤疏松或石山区宜采用块状整地，按照栽植点要求的距离，只在栽植点周围一定范围内整地。如鱼鳞坑整地，就是在与山坡水流方向垂直处，环山挖半圆形植树坑，一般长1 m、宽50 cm、深25 cm，由坑内积土，使坑面成水平，并在坑下边筑成半环状土埂。

2. 造林技术

有直播造林和植苗造林两种方式。直播造林就是将经过精选的种子，直接播种到整好地的穴中，方便省工，是油桐造林的传统方法。而在"四旁"(村旁、宅旁、路旁、渠旁)、"四边"(地边、沟边、路边、渠边)和桐农混作的栽植方式中，常以植苗造林为主。起苗移栽时要特别注意保护根系，尤其是大田育苗，起苗时宜在下雨之后、苗圃地湿润时进行。土壤干燥时，要在移栽前两三天将苗圃地浇足水，使土壤湿透，以保证起苗时不致过度损伤根系。如果距造林地较近，而苗木根系又能带宿土，应尽量带土造林；如苗圃距造林地较远，起苗后则应立即用黄泥浆根，保护根系不至于干燥。“四旁”零星栽植，因地制宜，株距5～6 m，每亩10～15株。“四边”栽植，在丘陵坡地的二台到三台地边，可按地边每5～6 m栽植1株；四台到五台坡地，可在地边斜坡上按株行距(4～5)m×(5～6)m多行式栽植；高台坡耕地，在地边、沟边、路道边单行和多行栽植。桐农混作，除在“四边”栽植外，也可在耕地中因地制宜稀植桐树，75～105株·hm^{-2}。按株行距定点开穴，穴的大小为80 cm×80 cm×70 cm，定植前20～30 d在穴中施放土杂肥10～11 kg、腐熟饼肥1 kg、磷肥1 kg。栽植最适宜的时间为2月中下旬，在油桐分布区的北缘可以延至3月上中旬，南缘可提早至2月初。另外，造林时必须做到苗正、根舒，分层填土压实，根茎要低于地面2～3 cm，并保湿。

(四)麻风树造林技术

1. 整地

麻风树对立地条件要求不严，荒山荒地可以造林。植苗造林可根据林地状况，选择开带整地或鱼鳞穴整地。直播造林采用穴播，在备好的坑中开穴20 cm深。

2. 造林技术

造林方式有直播造林、植苗造林和插条造林等3种。

种子直播，每穴放种子3粒，覆土，再盖3～4 cm晒干的山草。移苗移栽，在备好的坑中将裸根种苗栽上，浇水0.5～1 kg，树苗周围用山土或晒干的山草覆盖，防止高温灼伤。插条造林，在平整的坑土上浇透水，覆盖地膜，将备好的枝条直接插入坑中，插入深度以8～10 cm为宜，枝条与地膜相接处10 cm的周围用山土或晒干的山草覆盖，防止高温灼伤。麻风树直播造林全年均可进行，移苗造林、插条造林以春季为好。

五、乌桕分区造林与分类经营

据不完全统计，福建省现有无立木林地242 853.9 hm^2，其中采伐迹地每年约10万hm^2，火烧迹地60 960 hm^2，其他74 659.5 hm^2；现有宜林地158 020.5 hm^2，其中宜林荒山荒地122 497.9 hm^2，宜林沙荒地3 646 hm^2；非规划林业用地45 451.1 hm^2，四旁绿化地10万～15万hm^2，潜在的乌桕油料能源林发展用地比较丰富。通过对潜在的发展用地类型、地力条件、乌桕的树种生态学习性分析，可以将乌桕能源林经营类型归纳为六大类，即乌桕丰产油料林、中产油料林、生态防护油料两用林、绿化油料两用林、农田防护油料两用林、林农间作油料林。不同地区潜在发展油料能源林的土地资源类型不同。不同的土地类型，其造林技术、经营管理技术措施均有很大差异，因此，有必要对乌桕实行分区施策，分类经营。根据各地的土地资源、乌桕种质资源特点以及乌桕区划结果，对福建省进行分区，结合分区进行经营类型选择(见表9-7)。分区造林技术要点见附表9-2-1、附表9-2-2。

表 9-7　福建省乌桕分区造林及经营类型选择

序号	分区	海拔高度(m)	坡度	经营类型
1	中心区	＜350	≤20°	乌桕丰产油料林、绿化油料两用林
			20°～35°	乌桕中产油料林
			＞35°	生态油料两用林
		350～500	≤20°	绿化油料两用林
			20°～30°	乌桕中产油料林
			＞30°	生态油料两用林
		500～750	≤20°	乌桕中产油料林
			＞30°	生态油料两用林
2	适宜区	＜350	≤20°	绿化油料两用林、林农间作油料林
			20°～35°	乌桕中产油料林
			＞35°	生态油料两用林
		350～500	≤20°	绿化油料两用林
			20°～30°	乌桕中产油料林
			＞30°	生态油料两用林
3	边缘区	＜250	≤20°	绿化油料两用林、林农间作油料林
			＞20°	生态油料两用林

附表 9-1　乌桕油料能源林经营类型表

森林经营类型名称	立地质量等级	培育目标	投产期(a)	乌桕产量指标($t\cdot hm^{-2}$)			适用区域
				项目	投产时	盛果期	
乌桕丰产油料林	Ⅰ、Ⅱ	使用优良无性系，集约经营，稳产高产	3～4	种子产量 油脂产量	＞15 ＞6.5	＞50 ＞22	中心区
乌桕中产油料林	Ⅱ、Ⅲ	使用优良无性系或家系，产量中等	4～6	种子产量 油脂产量	＞10 ＞4.5	＞30 ＞13	中心区、适宜区
乌桕生态、油料两用林	Ⅱ、Ⅲ	保水固土、涵养水源、油料利用相结合	5～8	种子产量 油脂产量	＞6 ＞2.6	＞10 ＞4.4	中心区、适宜区
乌桕绿化、油料两用林	Ⅰ、Ⅱ、Ⅲ	景观绿化、美化环境、油料利用	4～5	种子产量 油脂产量	＞15 ＞6.5	＞30 ＞13	中心区、适宜区、边缘区
乌桕农田防护、油料两用林	Ⅰ、Ⅱ	提高农田防护效果同时，大量生产油脂	4～5	种子产量 油脂产量	＞15 ＞6.5	＞30 ＞13	边缘区
乌桕林农间作	Ⅰ、Ⅱ	油料、农作物生产	4～5	种子产量 油脂产量	＞10 ＞4.5	＞20 ＞8.5	中心区、适宜区、边缘区

附表 9-2-1　福建省乌柏造林类型表(一)

经营类型名称	立地质量等级	坡度	可选择的混交树种	株行距	林地清理	整地方式及规格	混交方式	造林			幼林抚育					适用范围
								方法	季节	苗木规格	当年	二年	三年	四年	五年	
乌柏丰产油料林	Ⅰ～Ⅱ	0～15	油茶竹柏	纯林5×5，与竹柏混交3×3，与油茶混交5×5	劈草、炼山、清杂，挖尽五节芒头、杂灌树头堆烧	开带整地，挖明穴回表土，穴规格60×40×40	株间混交或带状混交	植苗，不窝根	12月～翌年3月	实生苗地径0.5 cm，苗高0.6 m，扦插苗、嫁接苗可小一些	劈草，嫁接苗除萌，套种豆类、花生等作物	实生苗嫁接、除萌，修剪，施肥1次，套种豆类作物	修剪、扩穴施肥，林地垦复	修剪，促进林分郁闭	种实采收、修剪、施肥	中心区
		16～30	油茶竹柏	纯林5×5，坡度大可降低行距，与竹柏混交3×3	同上	同上	株间混交或带状混交	植苗，不窝根	12月～翌年3月	实生苗地径0.5cm，苗高0.6 m，扦插苗、嫁接苗可小一些	劈草，嫁接苗除萌，开竹节沟，套种豆类作物	实生苗嫁接、除萌，修剪，施肥1次	修剪、扩穴施肥，林地垦复	修剪，除草垦复	种实采收、修剪	中心区
乌柏中产油料林	Ⅱ～Ⅲ	0～15	竹柏	纯林5×5，与竹柏混交3×3，与油茶混交5×5	劈草、炼山、清杂，挖尽五节芒头、杂灌树头堆烧	开带整地，挖明穴回表土，穴规格60×40×40	株间混交或带状混交	植苗，不窝根	12月～翌年3月	实生苗地径0.5 cm，苗高0.6 m，扦插苗、嫁接苗可小一些	劈草，嫁接苗除萌，套种豆类作物	实生苗嫁接、除萌，修剪，施肥1次，套种豆类作物	修剪、扩穴施肥，林地垦复，套种豆类作物	同上	同上	中心区、适宜区
		16～30	竹柏	纯林5×5，坡度大可降低行距，与竹柏混交3×3	同上	同上	株间混交或带状混交	植苗，不窝根	12月～翌年3月	实生苗地径0.5 cm，苗高0.6 m，扦插苗、嫁接苗可小一些	劈草，嫁接苗除萌，开竹节沟，套种豆类作物	实生苗嫁接、除萌，修剪，施肥1次	修剪、扩穴施肥，林地垦复	同上	同上	中心区、适宜区
		30以上		1×1	不炼山，其他同上	挖鱼鳞穴		直播，种子经脱皮脂催芽	12月～翌年2月		除草，苗木施肥	间苗，保留每穴1株，株行距3×3，套种豆类作物	修剪、扩穴施肥，林地垦复，套种豆类	修剪、扩穴施肥，林地垦复，套种豆类	修剪、林地垦复	中心区

附表 9-2-2 福建省乌桕造林类型表(二)

经营类型名称	立地质量等级	坡度	可选择的混交树种	株行距	林地清理	整地方式及规格	混交方式	造林			幼林抚育					适用范围
								方法	季节	苗木规格	当年	二年	三年	四年	五年	
乌桕生态、油料两用林	Ⅱ～Ⅲ	<30			劈草清杂	块状整地,挖明穴,明穴规格 40×30×30	带状套种或小块状套种	植苗	12 月～翌年 3 月	营养袋苗高 30 cm、地径 3 cm 以上	苗周围小范围除草垦复	苗周围小范围除草垦复	修剪、扩穴施肥	修剪、扩穴施肥	修剪、扩穴施肥	中心区、适宜区
		≥30			劈草清杂	鱼鳞状整地,挖鱼鳞穴	带状套种或小块状套种	直播,种子经脱皮脂催芽	12 月～翌年 2 月		除草,苗木施肥	间苗,保留每穴 1 株,株行距 3×3,	修剪、扩穴施肥	修剪、扩穴施肥,林地垦复	修剪、林地垦复	中心区
乌桕绿化、油料两用林	Ⅰ、Ⅱ、Ⅲ		竹柏、天竺桂、油桐等	5×5 或 6×6		挖明穴,穴规格大于 60×40×40,下足基肥	株间	植苗	12 月～翌年 3 月	一年生苗或各种规格大苗,大苗移植需带土球	水肥管理	修剪	扩穴施肥,修剪	修剪	修剪,扩穴施肥	中心区、适宜区、边缘区
乌桕农田防护、油料两用林	Ⅰ～Ⅱ		木麻黄、相思	单排或双排种植,株距 6 m		同上		同上	同上	实生苗地径 0.5 cm,苗高 0.6 m,扦插苗、嫁接苗可小一些	水分管理	修剪	修剪			边缘区
乌桕林农间作	Ⅰ～Ⅱ		与豆类、花生、薯类、蔬菜套种	8×8				植苗	同上	实生苗地径 0.5 cm,苗高 0.6 m,扦插苗、嫁接苗可小一些	水肥管理	修剪	修剪			中心区、适宜区、边缘区

第十章

油料能源林管理技术

第一节　乌桕能源林水肥管理

乌桕喜湿润、肥沃的土壤条件，在山地上造林时，要加强水肥管理。

一、水分管理

乌桕作为农田防护林树种、行道树、四旁绿化种植时，在种植后的10天内，加强水分管理，晴天最好每天浇水1次。成活后一般情况下无需人工浇水，在地下水位高的水湿地，采用高垄整地，开沟筑垄，垄宽依行间距而定，垄高20～40 cm；整地宽度一般为50～100 cm，深15～25 cm。在较干旱的山地造林的林分，冬季应在林间进行一次全面的松土，深挖25～30 cm，将落叶、腐殖质翻到土壤下面，提高林地的蓄水能力，以利于蓄水保墒，并促进根群向深度发展。课题组2007年冬季进行垦覆效果的对比试验，2008年10月份进行土壤含水率测定。试验结果表明，经过冬季垦覆的林分，第二年秋季10月份林下土壤含水率为8.52%，较未垦覆的林地土壤含水量高出5.14%。土壤营养元素含量、有机质含量，经垦覆的林地也较未垦覆林地高。调查结果见表10-1。

表10-1　土壤垦覆对比试验数据调查

措施	土壤含水率/%	有机质/%	全N /$g\cdot kg^{-1}$	水解性N /$mg\cdot kg^{-1}$	全K /$g\cdot kg^{-1}$	速效P /$mg\cdot kg^{-1}$	速效K /$mg\cdot kg^{-1}$
林下土壤垦覆	8.52	4.22	2.25	189	10.83	5.47	162
未垦覆	3.38	3.39	1.62	158	10.19	4.61	128

二、乌桕施肥

目前福建省乌桕树基本上都处在一种自生自灭状态，只收乌桕籽而不管理，产量很低，这种粗放生产习惯，应加以变革。加强肥分管理，是夺取乌桕林稳产高产的物质保障。乌桕落叶量大，自肥效果比较好，通过土壤垦覆措施，可以提高土壤的营养元素含量（见表10-1）。土壤垦覆，可以促使枯枝落叶尽快腐烂分解，实现土壤的养分返还，并减少雨季雨水冲刷，带走落叶和土壤养分。除此之外，可结合乌桕的生长过程，进行冬季施肥。

在树冠周围开沟施入，以土杂肥为主和迟效性的化肥兼用，这样可以达到熟化土壤，满足翌年春天乌桕树萌发长叶需要。化肥可选用钙镁磷。每公顷施肥量为土杂肥 2 000～3 000 kg,钙镁磷 200～300 kg。林农间作时,可不需要对乌桕结实母树格外施肥。间作豆科植物,可在豆子采收后,将田间剩余物切碎洒在地里,垦覆土壤,促进腐烂分解。

第二节　乌桕树形管理

一、乌桕修剪技术

乌桕结果枝以中庸、组织充实的结果最好,生长太旺易生“夏枝”,结果不多且发育不良,而生长太弱则结果少,且易落果。因此,对乌桕适当修剪,既可以增加结实面,提高种子产量,又能够降低结实母树的树体高度,降低采收成本。

1. 乌桕幼树修剪技术

幼树期按照整形要求进行修剪,决定枝条的去或留,此时要迅速扩大树冠、增加枝量。乌桕造林成活后第二年即可进行修剪。第一次在早春,天气回暖,乌桕春芽未萌发时进行。剪掉细弱侧枝,主干在 1 m 处截断,促进侧芽的萌发。第二次在 10 月份进行,修剪细弱枝条,保留 3～5 个骨干枝条,培养成为主干。第三年在同样的时间进行修剪,培养 3 级主干,一般只要经过 3 年的高强度修剪,即可形成较为理想的低矮、宽冠自然开心型树形,无中心干,培养 3～5 个主枝,每主枝有 3～4 个侧枝,其余为各类结果枝组。乌桕萌发能力强,实生苗造林由于结实迟,可以先培养粗壮的主干,然后在 1.5～2 m 处截干,并对侧枝进行高强度的修剪(短剪),促进宽冠的形成。经过修剪的乌桕树冠投影面积大小见表 10-2。

表 10-2　修剪效果调查

苗木来源	树冠投影面积/m^2		
	第一年	第二年	第三年
实生苗	3.24	5.66	6.89
嫁接苗	3.83	6.32	7.73
扦插苗	3.41	5.82	7.06

注:表中年限指造林后的年限。

2. 结实母树修剪技术

随着树龄增长,生长势逐渐减弱,修剪的目的在于调节生长和结果关系。可在种子采收时进行截枝。截枝强度应根据树龄、树势、树冠部位及结果枝不同粗度,掌握弱枝强剪、幼壮树弱剪、老树强剪、树冠外围强剪、下部及内部强剪的原则。即使不结果的成年树,对其枝条也应适当修剪,以促进结果。栽培条件良好时,植株生长健壮,树势强,采用较大的树冠,总修剪量要轻,以利结果。在气候条件差,土壤瘠薄、肥水不足的林地,生长势弱,宜采用小冠,修剪要重。根据不同修剪强度比较,乌桕修剪的具体措施如表 10-3。

表 10-3 乌桕枝条类别及修剪强度

植株生长情况	枝条类别	枝条粗细	修剪强度
幼树	顶梢	≥1.0 cm	短剪，抑制顶端优势，促进侧枝生长
	树冠外围侧枝	≥0.5 cm	保留 5～6 个芽眼，增加树冠枝条密度
壮树	顶梢	≥1.0 cm	短剪，抑制顶端优势，促进侧枝生长
	树冠外围侧枝	≥0.5 cm	保留 5～6 个芽眼，培养结果枝
	树冠外围侧枝	0.3～0.4 cm	保留 3～4 个芽眼，培养结果枝
	树冠外围侧枝	≤0.3 cm	剪到枝条基部
	内膛枝、徒长枝		剪除
老树	顶梢	≥1.0 cm	短剪，抑制顶端优势，促进侧枝生长，也可通过截干，降低树体，重新萌发健壮枝条
	树冠外围侧枝	≥0.5 cm	保留 5～6 个芽眼，增加树冠枝条密度
	树冠外围侧枝	≤0.5 cm	剪除，促进粗壮枝条侧芽萌发
	内膛枝、细弱下垂枝		剪除

二、乌桕树冠调整

为使乌桕树冠各部位能够较均匀接受阳光，降低同林分植株间的营养空间的竞争，有必要对树冠进行调整。

1. 树体高度

山地乌桕纯林树体高度应与株距基本相同，林农间作树体高度也应进行控制。不同造林模式树体适宜的高度见表 10-4。

表 10-4 乌桕树形

造林模式	株行距/m	树体高度/m	树冠宽度/m	枝下高/m
纯林	3.0×3.0	3.0～3.5	3.0	1.0
	4.0×4.0	3.5～4.0	3.5～4.0	1.2～1.5
	5.0×5.0	4.0～5.0	4.0～5.0	2.0
乌桕×竹柏	3.0×3.0	3.0～3.5	4.0～5.0	1.5
	4.0×4.0	3.5～4.0	4.0～5.0	1.5
	5.0×5.0	4.0～5.0	5.0～6.0	2.0
林农间作	6.0×6.0	4.0～5.0		

2. 树冠大小

冠幅大小直接影响单株产量，大树冠的要加强修剪，缩短结果枝长度，增加结实密度，否则，冠幅增大，而单位面积产量反而可能降低。不同造林模式的适宜树冠宽度见表 10-4。

3. 枝下高

自然生长的乌桕，往往枝下高比较大。在一定的树体高度下，降低枝下高，可以增加树冠高度，增加结实层厚度，有利于提高单位面积产量。枝下高控制主要通过修剪来实现。不同造林模式的枝下高控制高度见表 10-4。

第三节　乌桕结实管理技术

乌桕属于异花授粉植物，乌桕花期在 5—7 月份。异花授粉植物由于花粉粒含有蜜汁使其湿度大、黏重，风力和其他外力和振动等难以使花粉粒在空气中传播。只能靠昆虫和人工辅助授粉完成授粉过程。乌桕是重要的蜜源树种，通过放养蜜蜂，既可以采蜜获得经济效益，还能够提高授粉率，增加产量。由于蜜蜂身体特殊的构造，一只蜜蜂在一个花序上一次能采集 20～80 朵小花，一次采蜜过程可采 400～700 朵小花，每只蜜蜂周身携带花粉可达 500 万粒以上，随时可将花粉带给柱头增加授粉次数和授精选择性。所以，在大面积种植乌桕地块，人工放蜂帮助授粉可极大的提高产量，否则将出现大量的空粒现象。据报道，1 hm^2 的乌桕纯林，可放养蜜蜂 10～15 箱。乌桕有鸡爪桕和葡萄桕 2 大品种群，龙爪桕为雌雄同株异熟、雌先熟型，单一品种的纯林，授粉不良，产量极低，但与葡萄桕的雌、雄花期却交互相遇，且授粉率高。在造林时，特别是在以嫁接苗营造的林分中，尤应注意品种的适当搭配，宜选择花期相同的不同品种混合种植或小块交错种植。

第四节　乌桕种实采收技术

一、乌桕果实采收

1. 采收时期

乌桕果实成熟过程中，果壳、结果枝枝条内的淀粉、脂肪酸不断向种子上聚集。掠青采收，种子发育未健全，皮脂薄而软，胚乳少，种子的淀粉含量、脂肪酸含量低。乌桕适宜的采收时期，应是果实外壳由绿色、黄绿色转变为暗褐色或黑褐色，部分开裂，皮脂硬而厚时。

2. 采收技术

11—12 月份，乌桕果实呈暗褐色、黑褐色，部分开裂时，即可采收。采收时连结果枝剪下。乌桕由头一年春梢上抽生的当年生春梢分化花芽并开花结实。春梢既是当年的结果枝又是来年的结果母枝，其质量和数量与产量的关系极为密切。如采收时留梢过长，则翌年抽生的春梢多而纤细，分散营养，影响花芽萌发和结实率，也影响种子的饱满度。反之，如留梢过短，则翌年抽生的春梢量少，影响产量，且易抽发夏梢；乌桕夏梢常见在 10 月份萌发花芽，造成母树一年内二次开花。由夏梢所开的花，一般少数结实或不结实，所结果实小，且对母树第二年的果实产量影响很大。一般以在采收时短摘结果母枝，控制留芽量在5～6个为宜。剔枝采收造成歇年，捋籽采收会形成明显的大小年，都于增产不利。农村常用的竹竿敲落法采收方式对结实母树树冠破坏严重不能采用。

二、种实处理

1. 种子脱粒

乌桕果实采收后，如果不留种，可摊放在晒场上日晒脱粒。乌桕果壳失水后易开裂，但种子因固着在中轴上，不容易从果壳上脱离，可以通过拍打方式予以脱粒。做种的种子不能暴晒，而应放置在阴凉处风干，促使果壳开裂，人工脱粒。

2. 种子干燥

乌桕种子可以太阳下晒干，杂质去除后袋装保存。如果长期保存，最好将种子烘干后放在干燥的地方保存，否则皮脂容易发霉变质，影响出油率。做种种子不能烘干干燥，而应自然风干后保存。做种的种子安全含水率为10%～12%，含水率太高容易发霉、发热，导致种子腐烂，太低则种胚萎缩，不容易恢复，发芽率降低。

参考文献

[1]陈有民主编．园林树木学[M]．北京：中国林业出版社，1990：517～518.

[2]陈玉，杨光忠，张世琏等．乌桕化学成分研究进展[J]．天然产物研究与开发，2005，11(5)：114～116.

[3]喻艳，程晶，宋峥等．从乌桕脂中提取类可可脂方法的改进[J]．化学与生物工程，2004，35(3)：48～49.

[4]陈文伟，高荫榆，林向阳等．磁性固体催化剂催化制备生物柴油的研究[J]．福建林业科技，2006，128(3)：48～49.

[5]董春耀，宋建兴，石卓功．乌桕耐旱性研究简报[J]．经济林研究，1991，2(2)：79～81.

[6] 韩珊，石大兴，王米力等．红叶乌桕茎段离体培养的研究[J]．四川农业大学学报，2006，24(3)：300～302.

[7] 国家医药管理局中华本草编委会．中华本草[M]．第4卷．上海：上海科学技术出版社，1999：854.

[8] 陈才水，高荫榆，熊华，等．开发乌桕脂利用的新途径[J]．食品科学，1985，72～33.

[9] 陈玉，杨光忠，张世琏，等．乌桕化学成分研究进展[J]．天然产物研究与开发，1999，11(5)：114.

[10] 金代钧，黄惠坤，唐润琴．中国乌桕品种资源的调查研究[J]．广西植物，1997，17(4)：345～362.

[11] 卜付军，金申艳，郭瑞光．豫南大别山乌桕品种资源调查[J]．中国林副特产，2001(3)：59.

[12] 唐光旭，彭九生，杜强，等．乌桕8个高产优质新品系的选育研究[J]．江西林业科技，1995(1)：3～10.

[13] 于芳雷，许爱云，张先林，等．乌桕播种育苗技术[J]．山东林业科技，1997(4)：46～47.

[14] 周兰英，黄从德，肖千文．乌桕雾插技术研究[J]．四川农业大学学报，1996，14(3)：488～490.

[15] 杨锦．日照市引种乌桕生长调查[J]．山东林业科技，1996(2)：17～18.

[16] 王华田，杨锦．山东省引种乌桕的生态适应性分析[J]．生态学杂志，1997(2)：17～19.

[17] 蔡督信，童庆元．对选择乌桕优树标准的探讨[J]．l林业使用技术，1981(2)：13～15.

[18] 徐英宏,韩久同．乌桕的利用与高产栽培[J]. 特种经济动植物,2002(4):28～29.

[19] 时宏,郭洪．用乌桕脂生产类可可脂的研究进展和前景[J]. 中国油脂,2001,26(5):91～93.

[20] 唐光旭,彭九生,杜强,等．乌桕农林复合经营模式及其经济效率分析[J]. 经济林研究,1997,15(1):51～52.

[21]蒲光兰,胡学华,周兰英,等．水分胁迫下乌桕离体叶片的生理生化特性[J]. 经济林研究,2004,22(2):20～23.

[22]陈文伟．乌桕籽油制备生物柴油的研究[D]. 南昌:南昌大学生命科学学院,2006.

[23]黄惠坤．修剪强度对乌桕产量的影响．广西植物,1988,8(1):101～104.

[24]俞资生．柴油机燃用乌桕梓油的研究[J]. 中国公路学报, 1991. (1):43～51

[25]简晓春．柴油机燃用乌桕油及其甲脂的长期工作试验[J]. 小型内燃机, 1993.(2):36～38.

[26]林志勇,裘爱泳．无溶剂状态下乌桕皮油酶催化酯交换改性制取类可可酯的研究[J]. 中国油脂,1998,3(1):9～13.

[27]梅继林．大别山地区乌桕栽培技术[J]. 湖北林业科技,2006(1):72～73.

[28]柳润辉,陈丽莉,孔令义,等．乌桕树皮中的鞣花酸衍生物．中国药科大学学报,2002,33(5):370～373.

[29]徐学兵,张虹．乌桕脂研究进展述评[J]. 粮食与油脂,1994(4):9.

[30] 顾庆龙．乌桕梓油化学成分及其变化趋势的研究[J]. 贵州教育学院学报,2001,12(4):39～42.

[31]王晓云,袁玉霞,郝志海,等．常压下乌桕皮油的最佳提取工艺实验研究[J]. 中国林副特产,2002(1):42～43.

[32]孙秀琴．赤霉素对乌桕种子萌发及幼苗生长的影响[J]. 种子,1987(6):20～22.

[33]丁瑞兴,黄晓澜,周亚军,等．茶园间植乌桕的气候生态效应[J]. 应用生态学报,1992,3(2):131～137.

[34]宋建兴,董春耀．乌桕适应性研究Ⅱ．耐旱性生理初报[J]. 西南林学院学报,1991,11(2):162～166.

[35]徐濂泉．乌桕的开发与利用．福建林业科技,1992,(3):73～75

[36]忻耀年．乌桕脂甘三酯的 HPLC 结构分析[J]. 中国油脂,1991,16(1):23～30.

[37]Lant tissue culture 1982: proceedings 5th International Congress of Plant Tissue and Cell Culture held at Tokyo and La 725～726.

[38]陈天祥等．非水溶性乌桕脂烷醇酰胺直接法合成研究．精细化工,2000,17(8):435～437.

[39]简晓春．改性乌桕油在柴油机上的试验研究．小型内燃机,1990,(2):24～28.

[40]原毅．乌桕皮油合成桕油脂肪酸二乙醇酰胺[J]. 化学世界,1993,(2):88～89.

[41]李宝银,周俊新,陈剑勇等. 闽北乌桕经济性状差异性[J]. 福建林学院学报,2009,(1)

[42]李宝银,周俊新,李凌等. 乌桕16个初选优良无性系遗传测定结果初报[J]. 江西林业科技,2009193(1)20~24.

[43]周俊新. 福建省竹柏资源状况及开发利用前景分析[J]. 江西林业科技,2008,191(5)20~24.

[44]黄云鹏. 竹柏优良单株选择及相关性状研究[J]. 西南林学院学报,2008,28(2)21~24.

[45]何国生,林思组,黄云鹏. 福建生物质能源树种现状及其开发前景[J]. 生物质化学工程,2006,40(增).

[46]李宝银,周俊新,李凌等. 乌桕与竹柏等树种混交效果评价[J]. 华东森林经理,2009,23(1)12~16.

图书在版编目(CIP)数据

生物质能源树种培育/李宝银，周俊新著．—厦门：厦门大学出版社，2010.6
ISBN 978-7-5615-3594-3

Ⅰ.①生…　Ⅱ.①李…②周…　Ⅲ.①生物能源-树种-育种　Ⅳ.①S790.4

中国版本图书馆CIP数据核字(2010)第120746号

厦门大学出版社出版发行
(地址：厦门市软件园二期望海路39号　邮编：361008)
http://www.xmupress.com
xmup@public.xm.fj.cn
厦门集大印刷厂印刷
2010年6月第1版　2010年6月第1次印刷
开本：787×1092　1/16　印张：17　插页：2
字数：412千字　印数：1～1000册
定价：35.00元